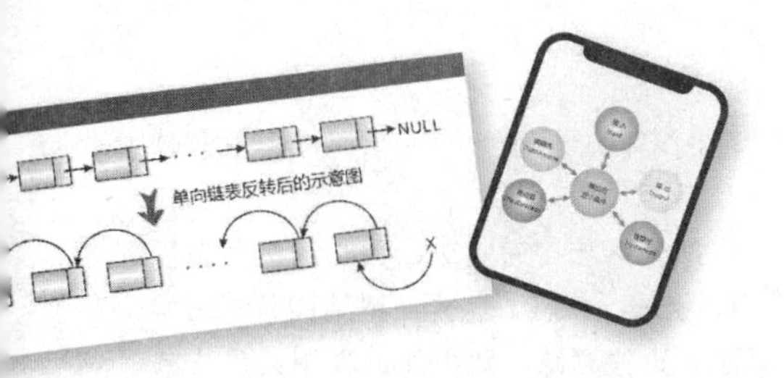

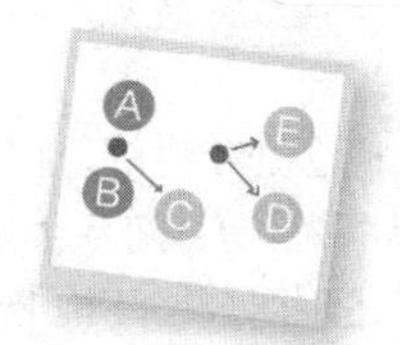

图解算法
使用Python

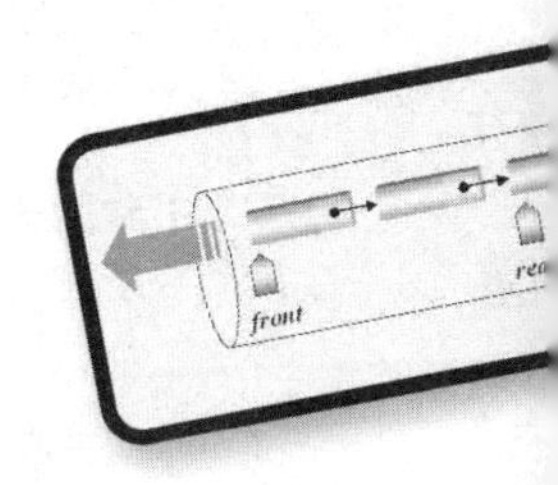

第2版

吴灿铭 胡昭民 著

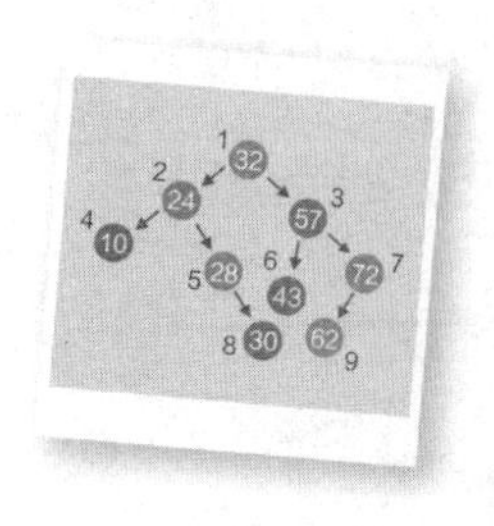

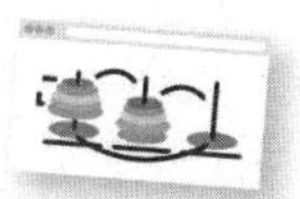

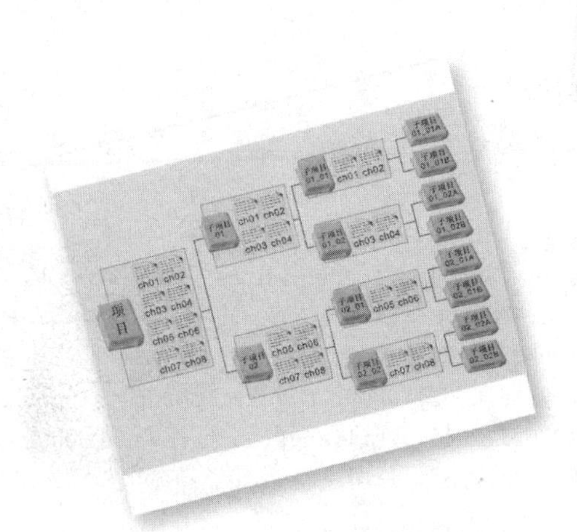

清華大学出版社
北京

内 容 简 介

本书综合讲述算法及其数据结构，内容浅显易懂、逻辑严谨，范例丰富、易于学习和掌握，力求兼顾教师教学和学生自学。

全书从算法的基本概念开始讲解，接着介绍各个经典的算法，包括分治法、递归法、贪心法、动态规划法、迭代法、枚举法、回溯法等；随后讲述核心的数据结构，即数组、链表、堆栈、队列、树结构、图结构、哈希表等；最后展开阐述不同数据结构上实现的算法，包括排序算法、查找算法、数组和链表相关算法、信息安全基础算法、堆栈和队列相关算法、树结构相关算法、图结构相关算法、人工智能基础算法。

本书为每个算法及其数据结构提供演算的详细图解，并为每个经典的算法提供Python语言编写的完整范例程序（包含完整的源代码）。每个范例程序都经过了测试和调试，可以直接在标准的Python语言环境中运行。在每章末尾安排大量的习题（包括各类考试的例题），并在附录中提供解答，以供读者自测学习效果。

图书在版编目（CIP）数据

图解算法. 使用Python/吴灿铭，胡昭民著. —2版. —北京：清华大学出版社，2022.1
ISBN 978-7-302-59867-1

Ⅰ. ①图… Ⅱ. ①吴… ②胡… Ⅲ. ①计算机算法②软件工具—程序设计 Ⅳ. ①TP301.6 ②TP311.561

中国版本图书馆CIP数据核字（2022）第004235号

责任编辑： 夏毓彦
封面设计： 王　翔
责任校对： 闫秀华
责任印制： 沈　露

出版发行： 清华大学出版社
　　网　　址： http://www.tup.com.cn，http://www.wqbook.com
　　地　　址： 北京清华大学学研大厦A座　　**邮　　编：** 100084
　　社 总 机： 010-62770175　　**邮　　购：** 010-62786544
　　投稿与读者服务： 010-62776969，c-service@tup.tsinghua.edu.cn
　　质量反馈： 010-62772015，zhiliang@tup.tsinghua.edu.cn
印 装 者： 三河市天利华印刷装订有限公司
经　　销： 全国新华书店
开　　本： 190mm×260mm　　**印　　张：** 15.25　　**字　　数：** 403千字
版　　次： 2018年10月第1版　　2022年2月第2版　　**印　　次：** 2022年2月第1次印刷
定　　价： 69.00元

产品编号：095403-01

第 2 版序

让人人拥有程序设计的能力已是从小学到大学各级学校信息教育的重点。算法一直是计算机科学领域重要的基础课程之一。对于有志从事信息技术的专业人员，这更是一门不可或缺的基础理论课。

市面上有关算法和数据结构的书林林总总，常会长篇累牍地阐述算法理论或是在书上通过举例来说明算法的核心概念。然而，文字再多，不如用一图展示；举例再生动，不如提供实现的源代码。对于第一次接触算法的初学者而言，图解算法加上完整可执行的源代码，有助于每一个人轻松地跨过学习算法的鸿沟。

本书采用丰富的图例来阐述算法的基本概念，将算法进行意简言明的诠释，并辅以丰富的范例程序来实现算法的具体功能。全书从算法的基本概念开始讲解，接着介绍各个经典的算法，包括分治法、递归法、贪心法、动态规划法、迭代法、枚举法、回溯法等；随后讲述核心的数据结构，即数组、链表、堆栈、队列、树结构、图结构、哈希表等；最后展开阐述不同数据结构上实现的排序算法、查找算法、数组和链表相关算法、信息安全基础算法、堆栈和队列相关算法、树结构相关算法、图结构相关算法、人工智能基础算法。

本书的这一次改版调整了第 1 版的部分章节结构，在各章主题中增加一些第 1 版没有介绍的算法，同时在第 1 章加入计算思维的重要概念与实例演练。另外，这次改版还增加了第 7 章信息安全基础算法与第 11 章人工智能基础算法，期许这一版的新编排可以更加完善地介绍计算机科学领域的重要算法。

本书使用目前相当热门且易学的 Python 语言来实现所有的范例，每个范例程序都可以正确执行，书中也提供了各个范例程序的执行结果作为读者的参考，有助读者理解每一个范例程序的执行过程与输出结果。

为了帮助读者检验各章的学习成果，特意搜集了难易适中的习题。这些习题参阅算法与数据结构等各类考试的相关题型，供读者进一步演练算法、加深对算法的理解。一本好的理论图书除了内容完备和专业外，更需要有清楚易懂的架构安排和逻辑清晰的表达方式。在仔细阅读本书之后，相信读者会体会到笔者的用心，也希望读者能对计算机专业这门“基础+核心”的学科有更深入、更完整的认识。

作者敬笔

改 编 说 明

本书综合讲述算法及其数据结构，内容浅显易懂、逻辑严谨，范例丰富、易于学习和掌握，力求兼顾教师教学和学生自学。

算法一直是计算机科学领域非常重要的基础课程，从程序设计语言实践的角度来看，算法是有志于从事信息技术方面工作的专业人员必须重视的一门基础理论课程。无论我们采用哪种程序设计语言来编写程序，所设计的程序能否快速而高效地完成预定的任务，其中的关键因素都是算法。对于将来不从事信息技术方面工作的人而言，学习算法同样可以培养自己系统化逻辑思维的习惯，这种思维习惯可以运用在各行各业中，让学习者终身受益。

不管是从事计算机软件还是硬件的开发工作，如果没有系统地学习过算法，就很容易被人打上“非专业”的标签。对于任何在信息技术行业工作的专业人员或者想进入此行业的人来说，什么时候开始学算法都不会晚，更不会过时。算法是程序的灵魂，既神秘又有趣，虽然对初学者来说有点难，但是算法可以说是“聪明人在计算机上的游戏”。

为了便于学校的教学或者读者自学，作者在描述数据结构原理和算法时为每个算法及数据结构提供了演算的详细图解。另外，为了适合在教学中让学生上机实践或者自学者上机“操练”，本书为每个经典的算法都提供了 Python 语言编写的完整范例程序（包含完整的源代码）。在本书的改编过程中，每个范例程序都经过了测试和调试，可以直接在标准的 Python 语言环境中运行。读者可以选择任何一款自己熟悉的 Python 语言的集成开发环境来测试、改写和运行本书的所有范例程序。本书范例程序的源代码可通过扫描下方二维码获取：

如果下载有问题，可通过电子邮件联系 booksaga@126.com，邮件主题为“图解算法：使用 Python（第 2 版）范例程序代码”。

学习本书需要有面向对象程序设计语言的基础，如果读者没有学习过任何面向对象的程序设计语言，那么建议读者先学习一下 Python 语言再来学习本书。如果读者已经掌握了 Java、C++、C# 等面向对象的程序设计语言，那么即便没有学习过 Python 语言，也只需找一本“Python 语言快速入门”方面的参考书快速浏览一下即可开始本书的学习。

资深架构师 赵军

2021 年 11 月

目　录

第 1 章

进入算法世界

计算机（Computer）是一种具备了数据计算与信息处理功能的电子设备。对于有志于从事信息技术专业领域的人员来说，程序设计是一门与计算机硬件和软件息息相关的学科，称得上是从计算机问世以来经久不衰的热门学科。

随着信息与网络科技的高速发展，在目前这个物联网（Internet of Things，IoT）与云计算（Cloud Computing）的时代，程序设计能力已经被看成是国力的象征，有条件的中小学校都将程序设计（或称为“编程”）列入学生信息课的学习内容，在大专院校里，程序设计已不再只是信息技术相关科系的“专利”。程序设计已经是接受全民义务制教育的学生们应该具备的基本能力，只有将“创意”通过“设计过程”与计算机相结合，才能让新一代人才轻松应对这个快速变迁的云计算时代（见图 1-1）。

图 1-1

提　示

“云”泛指“网络”，这个名字的源头是工程师通常把网络架构图中不同的网络用“云朵”的形状来表示。云计算就是将网络连接的各种计算设备的运算能力提供出来作为一种服务，只要用户可以通过网络登录远程服务器进行操作，就可以使用这种计算资源。

“物联网”是近年来信息产业界一个非常热门的议题，可以将各种具有传感器或感测设备的物品（例如 RFID、环境传感器、全球定位系统（GPS）等）与因特网结合起来，并通过网络技术让各种实体对象自动彼此沟通和交换信息，也就是通过巨大的网络把所有东西都连接在一起。

对于一个有志于投身信息技术领域的人员来说，程序设计是一门和计算机硬件与软件相关的学科，也是从 20 世纪 50 年代之后逐渐兴起的学科。从发展的眼光来看，一个国家综合的程序设计能力已经被看成是国力的象征。程序设计能力已经与语文、数学、英语、艺术能力一样，是人才必备的基础能力，它主要用于培养人才解决问题、分析、归纳、创新、勇于尝试错误等方面的能力，并为胜任未来数字时代的工作做好准备，让程序设计不再是信息相关科系的专业，而是全民的基本能力（见图 1-2）。

程序设计的本质是数学，而且是一门应用数学。过去对于程序设计的目标基本上就是为了数学的“计算”能力，随着信息与网络科技的高速发展，纯计算能力的重要性已慢慢降低，程序设计课程的目的更加注重“计算思维”（Computational Thinking，CT）的训练。计算思维与当代计算机强大的执行效率相结合，让我们不断提升解决问题的能力、不断扩大解决问题的范围，在程序设计课程中引导学生建立计算思维（也就是分析与分解问题的能力）是在为人工智能（AI）时代培养人才奠定基础。

图 1-2

提　示

人工智能的概念最早是由美国科学家 John McCarthy 于 1955 年提出的，目标是使计算机具有类似人类学习解决复杂问题与进行思考的能力。凡是模拟人类的听、说、读、写、看、动作等的计算机技术都被归类为人工智能技术。简单地说，人工智能就是由计算机所仿真或执行的具有类似人类智慧或思考的行为，如推理、规划、解决问题及学习等能力。

1.1　运算思维简介

计算思维是一种使用计算机的逻辑来解决问题的思维，前提是掌握程序设计的基本方法和了解它的基本概念，是一种能够将计算“抽象化”再“具体化”的能力，也是新一代人才都应该具备的素养。计算思维与计算机的应用和发展息息相关，程序设计相关知识和技能的学习与训练过程其实就是一种培养计算思维的过程。当前许多国家和地区从幼儿园开始就培养孩子的计算思维，让孩子从小就养成计算思维的习惯。培养计算思维的习惯可以从日常生活开始，并不限定于任何场所或工具。日常生活中任何涉及“解决问题”的议题都可以应用计算思维来解决。孩子们可以边学边体会，逐渐建立起计算思维的逻辑能力。

假如你和朋友约在一个你没有去过的知名旅游景点碰面，那么在出门前你可能会先上网规划路线，看看哪些路线适合你的行程，并决定选乘哪一种交通工具，接下来就可以按照计划出发了。简单来说，这种计划与考虑过程就是计算思维，按照计划逐步执行就是一种算法（Algorithm），如同我们把一件看似复杂的事情用容易理解的方式来解决，这样就具备了将问题程序化的能力。

我们可以这样说：“学习程序设计不等于学习计算思维，但要学好计算思维，通过程序设计来学绝对是最快的途径。”程序设计语言只是工具，从来都不是重点，没有最好的程序设计语言，只有是否适合的程序设计语言，学习程序设计的目标不是把每个学习者都培养成专业的程序设计人员，而是帮助每一个人建立起系统化的逻辑思维模式和习惯。

2006 年，美国卡内基 · 梅隆大学 Jeannette M. Wing 教授首次提出了“计算思维”的概念，她提出计算思维是现代人的一种基本技能，所有人都应该积极学习。随后谷歌公司为教育者开发了一套计算思维课程（Computational Thinking for Educators），这套课程提到培养计算思维的 4 部分，即分解（Decomposition）、模式识别（Pattern Recognition）、模式概括与抽象（Pattern Generalization and Abstraction）以及算法（Algorithm）。虽然这并不是建立计算思维唯一的方法，但是通过这 4 部分我们可以更有效地进行思维能力的训练，不断使用计算方法与工具解决问题，进而逐渐养成我们的计算思维习惯。

在训练计算思维的过程中，培养了学习者从不同角度以及现有资源解决问题的能力，以及正确地运用培养计算思维的这 4 部分、运用现有的知识或工具找出解决困难问题的方法。学习程序设计就是对这 4 部分进行系统的学习与组合，并使用计算机来协助解决问题，如图 1-3 所示。

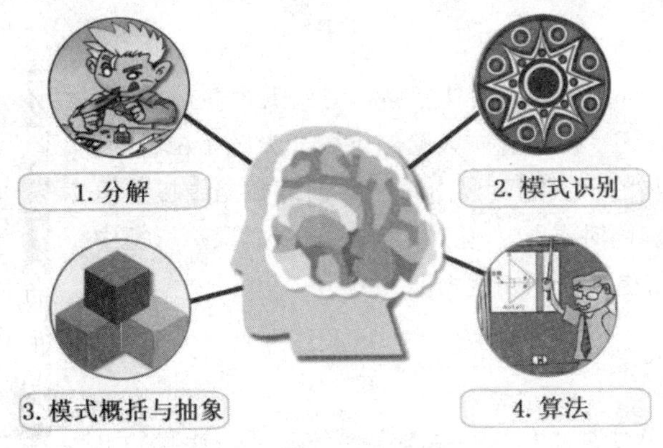

图 1-3

1.1.1 分解

许多人在编写程序或解决问题时，将问题想得太庞大，如果不进行有效分解，就会很难处理。其实可以先将一个复杂的问题分割成许多小问题，再把这些小问题各个击破，之后原本的大问题也就迎刃而解了。

如果我们随身携带的智能手机出现故障了，就可以将整部手机拆解成较小的部分（部件），而后对各个部件进行检查，从而找出有问题的部件（见图 1-4）。

图 1-4

1.1.2 模式识别

在将一个复杂的问题分解之后，我们常常可以发现小问题会有一些共同的属性以及相似之处，在计算思维中，这些属性被称为模式（Pattern）。模式识别（Pattern Recognition）是指在一组数据中找出特征（Feature）或规则（Rule），用于对数据进行识别与分类，以作为决策判断的依据。假如我们想要画一只猫，首先就会想到猫咪通常会有哪些特征，比如眼睛、尾巴、毛发、叫声、胡须等。当我们知道大部分的猫都有这些特征后，在想要画猫的时候便可将这些共有的特征加入，很快就可以画出很多五花八门的猫（见图 1-5）。

图 1-5

知名的谷歌大脑（Google Brain）工具能够利用人工智能技术（AI）从庞大的猫图片库中自行识别出猫脸与人脸的不同（见图 1-6），其原理就是把所有图片内猫的“特征”取出来，从训练数据中提取出数据的特征（Feature），同时进行“模式”分类，模拟识别特征中复杂的非线性关系来获得更好的识别能力。

图 1-6

1.1.3 模式概括与抽象

模式概括与抽象在于过滤以及忽略掉不必要的特征，让我们可以集中在重要的特征上，这样有助于将问题抽象化。通常这个过程开始会收集许多数据，通过模式概括与抽象把无助于解决问题的特性和模式去掉，留下相关的以及重要的属性，直到我们确定一个通用的问题以及建立解决这个问题的规则。

“抽象”没有固定的模式，它会随着需要或实际情况而有所不同。例如，把一辆汽车抽象化，每个人都有各自的分解方式，比如车行业务员与修车技师对汽车抽象化的结果可能就会有差异（见图 1-7）。

- 车行业务员：轮子、引擎、方向盘、刹车、底盘。
- 修车技师：引擎系统、底盘系统、传动系统、刹车系统、悬吊系统。

图 1-7

1.1.4 算法

算法是计算思维 4 个基石中的最后一个，不但是人类使用计算机解决问题的技巧之一，也是程序设计的精髓。算法经常出现在规划和程序设计的第一步，因为算法本身就是一种计划，每一条指令与每一个步骤都是经过规划的，在这个规划中包含解决问题的每一个步骤和每一条指令。

特别是在算法与大数据的结合下，这门学科演化出“千奇百怪”的应用，例如当我们拨打某个银行信用卡客户服务中心的电话时，很可能会先经过后台算法的过滤，帮我们找出一名最“合我们胃口”的客服人员来与我们交谈。在因特网时代，通过大数据分析，网店可以进一步了解产品购买和需求产品的人群是哪类人，甚至一些知名 IT 企业在面试过程中也会测验候选者对于算法的了解程度，如图 1-8 所示。

图 1-8

提　示

大数据（Big Data，又称为海量数据）是由 IBM 公司于 2010 年提出的，是指在一定时效（Velocity）内进行大量（Volume）、多样性（Variety）、低价值密度（Value）、真实性（Veracity）数据的获得、分析、处理、保存等操作。大数据是指无法使用普通的常用软件在可容忍时间内进行提取、管理及处理的大量数据，可以这么简单理解：大数据其实是巨大的数据库加上处理方法的一个总称，是一套有助于企业组织大量搜集、分析各种数据的解决方案。另外，数据的来源有非常多的途径，格式也越来越复杂，大数据解决了商业智能无法处理的非结构化与半结构化数据。

1.2　计算思维的脑力大赛

国际计算思维挑战赛（简称 Bebras）是一项信息学领域为推动计算思维教育的国际赛事，由非营利性的国际组织主办。接下来我们根据这一赛事历年出题的重点及题型设计一些生动有趣、富有挑战的计算思维的模拟试题，希望通过本节让读者了解计算思维的训练重点，同时在进入算法学习之前让自己的大脑进行各种计算思维如何解题的脑力热身训练。

1.2.1　三分球比赛灯记录器

在一项高中杯篮球的三分球比赛中看谁能在指定时间内投入 15 个三分球，当选手投入 15 个三分球后停止投球，并拿到神射手的头衔。所有选手投入的三分球个数介于 0~15 个之间。为了展现三分球投入的总数，主办单位使用特殊的灯来显示当前的得分情况，灯的显示规则说明如下：

最下方的灯如果亮了就代表投入 1 个三分球，由下往上数的第 2 个灯如果亮了就代表投入 2 个三分球，由下往上数的第 3 个灯如果亮了就代表投入 4 个三分球，最上方的灯如果亮了就代表投入 8 个三分球，如图 1-9 所示。

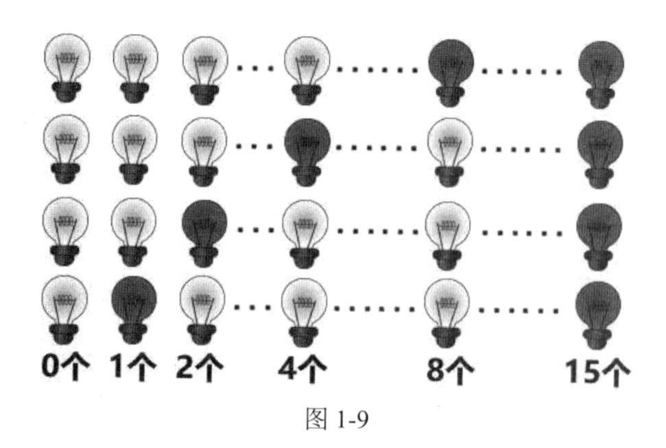

图 1-9

请问图 1-10 中的哪一组灯代表投入 13 个三分球？

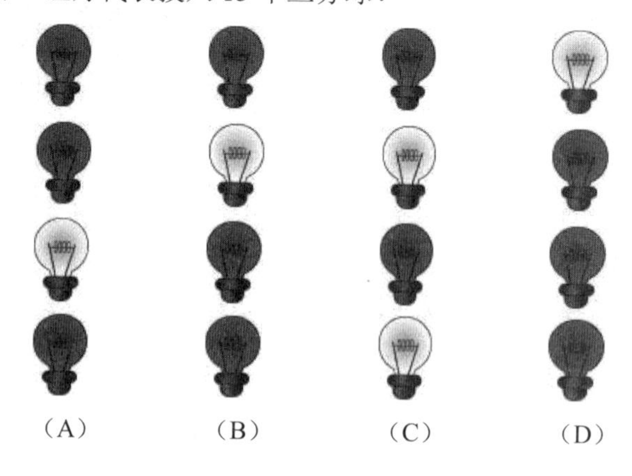

图 1-10

答案：A。

1.2.2 图像字符串编码

假设图像由许多小方格组成，并且每个小方格只有一种颜色，那么整个图像只有三种颜色：黑色（Black）、白色（White）和灰色（Gray）。图像经过编码后会形成一串英文字母与数字交互组成的字符串，对于每一对英文字母与数字所组成的单元，其中的数字代表该颜色连续的次数，例如 B3 表示 3 个连续的黑色（Black）、W2 表示 2 个连续的白色（White）、G5 表示 5 个连续的灰色（Gray）。请问图 1-11 中的哪一张图像的编码字符串为"B3W2G4B3W2G4B2G4W1"？

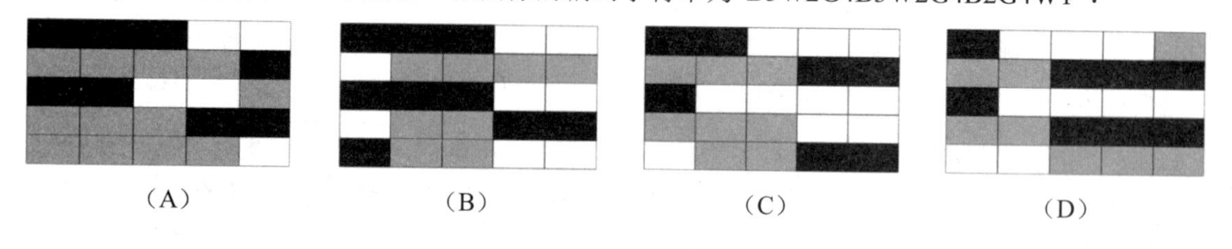

图 1-11

答案：A。

1.2.3　计算机绘图指令实践

阿灿从计算机绘图课中学到了 7 条指令，每条指令的功能如下：

- BT——画出大三角形。
- ST——画出小三角形。
- BC——画出大圆形。
- SC——画出小圆形。
- BR——画出大矩形。
- SR——画出小矩形。
- Repeat (a1 a2 a3 …) b——重复括号内所有指令 b 次，例如 Repeat (SC) 2 表示连续画出两个小圆形。

绘图软件会根据指令自动配色，每画出一个图形后自动换行。也就是说，一行中不会出现两个以上的图形，例如执行以下指令：

```
BC ST Repeat(SC SR)2 BT
```

该绘图软件在随机配色后会画出如图 1-12 中所示的图形。

阿灿在练习时画出了如图 1-13 所示的图形，试问他使用了哪条指令？

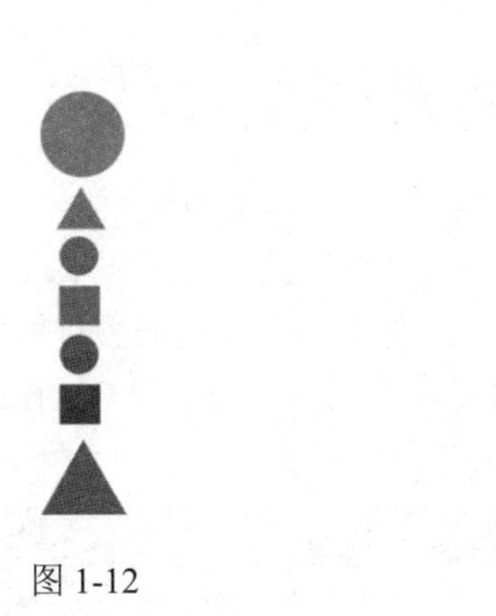

图 1-12

图 1-13

（A）BT Repeat (BC SR)2 BR BC　　（B）BT Repeat (BC SR)2 BC BR

（C）BR Repeat (BC SR)2 BC BR　　（D）BC Repeat (BC SR)2 BC BT

答案：B。

1.2.4　炸弹超人游戏

在一款《新无敌炸弹超人》游戏中有 4 个玩家在不同的位置，周围放置了炸弹（见图 1-14），请问哪一个玩家引爆炸弹的概率最高？试说明原因。

（A）第 2 行第 2 列的男玩家　　（B）第 2 行第 4 列的女玩家

（C）第 4 行第 2 列的女玩家　　（D）第 5 行第 5 列的男玩家

答案：C。

图 1-14

各选项中玩家周围的炸弹数量分别如下：

- A 选项的男玩家周围的炸弹数量为 4 个。
- B 选项的女玩家周围的炸弹数量为 4 个。
- C 选项的女玩家周围的炸弹数量为 5 个。
- D 选项的男玩家周围的炸弹数量为 2 个。

1.3 生活中到处都是算法

在日常生活中有许多工作都可以使用算法来描述，例如员工的工作报告、宠物的饲养过程、厨师准备美食的食谱、学生的课程表等。如今我们几乎每天都要使用的各种搜索引擎都必须借助不断更新的算法来运行。例如，要搜索“计算思维与算法入门”类的编程书，在搜索引擎中输入关键词，结果如图 1-15 所示。

图 1-15

在韦氏辞典中，算法定义为："在有限步骤内解决数学问题的程序。"如果运用在计算机领域中，我们也可以把算法定义成："为了解决某项工作或某个问题所需要的有限数量的机械性或重复性指令与计算步骤。"

我们知道可整除两个整数的最大整数被称为这两个整数的最大公约数，而辗转相除法可以用来求取两个整数的最大公约数，即可以使用这个辗转相除法的算法来求解。下面我们使用 while 循环设计一个 Python 程序，求取所输入两个整数的最大公约数（g.c.d）。辗转相除法的 Python 算法如下：

```
Num_1=int(input('请输入第一个整数: '))
Num_2=int(input('请输入第二个整数: '))

if Num_1 < Num_2:
    Tmp_Num=Num_1
    Num_1=Num_2
    Num_2=Tmp_Num

while Num_2 != 0:
    Tmp_Num=Num_1 % Num_2
    Num_1=Num_2
    Num_2=Tmp_Num

print('最大公约数(g.c.d): ',Num_1)
```

1.3.1 算法的条件

在计算机中，算法是不可或缺的一环。在认识了算法的定义之后，我们再来看看算法必须符合的 5 个条件（可参考图 1-16 和表 1-1）。

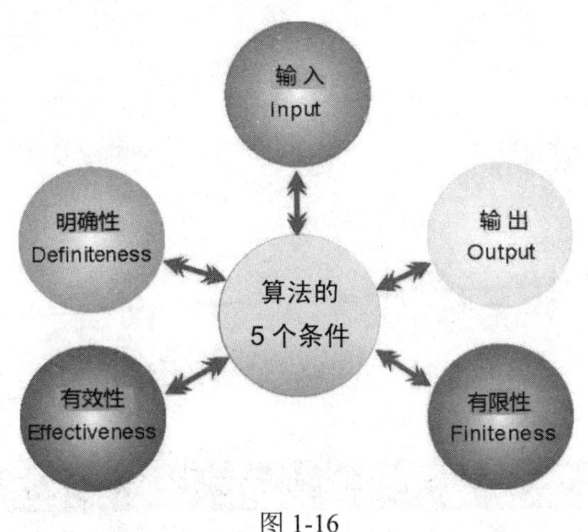

图 1-16

表 1-1　算法必须符合的 5 个条件

算法的特性	内容与说明
输入（Input）	0 个或多个输入数据，这些输入必须有清楚的描述或定义
输出（Output）	至少会有一个输出结果，不能没有输出结果

（续表）

算法的特性	内容与说明
明确性（Definiteness）	每一条指令或每一个步骤必须是简洁明确的
有限性（Finiteness）	在有限步骤后一定会结束，不会产生无限循环
有效性（Effectiveness）	步骤清楚且可行，只要时间允许，用户就可以用纸笔计算而求出答案

了解了算法的定义与条件后，接着思考一下用什么方法来表达算法比较合适。其实算法的主要目的在于让人们了解所执行工作的流程与步骤，只要清楚地体现出算法的 5 个条件即可。

常用的算法一般可以用中文、英文、数字等文字方式来描述，也就是用自然语言来描述算法的具体步骤。例如，图 1-17 所示为小华早上去上学并买早餐的简单文字算法。

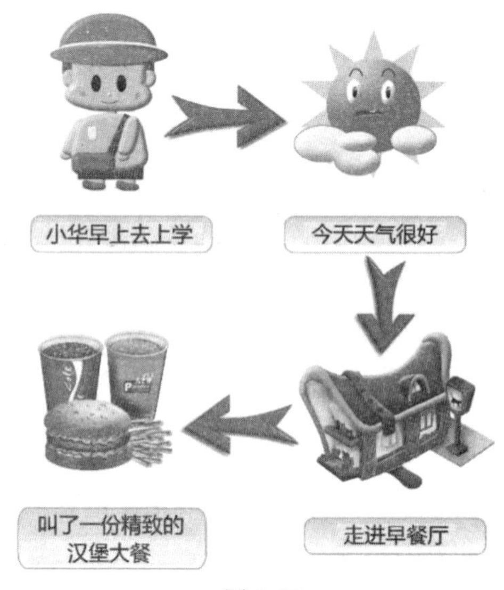

图 1-17

算法可以用可读性高的高级语言或伪语言（Pseudo-Language）来描述或者表达。以下算法是用 Python 语言描述的，用于计算传入的两个数 x、y 的 x^y（x 的 y 次方）：

```
def Pow(x,y):
    p=1
    for i in range(1,y+1):
        p *=x
    return p

print(Pow(4,3))
```

提　示

伪语言是一种非常接近高级程序设计语言但不能直接放进计算机中执行的语言，一般需要一种特定的预处理器（Preprocessor）或者用人工编写转换成真正的计算机语言。经常使用的伪语言有 SPARKS、PASCAL-LIKE 等。

流程图（Flow Diagram）是一种以图形符号来表示算法的通用方法。例如，输入一个数值，并判断是奇数还是偶数，如图 1-18 所示。

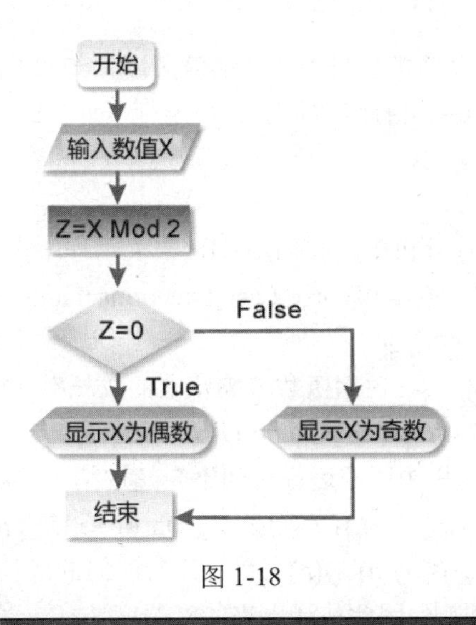

图 1-18

提　　示

算法和过程是有区别的，过程不一定要满足算法有限性的要求，例如操作系统或计算机上运行的过程，除非宕机，否则永远在等待循环中（Waiting Loop），这就违反了算法 5 个条件中的“有限性”。

以图形方式也可以表示算法，如数组图、树形图、矩阵图等。例如，在井字游戏的某个决策区域（见图 1-19）中，下一步是 X 方下棋，很明显，X 方不能选择第二层的第二种下法，因为这样下的话 X 方必败无疑。图 1-20 是用图形描述算法的另外一个例子。

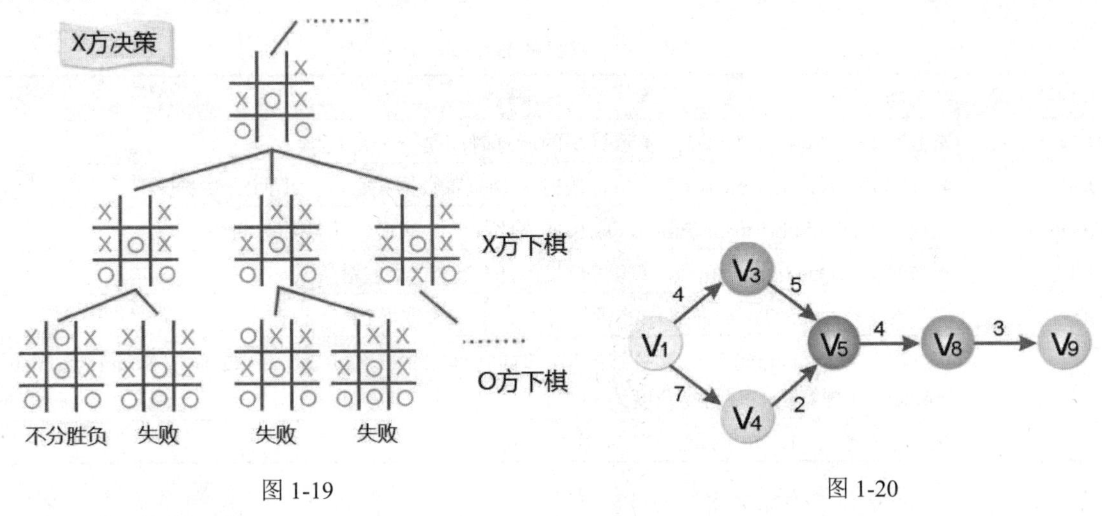

图 1-19　　　　图 1-20

1.3.2　时间复杂度

应该怎么评估一个算法的好坏呢？可以把某个算法执行步骤的计数来作为衡量运行时间的标准，例如：

```
a = a + 1
a = a + 0.3 / 0.7 * 10005
```

这两条程序语句涉及变量存储类型与表达式的复杂度，绝对精确的运行时间一定不相同。不过，如此大费周章地去考虑程序的运行时间往往寸步难行，而且毫无意义，此时可以利用一种“概量”的概念来衡量运行时间，我们称之为“时间复杂度”（Time Complexity）。时间复杂度的详细定义如下：

在一个完全理想状态下的计算机中，我们用 $T(n)$来表示程序执行所要花费的时间，其中 n 代表数据输入量。程序的最坏运行时间（Worse Case Executing Time）或最大运行时间是时间复杂度的衡量标准，一般以 Big-Oh 表示。

在分析算法的时间复杂度时，往往用函数来表示它的成长率（Rate of Growth），其实时间复杂度是一种“渐近表示法”（Asymptotic Notation）。

$O(f(n))$可视为某算法在计算机中所需运行时间不会超过某一常数倍的 $f(n)$。也就是说，当某算法的运行时间 $T(n)$的时间复杂度为 $O(f(n))$（读成 Big-Oh of $f(n)$或 order is $f(n)$）时，意思是存在两个常数 c 与 n_0，若 $n \geq n_0$，则 $T(n) \leq cf(n)$。$f(n)$又称为运行时间的成长率。由于在估算算法复杂度时采取“宁可高估不要低估”的原则，因此估计出来的复杂度是算法真正所需运行时间的上限。大家可以参看以下范例，以了解时间复杂度的意义。

范例▶ 运行时间 $T(n)=3n^3 + 2n^2 + 5n$，求时间复杂度。

解答▶ 首先找出常数 c 与 n_0。当 n_0=0、c=10 时，若 $n \geq n_0$，则 $3n^3+2n^2+5n \leq 10n^3$，因此得知时间复杂度为 $O(n^3)$。

事实上，时间复杂度只是执行次数的一个大概的量度，并非真实的执行次数。Big-Oh 是一种用来表示最坏运行时间的表现方式，也是最常用于描述时间复杂度的渐近式表示法。常见的 Big-Oh 可参考表 1-2 和图 1-21。

表 1-2　常见的 Big-Oh

Big-Oh	特色与说明
$O(1)$	常数时间（Constant Time），表示算法的运行时间是一个常数倍
$O(n)$	线性时间（Linear Time），表示执行的时间会随着数据集合的大小而线性增长
$O(\log_2 n)$	次线性时间（Sub-Linear Time），成长速度比线性时间慢、比常数时间快
$O(n^2)$	平方时间（Quadratic Time），算法的运行时间会呈二次方增长
$O(n^3)$	立方时间（Cubic Time），算法的运行时间会呈三次方增长
$O(2^n)$	指数时间（Exponential Time），算法的运行时间会呈 2 的 n 次方增长。例如，解决 Nonpolynomial Problem 问题算法的时间复杂度为 $O(2^n)$
$O(n\log_2 n)$	线性乘对数时间，介于线性和二次方增长的中间模式

$n \geq 16$ 时，时间复杂度的优劣比较关系如下：

$$O(1) < O(\log_2 n) < O(n) < O(n\log_2 n) < O(n^2) < O(n^3) < O(2^n)$$

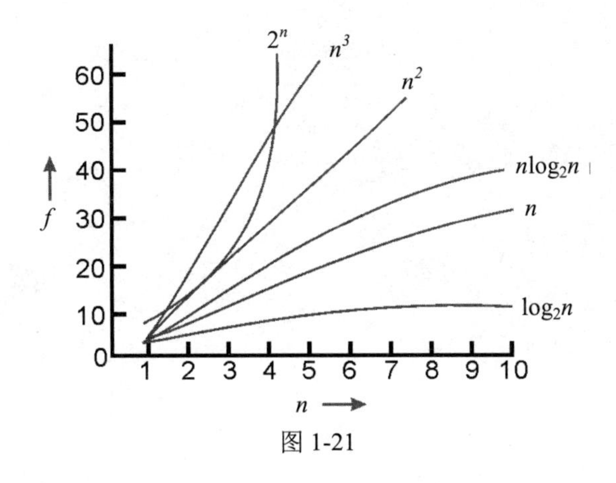

图 1-21

1.4 课后习题

1. 以下 Python 程序片段是否相当严谨地表现出算法的意义？

```
count=0
while count!=3:
    print(count)
```

2. 以下程序的 Big-Oh 是什么？

```
total=0
for i in range(1,n+1):
    total=total+i*i
```

3. 算法必须符合哪 5 个条件？
4. 在下列程序片段中，循环部分实际执行的次数与时间复杂度是什么？

```
for i=1 to n:
    for j=i to n:
        for k =j to n:
            { end of k Loop }
        { end of j Loop }
    { end of i Loop }
```

第 2 章

经典算法介绍

我们可以这样说，算法就是用计算机来实现数学思想的一种学问，学习算法就是了解它们如何演算以及如何在各层面影响我们的日常生活。善用算法是培养程序设计逻辑很重要的步骤，许多实际的问题都可以用多个可行的算法来解决，要从中找出最佳的解决算法是一项挑战。本章将为大家介绍一些近年来相当知名的算法，帮助大家了解不同算法的概念与技巧，以便日后分析各种算法的优劣。

2.1 分 治 法

分治法（Divide and Conquer，也称为“分而治之法”）是一种很重要的算法，核心思想就是将一个难以直接解决的大问题依照相同的概念分割成两个或更多的子问题，以便各个击破。我们可以应用分治法来逐一拆解复杂的问题，下面以一个实际的例子来进行说明：假设有 8 幅很难画的画，可以分成 2 组（各 4 幅画）来完成；如果还是觉得复杂，就再分成 4 组（每组各 2 幅画）来完成，即采用相同模式反复分割问题，这就是分治法的核心思想，如图 2-1 所示。

其实任何一个可以用程序求解的问题所需的计算时间都与其规模和复杂度有关，问题的规模越小，越容易直接求解。因此，可以不断分解问题，使子问题规模不断缩小，让这些子问题简单到可以直接解决，再将各子问题的解合并，最后得到原问题的解答。再举个例子，规划一个有 8 个章节的项目，如果只靠一个人独立完成，不但时间比较长，而且有些规划的内容可能不是自己的专长，这时就可以按照这 8 个章节的特性分给 2 个项目负责人去完成。为了让这个规划更快完成，并能找到适合的分类，可以再分别分割成 2 部分，并分派给更多不同的项目成员，如此一来，每个成员只需负责其中 2 个章节，经过这样的分配就可以将原先的大项目简化成 4 个小项目，并委派给 4 个成员去完成。根据分治法的核心思想，还可以将其切割成 8 个小主题，委派给 8 个成员去分别完成，因为参与人员较多，所以所需时间缩减到原先一个人独立完成的 1/8。这个例子的分治法解决方案的示意图如图 2-2 所示。

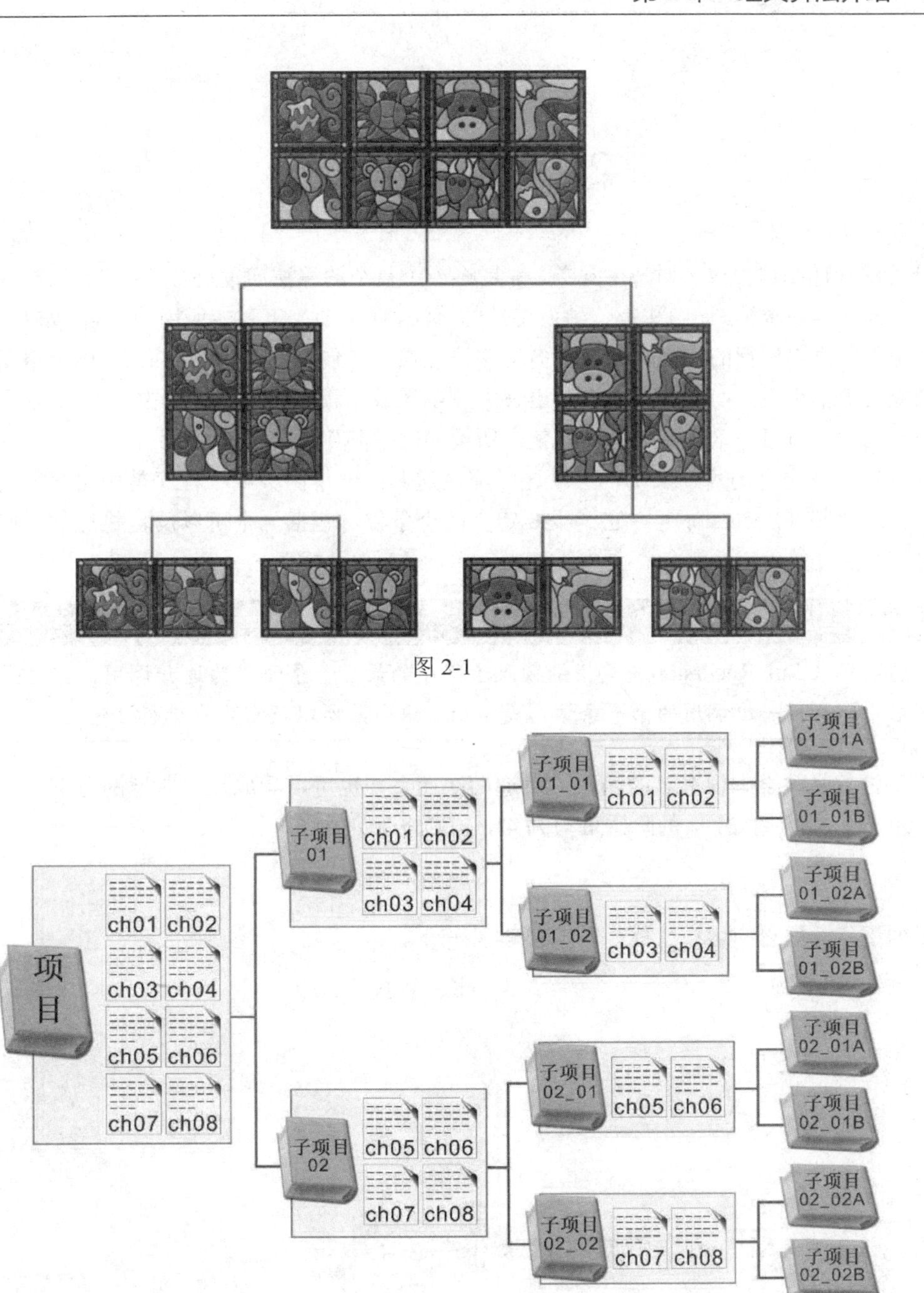

图 2-1

图 2-2

分治法也可以应用在数字的分类与排序上，如果要以人工的方式将散落在地上的打印稿从第 1 页整理并排序到第 100 页，可以有两种做法。一种方法是逐一捡起打印稿，并逐一按页码顺序插入到正确的位置。这样的方法有一个缺点，就是排序和整理的过程较为繁杂，而且比较浪费时间。另一种方法是应用分治法的原理，先行将页码 1 到页码 10 放在一起、页码 11 到页码 20 放在一起……将页码 91 到页码 100 放在一起，也就是说将原先的 100 页分类为 10 个页码区间，然后分别对 10 堆页码进行整理，最后将页码从小到大的分组合并起来，就可以轻松恢复到原先的稿件顺序。通过分治法可以让原先复杂的问题变成规则更简单、数量更少、速度更快且更容易轻易解决的小问题。

2.2 递 归 法

分治法和递归法很像一对孪生兄弟，都是将一个复杂的算法问题进行分解，让规模越来越小，最终使子问题容易求解。递归法是一种很特殊的算法，在早期人工智能所用的语言（如 Lisp、Prolog）中几乎是整个语言运行的核心。现在许多程序设计语言（包括 C、C++、Java、Python 等）都具备递归功能。简单来说，在某些程序设计语言中，函数或子程序不只是能够被其他函数调用或引用，还可以自己调用自己，这种调用的功能就是所谓的“递归”。

从程序设计语言的角度来说，可以这样描述递归：一个函数或子程序是由自身所定义或调用的，就称为递归（Recursion）。它至少要定义两个条件，包括一个可以反复执行的递归过程与一个跳出执行过程的出口。

提　示

“尾递归”（Tail Recursion）是指函数或子程序的最后一条语句为递归调用，因为每次调用后再回到前一次调用的第一条语句是 return 语句，所以不需要再进行任何运算工作。

阶乘函数是数学上很有名的函数，对递归法而言，也可以看成是很典型的范例，一般以符号“!”来代表阶乘。例如，4 的阶乘可写为 4!，n!则表示为：

$$n! = n\times(n-1)\times(n-2)\times\cdots\times1$$

下面逐步分解它的运算过程，以发现其规律。

```
5! = (5 * 4!)
   = 5 * (4 * 3!)
   = 5 * 4 * (3 * 2!)
   = 5 * 4 * 3 * (2 * 1)
   = 5 * 4 * (3 * 2)
   = 5 * (4 * 6)
   = (5 * 24)
   = 120
```

用 Python 语言编写 n!递归函数的算法如下：

```
def factorial(i):
    if i==0:
        return 1
    else:
        ans=i * factorial(i-1)  # 反复执行的递归过程
    return ans
```

上面用阶乘函数的范例来说明递归的运行方式，在系统中具体实现递归时则要用到堆栈（Stack）的数据结构。所谓堆栈，就是一组相同数据类型的集合，所有的操作均在这个结构的顶端进行，具有“后进先出”（Last In First Out，LIFO）的特性。有关堆栈的进一步功能说明与实现，请参考第 3 章和第 8 章的有关算法。

我们再来看一下著名的斐波那契数列（Fibonacci Polynomial）的求解。斐波那契数列的基本定义为：

$$F_n = \begin{cases} 0 & n=0 \\ 1 & n=1 \\ F_{n-1}+F_{n-2} & n=2,3,4,5,6\cdots\ (n \text{ 为正整数}) \end{cases}$$

简单来说，这个数列的第 0 项是 0，第 1 项是 1，之后各项的值是前面两项值相加的结果（后面的每项值都是其前两项值的和）。根据斐波那契数列的定义，可以尝试把它设计成递归形式。

```
def fib(n): # 定义函数 fib()
    if n==0 :
        return 0 # 如果 n=0，则返回 0
    elif n==1 or n==2:
        return 1
    else:   # 否则返回 fib(n-1)+fib(n-2)
        return (fib(n-1)+fib(n-2))
```

下面用 Python 语言来设计一个计算第 n 项斐波那契数列的递归程序。

【范例程序：ch02_01.py】

```
01  def fib(n):          # 定义函数fib()
02      if n==0 :
03          return 0     # 如果n=0，则返回0
04      elif n==1 or n==2:
05          return 1
06      else:            # 否则返回 fib(n-1)+fib(n-2)
07          return (fib(n-1)+fib(n-2))
08
09  n=int(input('请输入要计算第几项斐波那契数列:'))
10  for i in range(n+1):# 计算前n项斐波那契数列
11      print('fib(%d)=%d' %(i,fib(i)))
```

【执行结果】　参考图 2-3。

```
请输入要计算第几项斐波那契数列:10
fib(0)=0
fib(1)=1
fib(2)=1
fib(3)=2
fib(4)=3
fib(5)=5
fib(6)=8
fib(7)=13
fib(8)=21
fib(9)=34
fib(10)=55
```

图 2-3

2.3 贪 心 法

贪心法（Greed Method）又称为贪婪算法，从某一起点开始，在每一个解决问题的步骤使用贪心原则，即采取在当前状态下最有利或最优化的选择，不断地改进该解答，持续在每一个步骤中选择最佳方法，并且逐步逼近给定的目标，当达到某一个步骤不能再继续前进时，算法停止，以尽可能快的方法求得更好的解。

贪心法的解题思路尽管是把求解的问题分成若干个子问题，不过有时还是不能保证求得的最后解是最佳或最优化的，因为贪心法容易过早做出决定，所以只能求出满足某些约束条件的解。有时贪心法在某些问题上还是可以得到最优解的，例如求图结构的最小生成树、最短路径与哈夫曼编码、机器学习等方面。许多公共运输系统也会用到最短路径的理论，如图 2-4 所示。

图 2-4

提　示

机器学习（Machine Learning，ML）是大数据与人工智能发展中相当重要的一环，机器通过算法来分析数据，在大数据中找到规则。机器学习是大数据发展的下一个阶段，给计算机提供大量的“训练数据（Training Data）”，发掘出多种数据变动因素之间的关联性，充分利用大数据和算法来训练机器。其应用范围相当广泛，涉及健康监控、自动驾驶、机台自动控制、医疗成像诊断工具、工厂控制系统、检测用机器人、网络营销等领域。哈夫曼编码（Huffman Coding）经常应用于数据的压缩，是可以根据数据出现的频率来构建的二叉树。数据的存储和传输是数据处理的两个重要领域，两者都和数据量的大小息息相关，哈夫曼树正好可以解决数据的大小问题。

我们来看一个简单的例子（后面的货币系统不是现实的情况，只是为了举例）。假设我们去超市购买几罐可乐（见图 2-5），要价 24 元，我们付给售货员 100 元，希望不要找太多纸币，即纸币的总数量最少，该如何找钱呢？假设目前的纸币金额有 50 元、10 元、5 元、1 元共 4 种，从贪心法的策略来说，应找的钱总数是 76 元，所以一开始选择 50 元的纸币一张，接下来选择 10 元的纸币两张，最后选择 5 元的纸币和 1 元的纸币各一张，总共 5 张纸币，这个结果也确实是最佳的解。

贪心法也适合用于某些旅游景点的判断，假如我们要从图 2-6 中的顶点 5 走到顶点 3，最短的路径是什么呢？采用贪心法，当然是先走到顶点 1，接着走到顶点 2，最后从顶点 2 走到顶点 3，这样的距离是 28。可是从图 2-6 中我们发现直接从顶点 5 走到顶点 3 才是最短的距离，说明在这种情况下没有办法以贪心法的规则来找到最佳解。

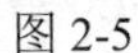

图 2-5

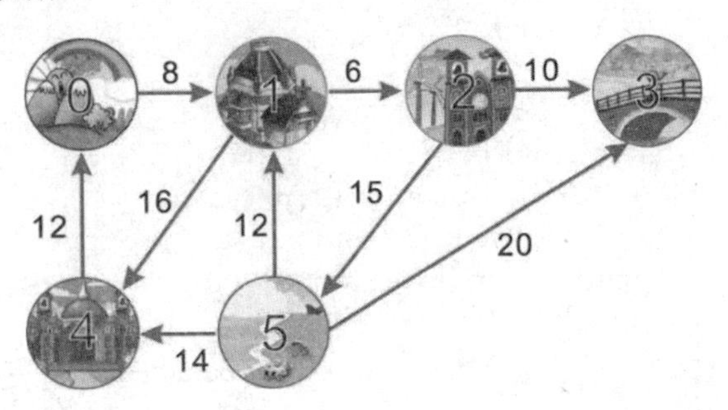

图 2-6

2.4　动态规划法

动态规划法（Dynamic Programming Algorithm，DPA）类似于分治法，在 20 世纪 50 年代初由美国数学家 R. E. Bellman 发明，用于研究多阶段决策过程的优化过程与求得一个问题的最优解。动态规划法主要的做法是：如果一个问题的答案与子问题相关，就能将大问题拆解成各个小问题，其中与分治法最大的不同是可以将每一个子问题的答案存储起来，以供下次求解时直接取用。这样的做法不但可以减少再次计算的时间，而且可以将这些解组合成大问题的解，故而可以解决重复计算的问题。

例如，斐波那契数列采用的是类似分治法的递归法，如果改用动态规划法，那么已计算过的数据就不必重复计算了，也不会再往下递归，这样就可以提高性能。若想求斐波那契数列的第 4 项数 Fib(4)，则它的递归过程可以用图 2-7 表示。

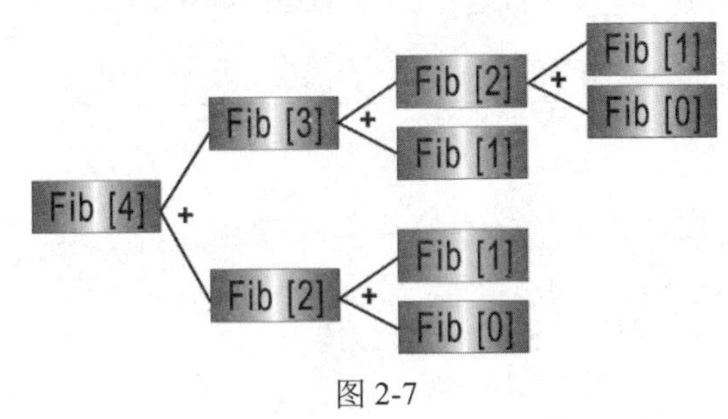

图 2-7

从上面的执行路径图中可知递归调用了 9 次，而加法运算了 4 次，Fib(1)执行了 3 次，Fib(0)执行了 2 次，重复计算影响了执行性能。根据动态规划法的算法思路可以绘制出图 2-8 所示的执行示意图。

根据动态规划法算法的思路用 Python 语言实现这个算法，程序代码如下：

```
#[示范]:斐波那契数列的动态规划法

output=[None]*100
```

```
def fib(n):
    if n==0:
        return 0
    if n==1:
        return 1
    else:
        output[0]=0
        output[1]=1
        for i in range(2,n+1):
            output[i]=output[i-1]+output[i-2]
    return output[n]
```

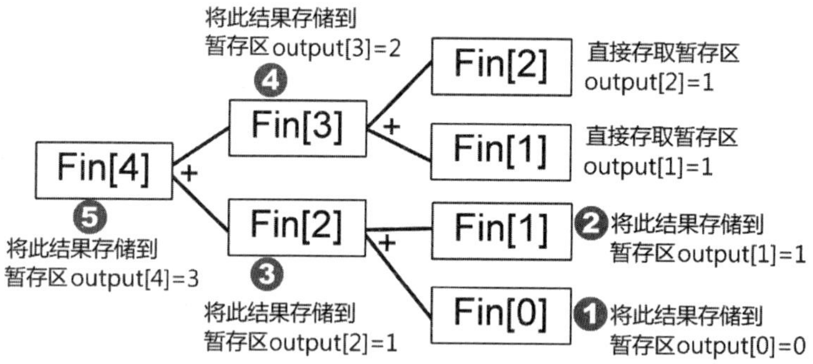

将此结果存储到暂存区output[3]=2 ❹
Fin[2] 直接存取暂存区 output[2]=1
Fin[3]
Fin[1] 直接存取暂存区 output[1]=1
Fin[4]
❺ 将此结果存储到暂存区output[4]=3
Fin[2]
Fin[1] ❷将此结果存储到暂存区output[1]=1
❸ 将此结果存储到暂存区output[2]=1
Fin[0] ❶将此结果存储到暂存区output[0]=0

图 2-8

2.5 迭 代 法

迭代法（Iterative Method）无法使用公式一次求解，而需要使用重复结构（即循环）重复执行一段程序代码来得到答案。

下面使用 for 循环来设计一个计算 1!~*n*! 阶乘的递归程序。

【范例程序：ch02_02.py】

```
01  # 以for循环计算 n!
02  sum = 1
03  n=int(input('请输入n='))
04  for i in range(0,n+1):
05      for j in range(i,0,-1):
06          sum *= j    # sum=sum*j
07      print('%d!=%3d' %(i,sum))
08      sum=1
```

【执行结果】 参考图 2-9。

上述例子采用的是一种固定执行次数的迭代法，当遇到一个问题时，如果无法一次以公式求解，又不能确定要执行多少次，就可以使用 while 循环。

```
请输入n=10
0!=  1
1!=  1
2!=  2
3!=  6
4!= 24
5!=120
6!=720
7!=5040
8!=40320
9!=362880
10!=3628800
```

图 2-9

while 循环必须加入控制变量的起始值及递增或递减表达式，并且在编写循环过程时必须检查离开循环体的条件是否存在，如果条件不存在，就会让循环体一直执行而无法停止，导致“无限循环”。循环结构通常需要具备以下 3 个条件：

（1）变量初始值。

（2）循环条件判断表达式。

（3）调整变量增减值。

例如：

```
i=1
while i < 10:    # 循环条件判别式
    print( i)
    i += 1       # 调整变量增减值
```

当 i 小于 10 时会执行 while 循环体内的语句，所以 i 会加 1，直到 i 等于 10。当条件判断表达式为 false 时，就会跳离循环。

帕斯卡三角算法

帕斯卡（Pascal）三角算法基本上就是计算出三角形每一个位置的数值。在帕斯卡三角上的每一个数字都对应一个 ${}_rC_n$，其中 r 代表 row（行），而 n 代表 column（列），r 和 n 都是从数字 0 开始的。帕斯卡三角如下：

$$
\begin{array}{c}
{}_0C_0 \\
{}_1C_0\ {}_1C_1 \\
{}_2C_0\ {}_2C_1\ {}_2C_2 \\
{}_3C_0\ {}_3C_1\ {}_3C_2\ {}_3C_3 \\
{}_4C_0\ {}_4C_1\ {}_4C_2\ {}_4C_3\ {}_4C_4
\end{array}
$$

帕斯卡三角对应的数据如图 2-10 所示。

计算帕斯卡三角中的 ${}_rC_n$ 可以使用以下公式：

$$
{}_rC_0 = 1
$$

$$
{}_rC_n = {}_rC_{n-1} \times (r - n + 1) / n
$$

图 2-10

上面的两个式子所代表的意义是每一行的第 0 列的值一定为 1。例如，${}_0C_0 = 1$、${}_1C_0 = 1$、${}_2C_0 = 1$、${}_3C_0 = 1$……以此类推。

一旦每一行的第 0 列元素的值为数字 1 确立后，该行每一列的元素值就都可以从同一行前一列的值根据下面的公式计算得到：

$${}_rC_n = {}_rC_{n-1}\times(r - n + 1) / n$$

举例来说：

① 第 0 行帕斯卡三角的求值过程：当 $r = 0$、$n = 0$ 时，即第 0 行（row = 0）第 0 列（column = 0），所对应的数字为 1。

此时的帕斯卡三角外观如下：

1

② 第 1 行帕斯卡三角的求值过程：当 $r = 1$、$n = 0$ 时，代表第 1 行第 0 列，所对应的数字 ${}_1C_0 =1$；当 $r = 1$、$n = 1$ 时，即第 1 行第 1 列，所对应的数字为 ${}_1C_1$，代入公式 ${}_rC_n = {}_rC_{n-1}\times(r - n + 1) / n$（其中 $r = 1$，$n = 1$），可以推导出 ${}_1C_1 = {}_1C_0\times(1 - 1 + 1) / 1 = 1\times1 = 1$。得到的结果是 ${}_1C_1 = 1$。

此时的帕斯卡三角外观如下：

1

1　　1

③ 第 2 行帕斯卡三角的求值过程：按照上面计算每一行中各个元素值的求值过程可以推导得出 ${}_2C_0 =1$、${}_2C_1 =2$、${}_2C_2=1$。

此时的帕斯卡三角外观如下：

1

1　　1

1　　2　　1

④ 第 3 行帕斯卡三角的求值过程：按照上面计算每一行中各个元素值的求值过程可以推导得出 ${}_3C_0 =1$、${}_3C_1 =3$、${}_3C_2=3$、${}_3C_3 =1$。

此时的帕斯卡三角外观如下：

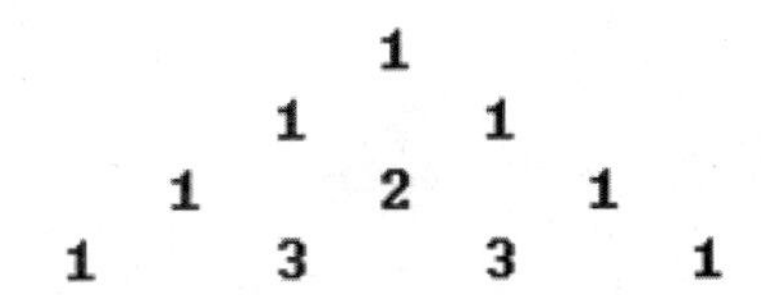

同理，可以陆续推导出第 4 行、第 5 行、第 6 行等所有帕斯卡三角中各行的元素。

2.6　枚　举　法

枚举法（又称为穷举法）是一种常见的数学方法，是我们在日常工作中使用最多的一种算法，核心思想是列举所有的可能。根据问题的要求逐一列举问题的解答，或者为了便于解决问题把问题分为不重复、不遗漏的有限种情况，逐一列举各种情况，并加以解决，最终达到解决整个问题的目的。像枚举法这种分析问题、解决问题的方法，得到的结果总是正确的，缺点是速度太慢。

例如，我们想将 A 与 B 两个字符串连接起来（将 B 字符串接到 A 字符串的后面），具体做法是将 B 字符串从第一个字符开始逐步连接到 A 字符串的最后一个字符，如图 2-11 所示。

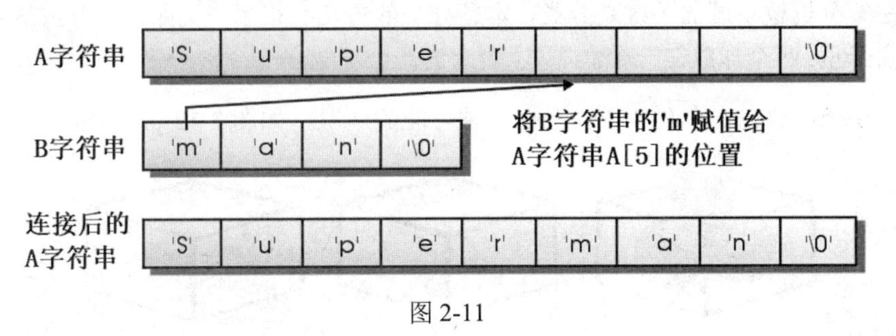

图 2-11

再来看一个例子：1000 依次减去 1，2，3……直到哪一个数时相减的结果开始为负数？这是很纯粹的枚举法应用，只要按序减去 1，2，3，4，5，6……

$$1000-1-2-3-4-5-6-\cdots-? < 0$$

以枚举法来求解这个问题，算法过程如下：

用 Python 语言编写的算法过程如下：

```
x=1
num=1000
while num>=0: #while 循环
    num-=x
    x=x+1

print(x-1)
```

简单来说，枚举法的核心思路就是将要分析的项目在不遗漏的情况下逐一列举出来，再从所列举的项目中找到自己所需要的目标对象。

我们再举一个例子来加深大家的印象，如果我们希望列出 1~500 之间所有 5 的倍数（整数），用枚举法就是从 1 开始到 500 逐一列出所有的整数，并一边枚举一边检查该枚举的数字是否为 5 的倍数：如果不是，就不加以理会；如果是，就加以输出。以 Python 语言编写的算法如下：

```
for num in range(1,501):
    if num % 5 ==0:
        print('%d 是 5 的倍数' %(num))
```

接下来所举的例子很有趣，我们把 3 个相同的小球放入 A、B、C 三个小盒中，试问共有多少种不同的方法？分析枚举法的关键是分类，本题分类的方法有很多，例如可以分成这样 3 类：3 个球放在一个盒子里；两个球放在一个盒子里，剩余的一个球放在一个盒子里；3 个球分 3 个盒子放。

第一类： 3 个球放在一个盒子里，会有 3 种可能的情况，如图 2-12~图 2-14 所示。

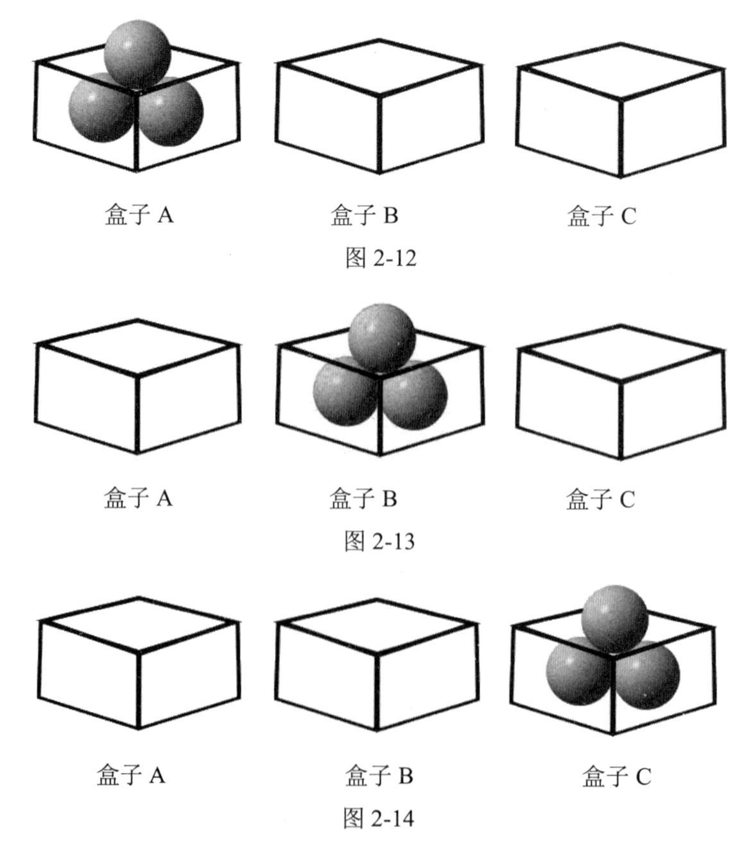

图 2-12

图 2-13

图 2-14

第二类：两个球放在一个盒子里，剩余的一个球放在一个盒子里，会有 6 种可能的情况，如图 2-15~图 2-20 所示。

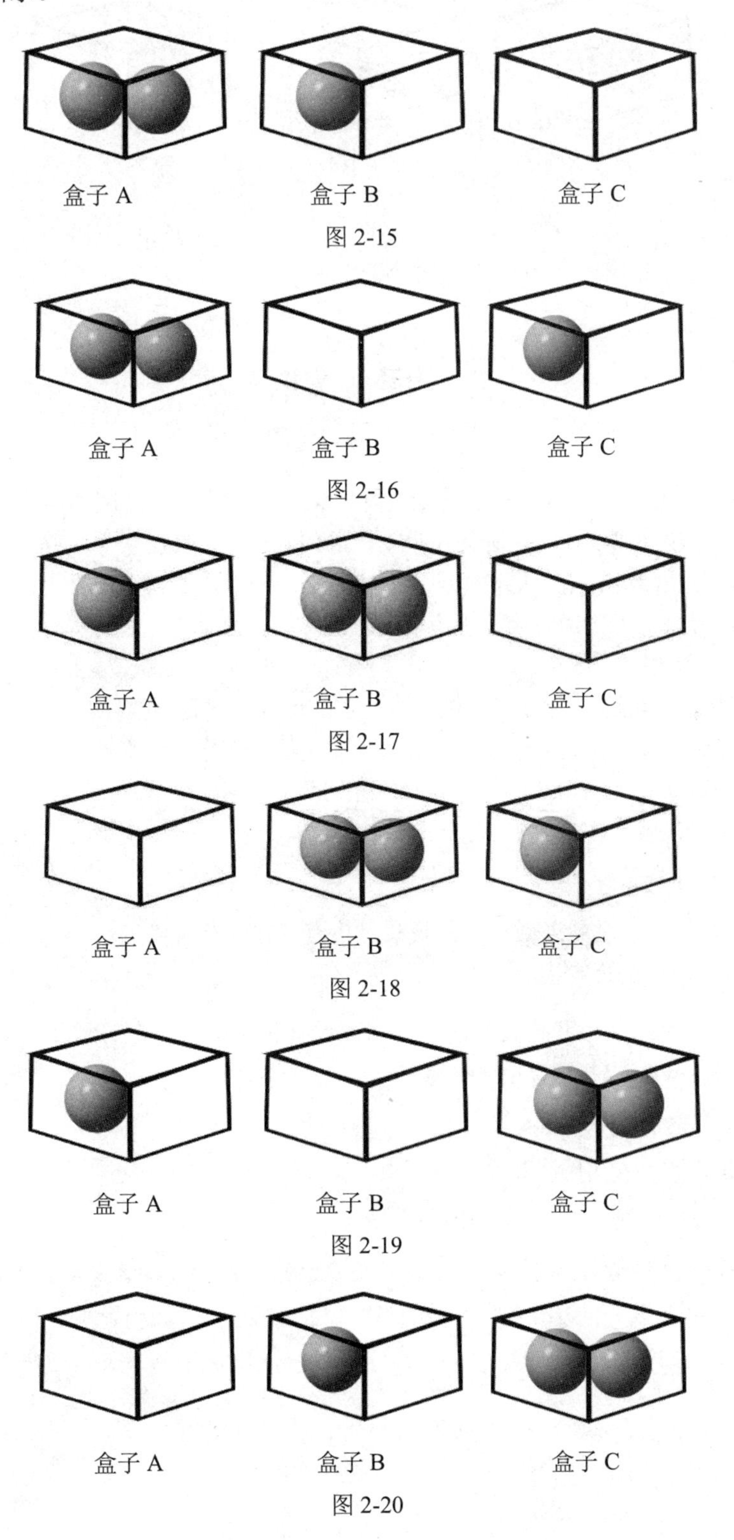

图 2-15

图 2-16

图 2-17

图 2-18

图 2-19

图 2-20

第三类：3 个球分 3 个盒子放，只有一种可能的情况，如图 2-21 所示。

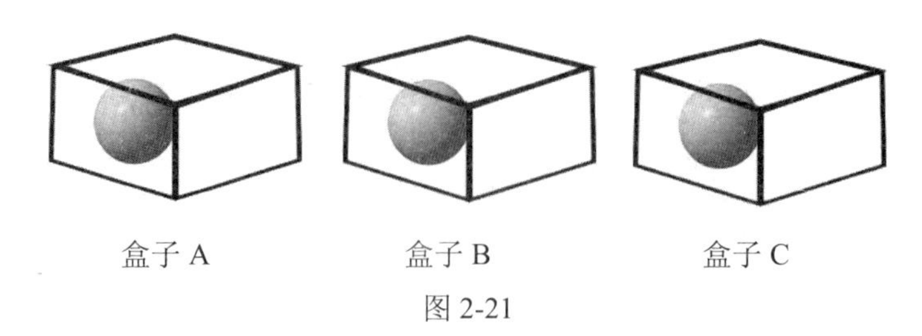

图 2-21

根据枚举法的思路找出上述 10 种放置小球的方式。

2.7 回 溯 法

回溯法（Backtracking）也是枚举法的一种。对于某些问题而言，回溯法是一种可以找出所有（或一部分）解的一般性算法，同时避免枚举不正确的数值。一旦发现不正确的数值，回溯法就不再递归到下一层，而是回溯到上一层，以节省时间，是一种走不通就退回再走的方式。它的特点主要是在搜索过程中寻找问题的解，当发现不满足求解条件时就回溯（返回），尝试别的路径，避免无效搜索。

例如，老鼠走迷宫就是一种回溯法的应用。老鼠走迷宫问题的描述是：假设把一只老鼠放在一个没有盖子的大迷宫盒的入口处，盒中有许多墙，使得大部分路径都被挡住而无法前进。老鼠可以采用尝试错误的方法找到出口。不过，这只老鼠必须在走错路时就退回来并把走过的路记下来，避免下次走重复的路，就这样直到找到出口为止。简单来说，老鼠行进时必须遵守以下 3 个原则：

① 一次只能走一格。
② 遇到墙无法往前走时就退回一步，找找是否有其他的路可以走。
③ 走过的路不会再走第二次。

在编写走迷宫程序之前，我们先来了解如何在计算机中描述一个仿真迷宫的地图——可以使用二维数组 MAZE[row][col]并符合以下规则：

- MAZE[i][j] = 1　表示[i][j]处有墙，无法通过。
- MAZE[i][j] = 0　表示[i][j]处无墙，可通行。
- MAZE[1][1]是入口，MAZE[m][n]是出口。

图 2-22 是一个使用 10×12 二维数组表示的仿真迷宫地图。假设老鼠从左上角的 MAZE[1][1]进入，从右下角的 MAZE[8][10]出来，老鼠的当前位置用 MAZE[x][y]表示，那么老鼠可能移动的方向如图 2-23 所示。老鼠可以选择的方向共有 4 个，分别为东、西、南、北，但是并非每个位置都有 4 个方向可以选择，必须视情况而定。例如，T 字形的路口就只有东、西、南 3 个方向可以选择。

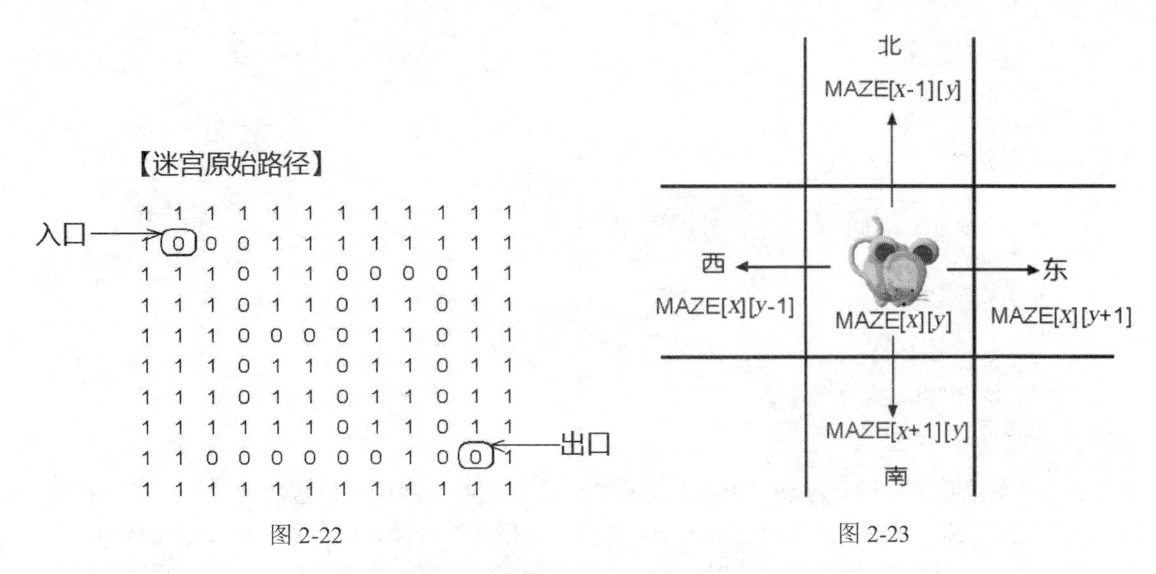

图 2-22　　　　　　　　　　图 2-23

可以先使用链表记录走过的位置，并且将走过的位置所对应的数组元素内容标记为 2，然后将这个位置放入堆栈，再进行下一个方向或路的选择。如果走到死胡同并且没有抵达终点，就退回上一个位置，直至退回到上一个岔路后再选择其他的路。由于每次新加入的位置必定会在堆栈的顶端，因此堆栈顶端指针所指向的方格编号便是当前搜索迷宫出口的老鼠所在的位置。如此重复这些动作，直至走到迷宫出口为止。在图 2-24 和图 2-25 中以小球代表迷宫中的老鼠。

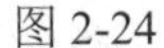

图 2-24　　　　　　　　　　图 2-25

上面这样一个迷宫探索的过程可以用 Python 语言来表述。

```
if 上一格可走:
    把方格编号加入到堆栈
    往上走
    判断是否为出口
elif 下一格可走:
    把方格编号加入到堆栈
    往下走
    判断是否为出口
```

```
    elif 左一格可走:
        把方格编号加入到堆栈
        往左走
        判断是否为出口
    elif 右一格可走:
        把方格编号加入到堆栈
        往右走
        判断是否为出口
    else:
        从堆栈删除一个方格编号
        从堆栈中弹出一个方格编号
        往回走
```

上面的算法是每次进行移动时所执行的操作，主要判断当前所在位置的上、下、左、右是否有可以前进的方格，如果找到可前进的方格，就将该方格的编号加入记录移动路径的堆栈中，并往该方格移动，当四周没有可走的方格时，也就是当前所在的方格无法走出迷宫，就必须退回到前一格重新检查是否有其他可走的路径。

下面的 Python 范例程序是老鼠走迷宫问题的具体实现，1 表示该处有墙无法通过，0 表示[i][j]处无墙可通行，并且将走过的位置对应的数组元素内容标记为 2。

【范例程序：ch02_03.py】

```
01  #=============== Program Description ===============
02  #程序目的： 老鼠走迷宫
03
04  class Node:
05      def __init__(self,x,y):
06          self.x=x
07          self.y=y
08          self.next=None
09
10  class TraceRecord:
11      def __init__(self):
12          self.first=None
13          self.last=None
14
15      def isEmpty(self):
16              return self.first==None
17
18      def insert(self,x,y):
19          newNode=Node(x,y)
20          if self.first==None:
21              self.first=newNode
22              self.last=newNode
23          else:
24              self.last.next=newNode
25              self.last=newNode
26
```

```
27     def delete(self):
28         if self.first==None:
29             print('[队列已经空了]')
30             return
31         newNode=self.first
32         while newNode.next!=self.last:
33             newNode=newNode.next
34         newNode.next=self.last.next
35         self.last=newNode
36 
37 ExitX= 8     #定义出口的X坐标在第8行
38 ExitY= 10    #定义出口的Y坐标在第10列
39 #声明迷宫数组
40 MAZE= [[1,1,1,1,1,1,1,1,1,1,1,1], \
41        [1,0,0,0,1,1,1,1,1,1,1,1], \
42        [1,1,1,0,1,1,0,0,0,0,1,1], \
43        [1,1,1,0,1,1,0,1,1,0,1,1], \
44        [1,1,1,0,0,0,0,1,1,0,1,1], \
45        [1,1,1,0,1,1,0,1,1,0,1,1], \
46        [1,1,1,0,1,1,0,1,1,0,1,1], \
47        [1,1,1,1,1,1,0,1,1,0,1,1], \
48        [1,1,0,0,0,0,0,0,1,0,0,1], \
49        [1,1,1,1,1,1,1,1,1,1,1,1]]
50 
51 def chkExit(x,y,ex,ey):
52     if x==ex and y==ey:
53         if(MAZE[x-1][y]==1 or MAZE[x+1][y]==1 or MAZE[x][y-1] ==1 or 
   MAZE[x][y+1]==2):
54             return 1
55         if(MAZE[x-1][y]==1 or MAZE[x+1][y]==1 or MAZE[x][y-1] ==2 or 
   MAZE[x][y+1]==1):
56             return 1
57         if(MAZE[x-1][y]==1 or MAZE[x+1][y]==2 or MAZE[x][y-1] ==1 or 
   MAZE[x][y+1]==1):
58             return 1
59         if(MAZE[x-1][y]==2 or MAZE[x+1][y]==1 or MAZE[x][y-1] ==1 or 
   MAZE[x][y+1]==1):
60             return 1
61     return 0
62 
63 #主程序
64 
65 
66 path=TraceRecord()
67 x=1
68 y=1
69 
70 print('[迷宫的路径(0标记的部分)]')
71 for i in range(10):
```

```
72      for j in range(12):
73          print(MAZE[i][j],end='')
74      print()
75  while x≤ExitX and y≤ExitY:
76      MAZE[x][y]=2
77      if MAZE[x-1][y]==0:
78          x -= 1
79          path.insert(x,y)
80      elif MAZE[x+1][y]==0:
81          x+=1
82          path.insert(x,y)
83      elif MAZE[x][y-1]==0:
84          y-=1
85          path.insert(x,y)
86      elif MAZE[x][y+1]==0:
87          y+=1
88          path.insert(x,y)
89      elif chkExit(x,y,ExitX,ExitY)==1:
90          break
91      else:
92          MAZE[x][y]=2
93          path.delete()
94          x=path.last.x
95          y=path.last.y
96  print('[老鼠走过的路径(2标记的部分)]')
97  for i in range(10):
98      for j in range(12):
99          print(MAZE[i][j],end='')
100     print()
```

【执行结果】 参考图 2-26。

```
[迷宫的路径(0标记的部分)]
111111111111
100011111111
111011000011
111011011011
111000011011
111011011011
111011011011
111111011011
110000001001
111111111111
[老鼠走过的路径(2标记的部分)]
111111111111
122211111111
111211222211
111211211211
111222211211
111211011211
111211011211
111111011211
110000001221
111111111111
```

图 2-26

2.8 课后习题

1. 试简述分治法的核心思想。
2. 递归至少要定义哪两个条件？
3. 试简述贪心法的主要核心概念。
4. 简述动态规划法与分治法的差异。
5. 什么是迭代法？试简述之。
6. 枚举法的核心概念是什么？试简述之。
7. 回溯法的核心概念是什么？试简述之。

第 3 章

数据结构简介

当初人们试图建造计算机的主要原因之一就是用来存储和管理一些数字化的信息和数据，这也是数据结构概念的来源。当我们使用计算机解决问题时，必须以计算机能够了解的模式来描述问题，而数据结构是数据的表示法，也就是计算机中存储数据的基本结构。编写程序就像盖房子一样，要先规划出房子的结构图，如图 3-1 所示。

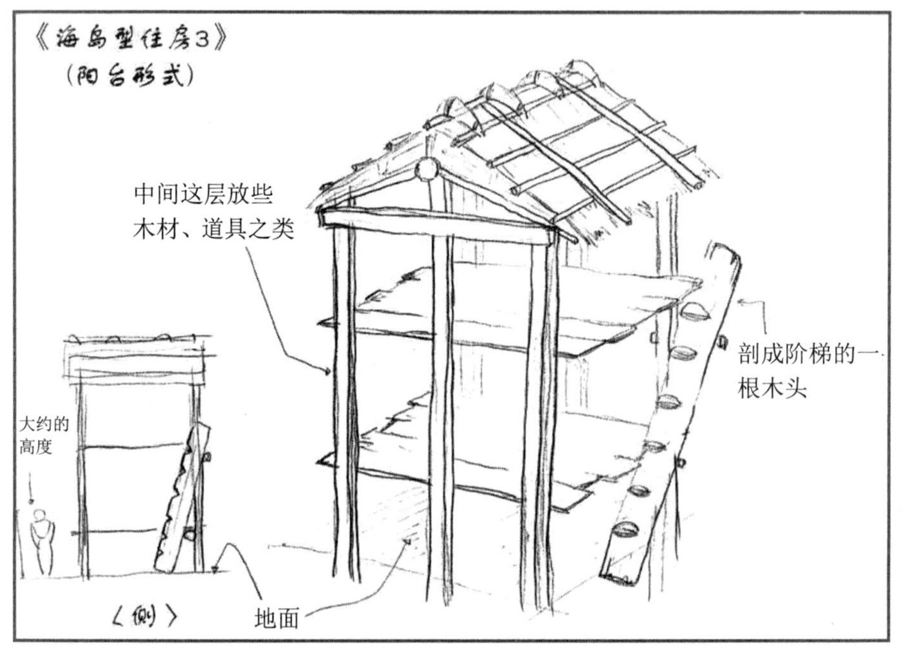

图 3-1

简单来说，数据结构讲述的是一种辅助程序设计并进行优化的方法论，不仅考虑到数据的存储与处理方法，还考虑到数据彼此之间的关系与运算，目的是提高程序的执行效率、减少对内存空间的占用等。图书馆的书籍管理也是一种数据结构的应用，如图 3-2 所示。

图 3-2

3.1　认识数据结构

在信息技术（Information Technology）无所不知的今日，我们日常的生活已经和计算机密不可分了。计算机与数据是息息相关的，具有处理速度快与存储容量大的两大特点（见图 3-3），因而在数据处理上非常重要。数据结构和相关的算法就是数据进入计算机进行处理的一套完整逻辑。在进行程序设计时，对于要存储和处理的一类数据，程序员必须选择一种数据结构来进行数据添加、修改、删除、存储等操作，如果在选择数据结构时做了错误的决定，那么程序执行起来将可能变得非常低效，再选错了数据类型，那么后果更加不堪设想。

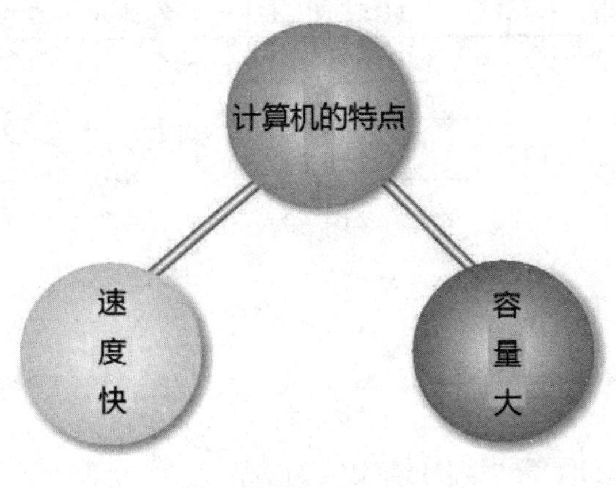

图 3-3

以日常生活中的医院为例，医院会将事先设计好的个人病历表格准备好，当有新的病人上门时，就请他们自行填写，随后管理人员可能按照某种次序（例如姓氏或年龄）将病历表加以分类，然后用文件夹或档案柜加以收藏。日后当某个病人回诊时，只要询问病人的姓名或年龄，管理人员就可以快速从文件夹或档案柜中找出病人的病历表。这个档案柜中所存放的病历表就是一种数据结构概念的应用，如图 3-4 所示。

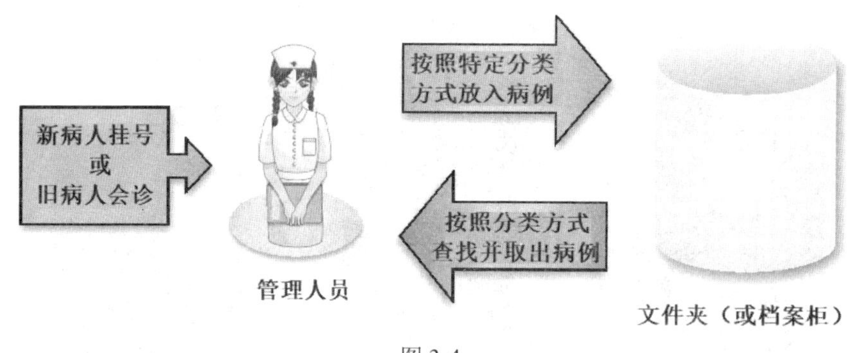

图 3-4

“数据表”（见图 3-5）中的数据结构是一个二维矩阵，纵向称为“列”（Column，或者“栏”），横向称为“行”（Row）。每一张数据表的最上面一行用来存放数据项的名称，称为“字段名”（Field Name），除了字段名这一行之外，其他行用来存放一项项数据，称之为“值”（Value）。

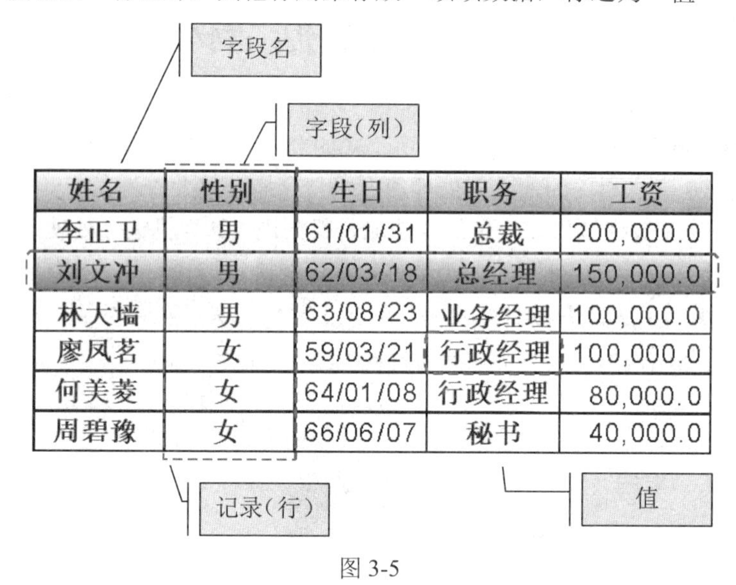

姓名	性别	生日	职务	工资
李正卫	男	61/01/31	总裁	200,000.0
刘文冲	男	62/03/18	总经理	150,000.0
林大墙	男	63/08/23	业务经理	100,000.0
廖凤茗	女	59/03/21	行政经理	100,000.0
何美菱	女	64/01/08	行政经理	80,000.0
周碧豫	女	66/06/07	秘书	40,000.0

图 3-5

数据与信息

谈到数据结构，首先必须了解什么是数据（Data）与信息（Information）。

从字义上来看，所谓数据（Data），指的就是一种未经处理的原始文字（Word）、数字（Number）、符号（Symbol）或图形（Graph）等。我们可将数据分为两大类：一类为数值数据（Numeric Data），例如由 0～9 所组成的可用运算符（Operator）进行运算的数据；另一类为字符数据（Alphanumeric Data），比如 A, B, C, …, +,*等非数值数据（Non-Numeric Data），例如，姓名或课表、通讯录等都可泛称为“数据”。

信息（Information）就是利用大量的数据，经过系统整理、分析、筛选处理而提炼出来的具有参考价格以及提供决策依据的文字、数字、符号或图表。在近代的“信息革命”浪潮中，如何掌握信息、利用信息可以说是个人或事业团体发展成功的重要原因。充分发挥计算机的优势更能让信息的价值发挥到淋漓尽致的境界。

大家可能会有疑问：“数据和信息的角色是否绝对一成不变呢？”这倒也不一定，同一份文件可能在某种情况下为数据，而在另一种情况下为信息。例如，“广州市每周的平均气温是 25℃”这段文字只是陈述事实的一种数据，我们并无法判定广州市是一个炎热还是凉爽的城市。一名学生的语文成绩是 90 分，我们可以说这是一项成绩的数据，无法判断它具备什么含义。如果经过排序（Sorting）处理，就可以知道这个学生语文成绩在班上的名次，也就清楚了优良程度，这时它就成为一种信息，排序则是数据结构的一种应用。

从严谨的角度来形容“数据处理”，就是用人力或机器设备对数据进行系统的整理，如记录、排序、合并、计算、统计等，以使原始的数据符合需求，成为有用的信息，如图 3-6 所示。

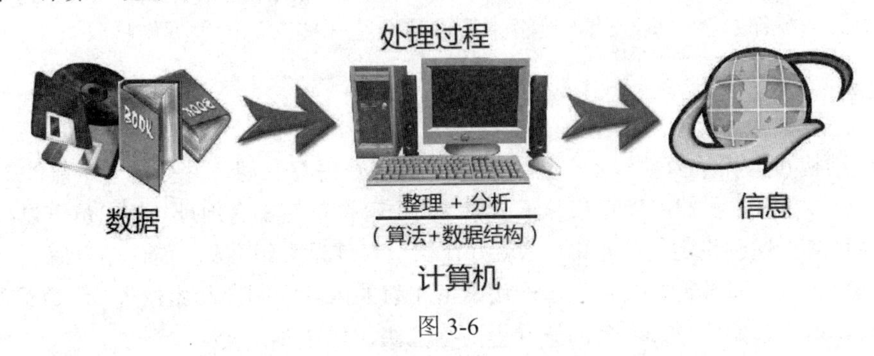

图 3-6

数据结构用于表示数据在计算机内存中所存储的位置和方式，通常可以分为以下 3 种数据类型。

（1）基本数据类型（Primitive Data Type）

基本数据类型是不能以其他类型来定义的数据类型，或称为标量数据类型（Scalar Data Type）。几乎所有的程序设计语言都会为标量数据类型提供一组基本数据类型，例如 Python 语言中的基本数据类型包括整数、浮点数、布尔值和字符等。

（2）结构数据类型（Structured Data Type）

结构数据类型也被称为虚拟数据类型（Virtual Data Type），是一种比基本数据类型更高一级的数据类型，例如字符串（String）、数组（Array）、指针（Pointer）、列表（List）、文件（File）等。

（3）抽象数据类型（Abstract Data Type，ADT）

我们可以将一种数据类型看成是一种值的集合，以及在这些值上所进行的运算和所代表的属性组成的集合。“抽象数据类型”比结构数据类型更高级，是指一个数学模型以及定义在此数学模型上的一组数学运算或操作。也就是说，抽象数据类型在计算机中体现了一种“信息隐藏”（Information Hiding）的程序设计思想，并表示了信息之间的某种特定的关系模式。例如，堆栈（Stack）就是一种典型的抽象数据类型，具有后进先出（Last In First Out，LIFO）的数据操作方式。

3.2　常见的数据结构

数据结构可通过程序设计语言所提供的数据类型、引用及其他操作加以实现。我们知道一个程序能否快速而高效地完成预定的任务取决于是否选对了数据结构，而程序是否能清楚而正确地把问题解决则取决于算法。所以，我们可以认为“数据结构加上算法等于高效的可执行程序”，如图 3-7 所示。

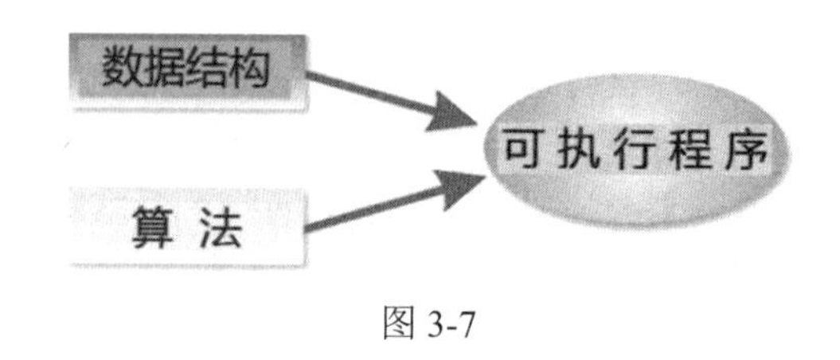

图 3-7

不同种类的数据结构适用于不同种类的程序应用，选择适当的数据结构是让算法发挥最大性能的主要因素，精心选择的数据结构可以给设计的程序带来更高效率的算法。然而，无论是哪种情况，数据结构的选择都是至关重要的。接下来我们将介绍一些常见的数据结构。

3.2.1 数组

“数组”结构在计算机内部就是一排紧密相邻的可数内存空间，并提供一个能够直接访问单个数据内容的计算方法。我们可以想象一下信箱，其中每个信箱都有地址，邮递员可以按照信件上的地址把信件直接投递到指定的信箱中。这就好比街道名就是数组名称，而信箱号码就是数组的下标（也称为“索引”），即数组的名称表示一块紧密相邻的内存空间的起始位置，而数组的下标（或索引）表示从此内存起始位置开始后的第几个内存区块，如图 3-8 所示。

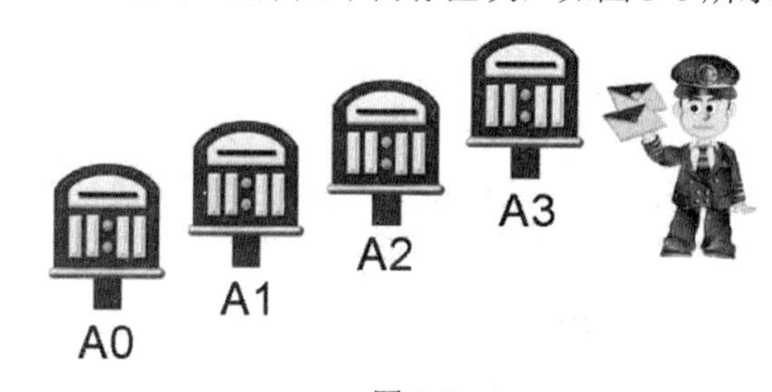

图 3-8

数组是一种典型的静态数据结构，使用连续分配的内存空间（Contiguous Allocation）来存储有序表中的数据。静态数据结构在编译时就给相关的变量分配好了内存空间。在建立静态数据结构的初期，必须事先声明最大可能要占用的固定内存空间，因此容易造成内存的浪费。优点是设计时相当简单，而且读取与修改数组中任意一个元素的时间都是固定的；缺点是删除或加入数据时需要移动大量的数据。

通常数组的使用可以分为一维数组、二维数组与多维数组等，其基本工作原理都相同。例如，下面的 Python 语句表示声明一个名称为 Score、列表长度（数据结构中较常见的说法是指数组的大小）为 5 的列表（List，Python 语言中的 List 数据类型，其功能类似数据结构中所讨论的数组 Array，示意图如图 3-9 左图所示）：

```
Score[0]*5
```

数组是一组具有相同名称和数据类型的变量的集合，在内存中占有一块连续的内存空间。如果想要存取数组中的数据，就需要配合下标值（Index，或称为索引值）找到数组中指定位置的值。在图 3-9 中的 Array_Name 是拥有 5 个相同数据类型数值的一维数组。通过名称 Array_Name 与下标值即可方便地存取这 5 个数据。

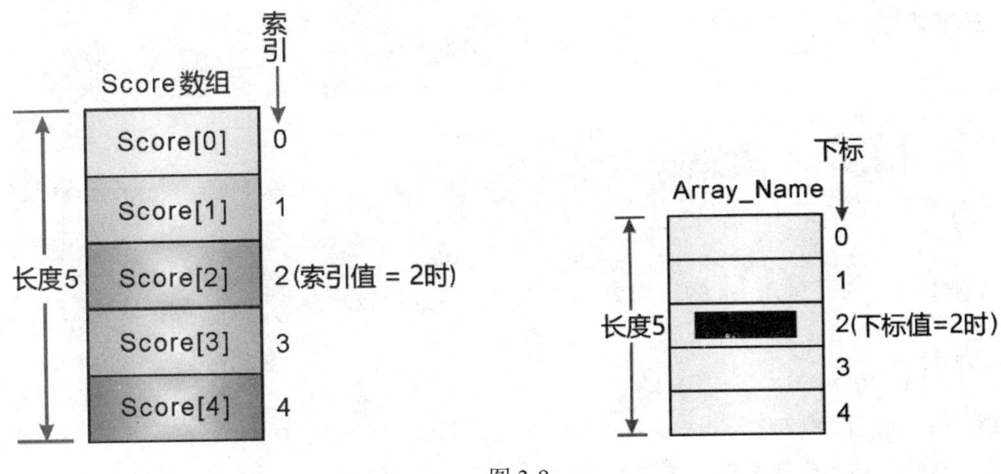

图 3-9

1. 二维数组

二维数组（Two-Dimension Array）可视为一维数组的扩展，与一维数组一样也是用于处理数据类型相同的数据，差别只在于维数不同。例如，一个含有 $m \times n$ 个元素的二维数组为 $A(1{:}m, 1{:}n)$，其中 m 代表行数、n 代表列数。A[4][4]数组中各个元素在直观平面上的具体排列方式如图 3-10 所示。

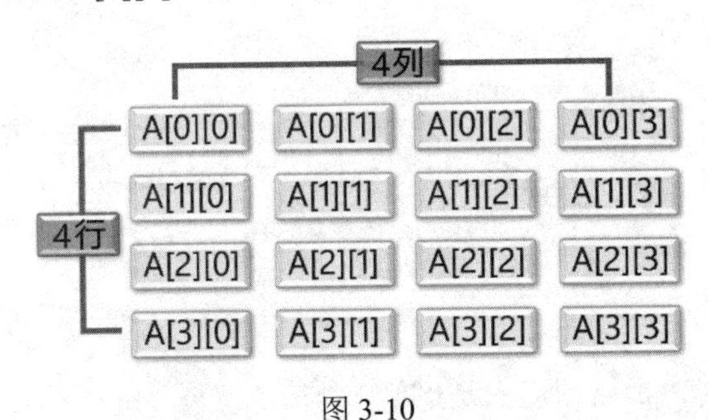

图 3-10

在 Python 语言中，列表中还可以有列表，这种情况称为二维列表。可以通过 for 循环读取二维列表的数据。简单地讲二维列表就是列表中的元素还是列表，下面举例说明：

```
number = [[11, 12, 13], [22, 24, 26], [33, 35, 37]]
```

上面的 number 是一个列表：number[0]存放着一个列表，number[1]存放着一个列表，number[2]也存放着一个列表。number[0]内有 3 列，分别存放着 3 个元素，其中 number[0][0] 指向数值“11”，number[0][1]指向数值“12”，以此类推。所以，number 是 3×3 的二维列表，其行和列的索引示意如表 3-1 所示。

表 3-1　3×3 的二维列表示意

	列索引[0]	列索引[1]	列索引[2]
行索引[0]	11	12	13
行索引[1]	22	24	26
行索引[2]	33	35	37

2. 三维数组

三维数组（Three-dimension Array）的表示法基本上和二维数组一样，都可视为一维数组的延伸。如果数组为三维数组，就可以看作是一个立方体。例如，将 arr[2][3][4]三维数组想象成空间上的立方体，如图 3-11 所示，在 Python 语言中的声明方式如下：

```
arr=[[[33,4,6,12],[23,71,6,15],[55,38,6,18]],
     [[21,9,15,21],[38,69,18,26],[90,101,89,16]]]
```

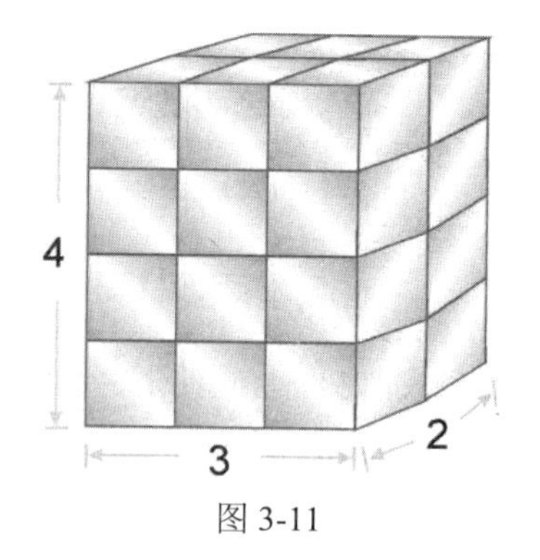

图 3-11

3.2.2 链表

链表（Linked List）又称为动态数据结构，使用不连续内存空间来存储，是由许多相同数据类型的数据项按特定顺序排列而成的线性表。链表的特性是各个数据项在计算机内存中的位置是不连续且随机（Random）存放的，优点是数据的插入或删除都相当方便。当有新数据加入链表后，就向系统申请一块内存空间；当数据被删除后，就把这块内存空间还给系统。在链表中添加和删除数据都不需要移动大量的数据。

在日常生活中有许多链表抽象概念的运用，例如把链表想象成火车（见图 3-12），有多少人就挂多少节车厢，当假日人多、需要较多车厢时就多挂些车厢，平日里人少时就少挂些车厢，这种做法非常有弹性。

图 3-12

在动态分配内存空间时，最常使用的是“单向链表”（Single Linked List）。一个单向链表节点基本上是由数据字段和指针两个元素所组成的，指针指向下一个元素在内存中的地址，如图 3-13 所示。

在“单向链表”中，第一个节点是“链表头指针”；指向最后一个节点的指针为 None，表示它是“链表尾”，不指向任何地方。例如，链表 A={a, b, c, d, x}，其单向链表的数据结构如图 3-14 所示。

1	数据字段
2	指针

图 3-13

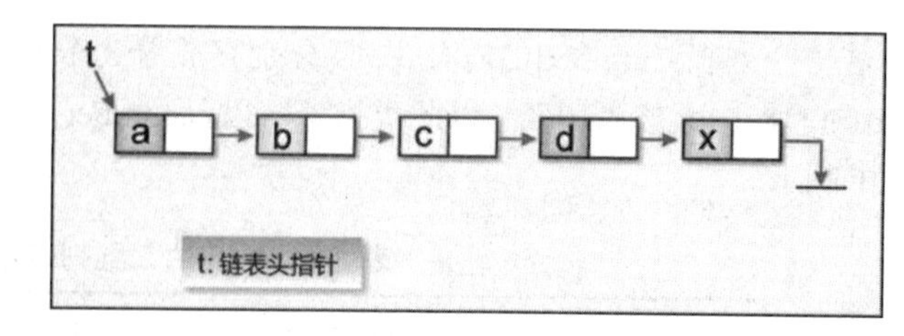

图 3-14

单向链表中所有节点都知道本节点的下一个节点在哪里，却不知道前一个节点，在单向链表的各种操作中“链表头指针”相当重要，只要存在链表头指针，就可以遍历整个链表、进行加入和删除节点等操作。注意，除非必要，否则不可移动链表头指针。

3.2.3　堆栈

堆栈（Stack）是一组相同数据类型的组合，所有的操作均在堆栈顶端进行，具有“后进先出”（Last In First Out，LIFO）的特性。所谓后进先出，其实就如同自助餐中餐盘在桌面上一个一个往上叠放，在取用时先拿最上面的餐盘，如图 3-15 所示，这就是典型的堆栈概念的应用。

图 3-15

堆栈是一种抽象数据类型，具有下列特性：

（1）只能从堆栈的顶端存取数据。

（2）数据的存取符合“后进先出”的原则。

堆栈压入和弹出的操作过程如图 3-16 所示。

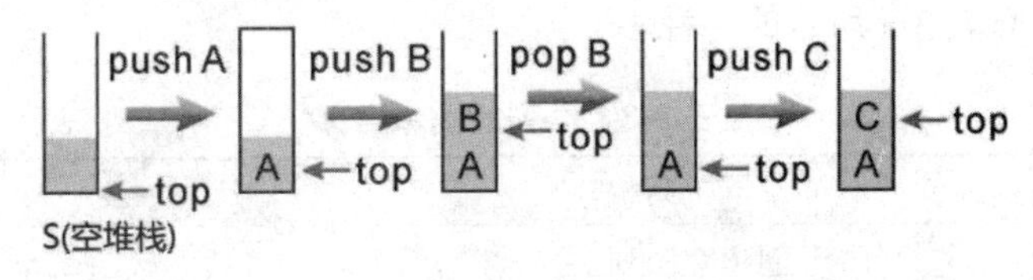

图 3-16

堆栈的基本运算如表 3-2 所示。

表 3-2　堆栈的基本运算

运　　算	说　　明
create	创建一个空堆栈
push	把数据压入堆栈顶端，并返回新堆栈
pop	从堆栈顶端弹出数据，并返回新堆栈
empty	判断堆栈是否为空堆栈，是则返回 true，否则返回 false
full	判断堆栈是否已满，是则返回 true，否则返回 false

堆栈压入（push）和弹出（pop）操作示意图如图 3-17 所示。

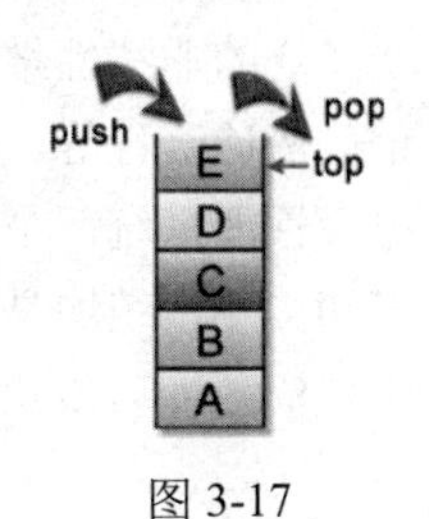

图 3-17

3.2.4　队列

队列（Queue）是有序列表，属于抽象数据类型，所有加入与删除的动作都可以发生在两端，并且符合“先进先出”（First In First Out，FIFO）的特性。

队列的概念就好比乘坐火车时买票的队伍，先到的人自然可以优先买票，买完票后就从前端离去准备乘坐火车，而队伍的后端又陆续有新的乘客加入，如图 3-18 所示。

图 3-18

队列在计算机领域的应用相当广泛，如计算机的模拟（Simulation）、CPU 的作业调度（Job Scheduling）、外围设备联机并发处理系统（Spooling）的应用与图形遍历的广度优先搜索法（BFS）。堆栈只需一个顶端 top，指针指向堆栈顶端；队列必须使用 front 和 rear 两个指针分别指向队列前端和队列末尾，如图 3-19 所示。

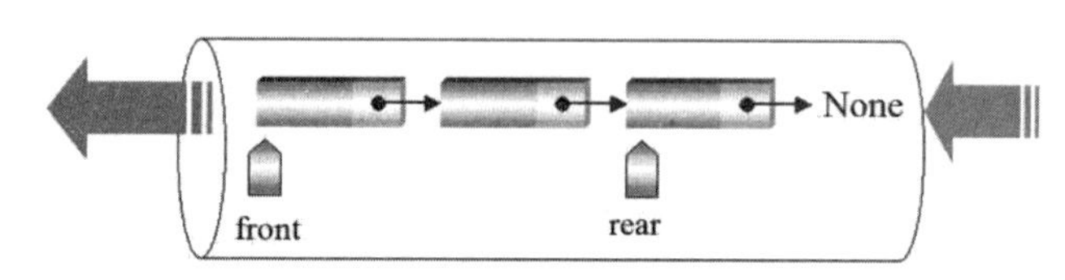

图 3-19

队列是一种抽象数据类型，有下列特性：

（1）具有先进先出的特性。

（2）拥有加入与删除两种基本操作，而且使用 front 与 rear 两个指针分别指向队列的前端与末尾。

队列的基本运算有表 3-3 所示的 5 种。

表 3-3　队列的基本运算

运　　算	说　　明
create	创建空队列
add	将新数据加入队列的末尾，返回新队列
delete	删除队列前端的数据，返回新队列
front	返回队列前端的值
empty	若队列为空，则返回 true，否则返回 false

3.3　树结构简介

树结构（或称为树形结构）是一种日常生活中应用相当广泛的非线性结构，包括企业内的组织结构、家族的族谱、篮球赛程等。另外，在计算机领域中的操作系统与数据库管理系统都是树结构，比如 Windows、UNIX 操作系统和文件系统均是树结构的应用。图 3-20 所示的 Windows 文件资源管理器就是以树结构来存储各种文件的。

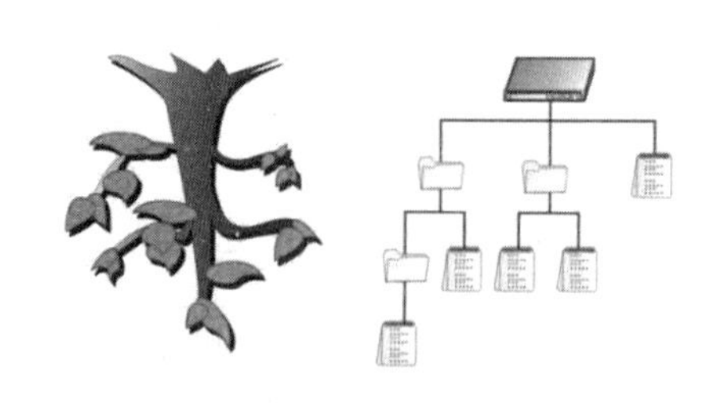

图 3-20

在年轻人喜爱的大型网络游戏中，需要获取某些物体所在的地形信息，如果程序是依次从构成地形的模型三角面寻找，往往就会耗费许多运行时间，非常低效。因此，程序员一般会使用树结构中的二叉空间分割树（BSPtree）、四叉树（QuadTree）、八叉树（Octree）等来代表分割场景的数据，如图 3-21 和图 3-22 所示。

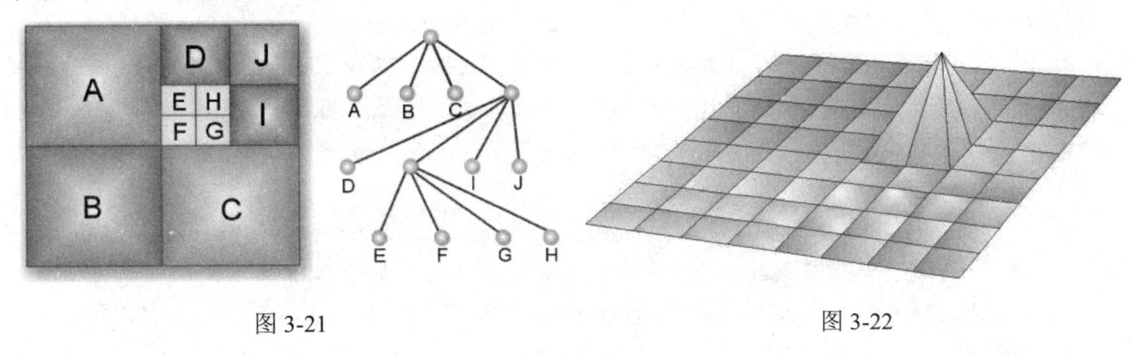

图 3-21　　图 3-22

3.3.1　树的基本概念

树（Tree）是由一个或一个以上的节点（Node）组成的。树中存在一个特殊的节点，称为树根（Root）。每个节点都是由一些数据和指针组合而成的记录。除了树根，其余节点可分为 $n \geq 0$ 个互斥的集合，即 $T_1, T_2, T_3, \cdots, T_n$，其中每一个子集合本身也是一种树结构，即此根节点的子树。在图 3-23 中，A 为根节点，B、C、D、E 均为 A 的子节点。

一棵合法的树，节点间虽可以互相连接，但不能形成无出口的回路。例如，图 3-24 就是一棵不合法的树。

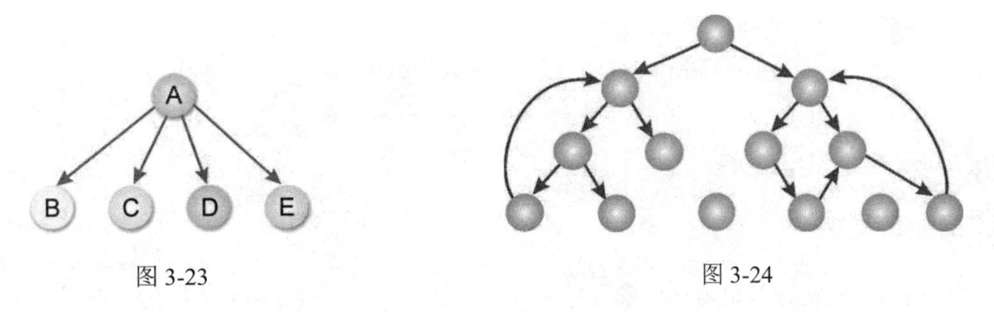

图 3-23　　图 3-24

在树结构中，有许多常用的专有名词，这里将以图 3-25 中这棵合法的树来为大家进行详细介绍。

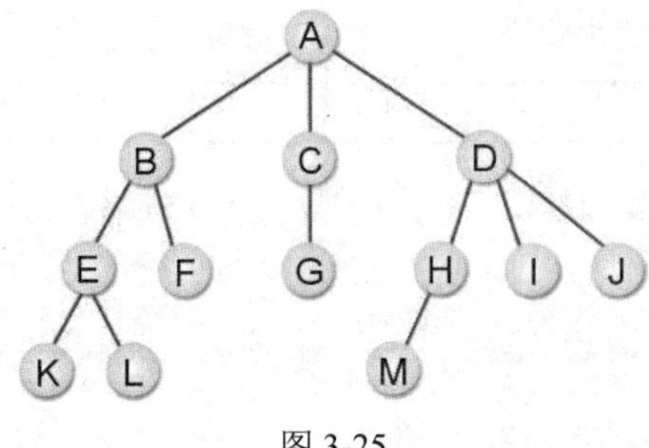

图 3-25

- 度数（Degree）：每个节点所有子树的个数。例如，图 3-25 中节点 B 的度数为 2，D 的度数为 3，F、K、I、J 等的度数为 0。

- 层数（Level）：树的层数，假设树根 A 为第一层，B、C、D 节点的层数为 2，E、F、G、H、I、J 的层数为 3。
- 高度（Height）：树的最大层数。图 3-25 所示的树的高度为 4。
- 树叶或称终端节点（Terminal Node）：度数为零的节点就是树叶。图 3-25 中的 K、L、F、G、M、I、J 就是树叶。
- 父节点（Parent）：一个节点连接的上一层节点。在图 3-25 中，F 的父节点为 B，而 B 的父节点为 A，通常在绘制树形图时我们会将父节点画在子节点的上方。
- 子节点（Children）：一个节点连接的下一层节点。在图 3-25 中，A 的子节点为 B、C、D，而 B 的子节点为 E、F。
- 祖先（Ancestor）和子孙（Descendent）：所谓祖先，是指从树根到该节点路径上所包含的节点；子孙是从该节点往下追溯，子树中的任一节点。在图 3-25 中，K 的祖先为 A、B、E 节点，H 的祖先为 A、D 节点，B 的子孙为 E、F、K、L 节点。
- 兄弟节点（Sibling）：有共同父节点的节点。在图 3-25 中，B、C、D 为兄弟节点，H、I、J 也为兄弟节点。
- 非终端节点（Nonterminal Node）：树叶以外的节点，如图 3-25 中的 A、B、C、D、E、H。
- 同代（Generation）：在同一棵树中具有相同层数的节点，如图 3-25 中的 E、F、G、H、I、J 或 B、C、D。
- 森林（Forest）：n（$n \geqslant 0$）棵互斥树的集合。将一棵大树移去树根即为森林。例如，将图 3-25 中的根节点 A 移去，形成图 3-26 所示的包含 3 棵树的森林。

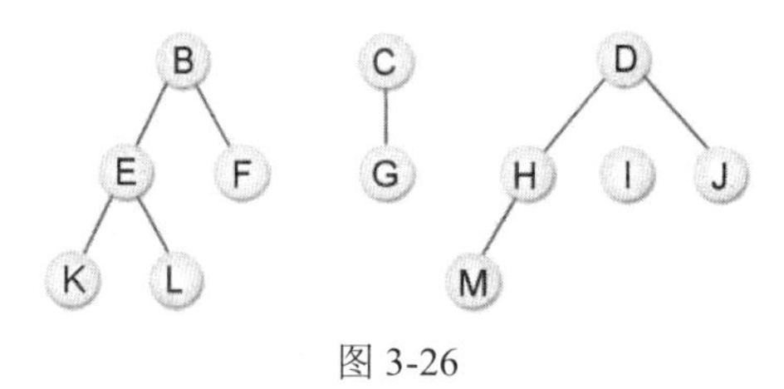

图 3-26

3.3.2 二叉树

一般树结构在计算机内存中的存储方式是以链表（Linked List）为主的。对于 n 叉树（n-way 树）来说，因为每个节点的度数都不相同，所以我们必须为每个节点都预留存放 n 个链接字段的最大存储空间。每个节点的数据结构如下：

data	$link_1$	$link_1$		$link_n$

注意，这种 n 叉树十分浪费链接存储空间。假设此 n 叉树有 m 个节点，那么此树共有 $n \times m$ 个链接字段。另外，因为除了树根外每一个非空链接都指向一个节点，所以空链接个数为 $n \times m - (m-1) = m \times (n-1) + 1$，而 n 叉树的链接浪费率为 $\frac{m \times (n-1)+1}{m \times n}$。因此，我们可以得出以下结论：

- $n=2$ 时，二叉树的链接浪费率约为 1/2；
- $n=3$ 时，三叉树的链接浪费率约为 2/3；
- $n=4$ 时，四叉树的链接浪费率约为 3/4；

……

当 $n = 2$ 时，链接浪费率最低，所以为了改进存储空间浪费的缺点，我们经常使用二叉树（Binary Tree）结构来取代其他树结构。

二叉树（又称为 Knuth 树）是一个由有限节点所组成的集合。此集合可以为空集合，或者由一个树根及其左右两个子树所组成。简单地说，二叉树最多只能有两个子节点，就是度数小于或等于 2，在计算机中的数据结构如下：

llink	data	rlink

二叉树和一般树的不同之处具体如下：

（1）树不可为空集合，但是二叉树可以。

（2）树的度数为 $d \geqslant 0$，但是二叉树的节点度数为 $0 \leqslant d \leqslant 2$。

（3）树的子树间没有次序关系，但是二叉树有。

下面我们来看一棵实际的二叉树。

图 3-27 是以 A 为根节点的二叉树，并且包含了以 B、D 为根节点的两棵互斥的左子树和右子树（见图 3-28）。这两棵左、右子树虽属于同一种树结构，却是两棵不同的二叉树结构，原因就是二叉树必须考虑前后次序的关系，这点大家要特别注意。

图 3-27　　　　图 3-28

3.4 图论简介

树结构用于描述节点与节点之间“层次”的关系，图结构用于讨论两个顶点之间“连通与否”的关系。在图中连接两个顶点的边，如果填上加权值（成本），就称这类图为“网络”。图在生活中的应用非常普遍，如图 3-29 所示。

图 3-29

图论（Graph Theory）起源于 1736 年，是一位瑞士数学家欧拉（Euler）为了解决“哥尼斯堡”问题所想出来的一种数据结构理论，这就是著名的“七桥问题”（见图 3-30）。简单来说，就是有七座横跨四个城市的大桥，欧拉所思考的问题是，“是否有人在只经过每一座桥梁一次的情况下，把所有地方都走过一次而且回到原点。”

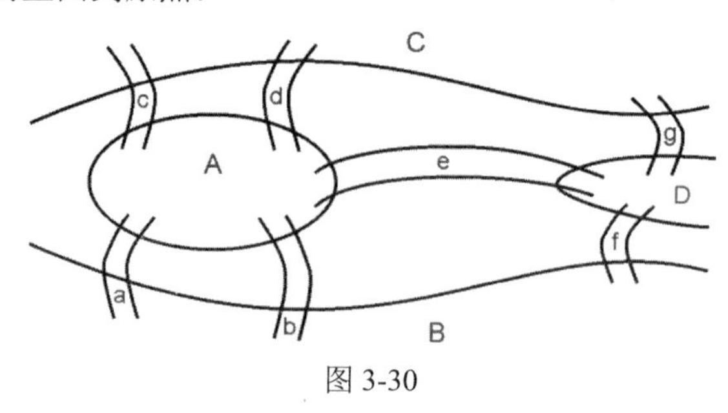

图 3-30

欧拉当时使用的方法就是以图结构来进行分析的。他以顶点表示城市、以边表示桥梁，并定义连接每个顶点的边数为该顶点的度数。所以，可以用图 3-31 所示的简图来表示“哥尼斯堡桥梁”问题。

最后欧拉得出一个结论：“当所有顶点的度数都为偶数时，才能从某顶点出发，经过每条边一次，再回到起点。”也就是说，在图 3-31 中每个顶点的度数都是奇数，所以欧拉所思考的问题是不可能发生的，这就是有名的“欧拉环”（Eulerian Cycle）理论。

如果条件改成从某顶点出发，经过每条边一次，不一定要回到起点，即只允许其中两个顶点的度数是奇数，其余必须为偶数，符合这样的结果就称为欧拉链（Eulerian Chain），如图 3-32 所示。

图 3-31　　　　图 3-32

图的定义

图是由“顶点”和“边”所组成的集合，通常用 $G = (V, E)$ 来表示，其中 V 是所有顶点组成的集合，而 E 代表所有边组成的集合。图的种类有两种：一种是无向图；另一种是有向图。无向图以（V_1, V_2）表示其边，有向图则以$<V_1, V_2>$表示其边。

1. 无向图

无向图（Graph）是一种边没有方向的图，即具有相同边的两个顶点没有次序关系，例如（V_1, V_2）与（V_2, V_1）代表的是相同的边，如图 3-33 所示。

```
V={A,B,C,D,E}
E={(A,B),(A,E),(B,C),(B,D),(C,D),(C,E),(D,E)}
```

2. 有向图

有向图（Digraph）是一种每一条边都可使用有序对$<V_1, V_2>$来表示的图，并且$<V_1, V_2>$与$<V_2, V_1>$表示两个方向不同的边，$<V_1, V_2>$是指以 V_1 为末尾指向头部 V_2 的边，如图 3-34 所示。

```
V={A,B,C,D,E}
E={<A,B>,<B,C>,<C,D>,<C,E>,<E,D>,<D,B>}
```

图 3-33　　　　图 3-34

3.5 哈 希 表

哈希表是一种存储记录的连续内存，通过哈希函数的应用，可以快速存取与查找数据。所谓哈希法（Hashing），就是将本身的键（Key）通过特定的数学函数运算或其他方法转换成相对应的数据存储地址，如图 3-35 所示。注：哈希法所使用的数学函数称为“哈希函数”（Hashing Function）。另外，Key 在不混淆“键–值对”（Key-Value Pair）时也可以称为键值。

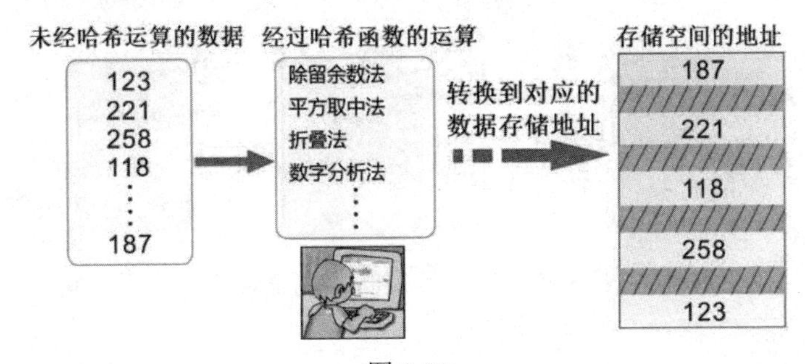

图 3-35

先来了解一下有关哈希函数的相关名词：

- Bucket（桶）：哈希表中存储数据的位置，每一个位置对应唯一的地址（Bucket Address）。桶就好比存在一个记录的位置。
- Slot（槽）：每一个记录中可能包含多个字段，而 Slot 指的就是“桶”中的字段。
- Collision（碰撞）：两个不同的数据经过哈希函数运算后对应到相同的地址。
- 溢出：如果数据经过哈希函数运算后所对应的 Bucket 已满，就会使 Bucket 发生溢出。
- 哈希表：存储记录的连续内存。哈希表是一种类似数据表的索引表格，可分为 n 个 Bucket，每个 Bucket 又可分为 m 个 Slot，如表 3-4 所示。

表 3-4　索引表

	索　引	姓　名	电　话
bucket→	0001	Allen	07-772-1234
	0002	Jacky	07-772-5525
	0003	May	07-772-6604
		↑slot	↑slot

- 同义词（Synonym）：当两个标识符 I_1 和 I_2 经过哈希函数运算后所得的数值相同时，即 $f(I_1) = f(I_2)$，就称 I_1 与 I_2 对于 f 这个哈希函数是同义词。
- 加载密度（Loading Factor）：标识符的使用数目除以哈希表内槽的总数，即

$$\alpha\text{（加载密度）} = \frac{n\text{（标识符的使用数目）}}{s\text{（每一个桶内的槽数）} \times b\text{（桶的数目）}}$$

α 值越大，表示哈希存储空间的使用率越高，碰撞或溢出的概率也会越高。

- 完美哈希（Perfect Hashing）：既没有碰撞也没有溢出的哈希函数。

在设计哈希函数时应该遵循以下原则：

（1）避免碰撞和溢出的发生。

（2）哈希函数不宜过于复杂，越容易计算越佳。

（3）尽量把文字的键值转换成数字的键值，以利于哈希函数的运算。

（4）所设计的哈希函数计算得到的值尽量能均匀地分布在每一个桶中，不要过于集中在某些桶中，这样既可以降低碰撞又能减少溢出。

3.6 课后习题

1. 解释抽象数据类型。
2. 简述数据与信息的差异。
3. 数据结构主要表示数据在计算机内存中所存储的位置和模式，通常可以分为哪 3 种类型？
4. 试简述一个单向链表节点字段的组成。
5. 简要说明堆栈与队列的主要特性。
6. 什么是欧拉链理论？试绘图说明。
7. 解释下列哈希函数的相关名词。

（1）桶

（2）同义词

（3）完美哈希

（4）碰撞

8. 一般树结构在计算机内存中的存储方式是以链表为主的，对于 n 叉树来说，我们必须取 n 为链接个数的最大固定长度，试说明为了改进存储空间浪费的缺点为何经常使用二叉树结构来取代树结构。

第 4 章

排序算法

排序（Sorting）算法几乎可以说是最常使用的一种算法，其目的是将一串不规则的数据按照递增或递减的方式重新排列。随着大数据和人工智能（Artificial Intelligence，AI）技术的普及和应用，企业所拥有的数据量都在成倍增长，排序算法成为不可或缺的重要工具之一。在大家爱玩的各种电子游戏中，排序算法无处不在。例如，在游戏中，在处理多边形模型中隐藏面消除的过程时，不管场景中的多边形有没有挡住其他的多边形，只要按照从后到前的顺序光栅化图形就可以正确地显示出所有可见的图形。其实就是沿着观察方向，按照多边形的深度信息对它们进行排序处理，如图 4-1 所示。

图 4-1

提　示

光栅处理的主要作用是将 3D 模型转换成能够被显示于屏幕的图像，并对图像进行修正和进一步美化处理，让展现在眼前的画面能更加逼真与生动。

人工智能的概念最早是由美国科学家 John McCarthy 于 1955 年提出的，目标是使计算机具有类似人类学习解决复杂问题与进行思考的能力。简单地说，人工智能就是由计算机所仿真或执行的具有类似人类智慧或思考的行为，如推理、规划、解决问题及学习等能力。

4.1 认识排序

排序功能对于计算机相关领域而言是一项非常重要并且普遍的工作。所谓排序，就是指将一组数据按特定规则调换位置，使数据具有某种顺序关系（递增或递减）。用以排序的依据被称为键（Key 或键值）。通常，键值的数据类型有数值类型、中文字符串类型以及非中文字符串类型 3 种。

在比较的过程中，如果键值为数值类型，就直接以数值的大小作为键值大小比较的依据；如果键值为中文字符串，就按照该中文字符串从左到右逐字进行比较，并以该中文内码（例如：中文简体 GB 码、中文繁体 BIG5 码）的编码顺序作为键值大小比较的依据。假设该键值为非中文字符串，则和中文字符串类型的比较方式类似，仍然按照该字符串从左到右逐字比较，不过是以该字符串的 ASCII 码的编码顺序作为键值大小比较依据的。

在排序的过程中，数据的移动方式可分为“直接移动”和“逻辑移动”两种。“直接移动”是直接交换存储数据的位置，而“逻辑移动”并不会移动数据存储的位置，仅改变指向这些数据的辅助指针的值，如图 4-2 和图 4-3 所示。

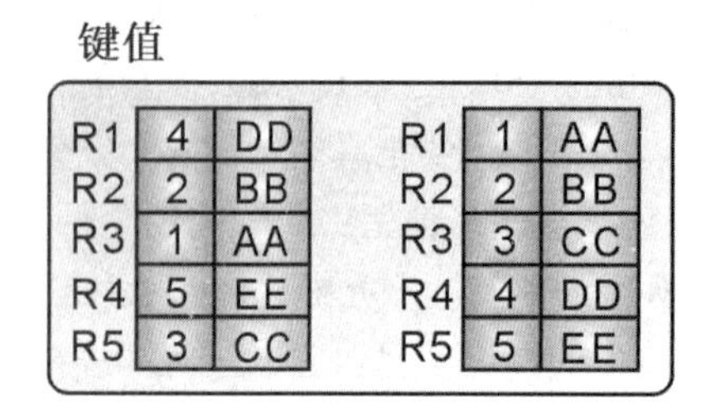

图 4-2

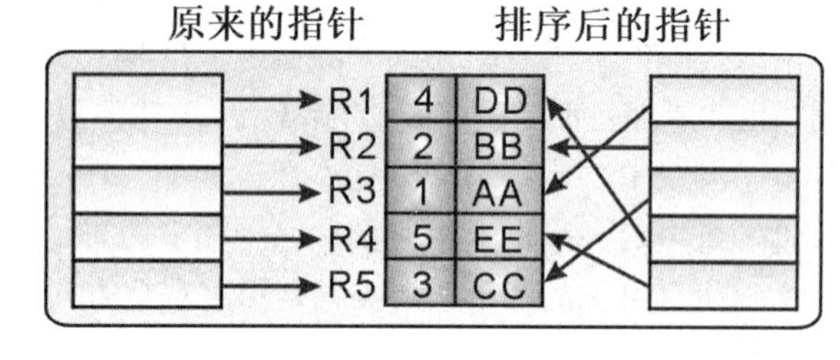

图 4-3

两者之间的优缺点在于直接移动会浪费许多时间，而逻辑移动只要改变辅助指针指向的位置就能轻易达到排序的目的。例如，在数据库中，可在报表中显示多个记录，也可以针对这些字段的特性进行分组并排序与汇总，这就属于逻辑移动，而不是直接改变数据在数据文件中的位置。数据在经过排序后会有以下好处。

（1）数据容易阅读。

（2）数据利于统计和整理。

（3）可大幅减少数据查找的时间。

排序的各种算法称得上是数据科学这门学科的精髓所在。每一种排序方法都有其适用的情况与数据类型。

4.2 冒泡排序法

冒泡排序法又称为交换排序法，是从观察水中气泡变化构思而成的，原理是从第一个元素开始，比较相邻元素的大小，若大小顺序有误，则对调后再进行下一个元素的比较，就仿佛气泡从水底逐渐升到水面上一样。如此扫描过一次之后就可以确保最后一个元素位于正确的顺序。接着逐步进行第二次扫描，直到完成所有元素的排序为止。

下面我们用数列（55, 23, 87, 62, 16）来演示排序过程，这样大家可以清楚地知道冒泡排序法的具体流程。图 4-4 所示为数列的原始值。

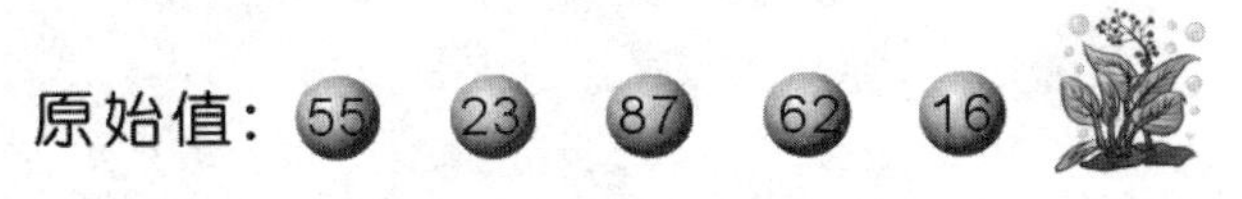

图 4-4

从小到大排序的过程如下：

① 第一次扫描会先拿第一个元素 55 和第二个元素 23 进行比较，如果第二个元素小于第一个元素，则进行互换；接着拿 55 和 87 进行比较，就这样一直比较并互换，到第 4 次比较完后即可确定最大值在数组的最后面，如图 4-5 所示。

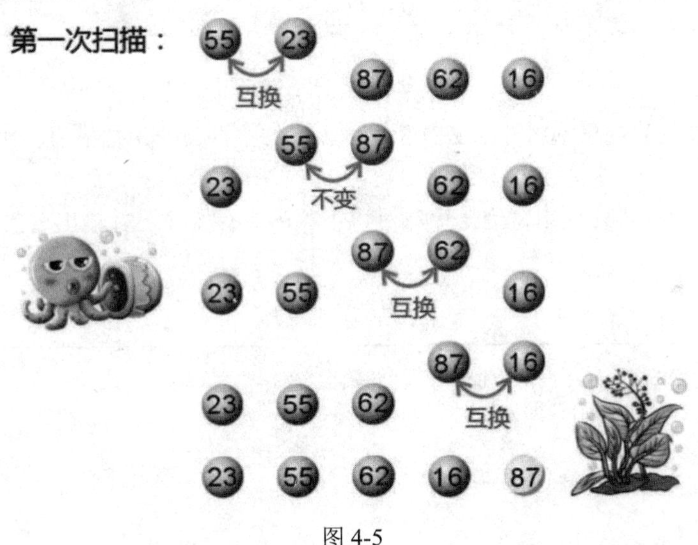

图 4-5

② 第二次扫描也是从头比较，但因为最后一个元素在第一次扫描时就已确定是数组中的最大值，所以只需比较 3 次即可把剩余数组元素的最大值排到剩余数组的最后面，如图 4-6 所示。

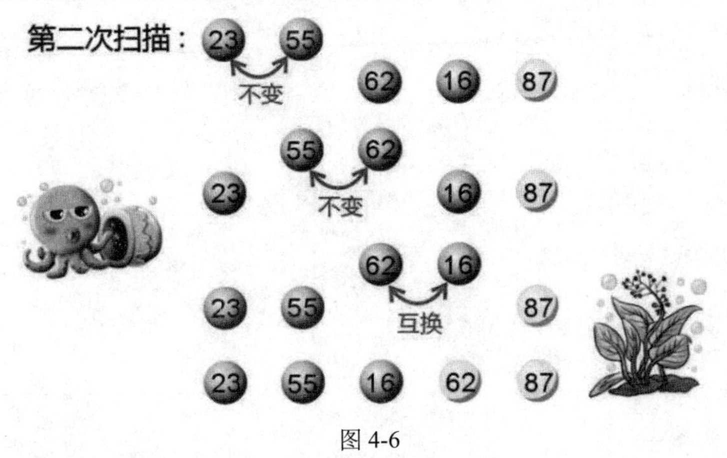

图 4-6

③ 第三次扫描只需要比较两次，如图 4-7 所示。

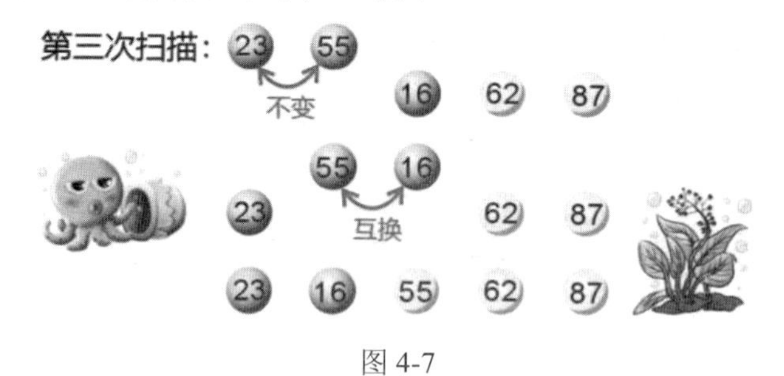

图 4-7

④ 第四次扫描完成后就完成了所有的排序，如图 4-8 所示。

图 4-8

由此可知，5 个元素的冒泡排序法必须执行 5-1 次扫描，第一次扫描需要比较 5-1 次，第二次扫描比较 5-1-1 次，以此类推，共比较 4+3+2+1=10 次。

下面的 Python 范例程序使用冒泡排序法对以下数列进行排序，并输出逐次排序的过程：

```
16,25,39,27,12,8,45,63
```

【范例程序：ch04_01.py】

```
01  data=[16,25,39,27,12,8,45,63]  # 原始数据
02  print('冒泡排序法：原始数据为：')
03  for i in range(8):
04      print('%3d' %data[i],end='')
05  print()
06
07  for i in range(7,-1,-1): #扫描次数
08      for j in range(i):
09          #一次扫描中的比较次数
10          if data[j]>data[j+1]:
11              data[j],data[j+1]=data[j+1],data[j] #比较相邻的两个数，第一个数较大时交换
12      print('第 %d 次排序后的结果是：' %(8-i),end='') #把各次扫描后的结果打印出来
13      for j in range(8):
14          print('%3d' %data[j],end='')
15      print()
16
17  print('排序后的结果为：')
18  for j in range(8):
19      print('%3d' %data[j],end='')
20  print()
```

【执行结果】 参考图 4-9。

```
冒泡排序法：原始数据为：
 16 25 39 27 12  8 45 63
第 1 次排序后的结果是：  16 25 27 12  8 39 45 63
第 2 次排序后的结果是：  16 25 12  8 27 39 45 63
第 3 次排序后的结果是：  16 12  8 25 27 39 45 63
第 4 次排序后的结果是：  12  8 16 25 27 39 45 63
第 5 次排序后的结果是：   8 12 16 25 27 39 45 63
第 6 次排序后的结果是：   8 12 16 25 27 39 45 63
第 7 次排序后的结果是：   8 12 16 25 27 39 45 63
第 8 次排序后的结果是：   8 12 16 25 27 39 45 63
排序后的结果为：
  8 12 16 25 27 39 45 63
```

图 4-9

4.3 选择排序法

选择排序法（Selection Sort）也算是枚举法的应用，就是反复从未排序的数列中取出最小的元素，加入另一个数列中，最后的结果即为已排序的数列。选择排序法可使用两种方式排序，即在所有的数据中，若从大到小排序，则将最大值放入第一个位置；若从小到大排序，则将最大值放入最后一个位置。例如，一开始在所有的数据中挑选一个最小项放在第一个位置（假设是从小到大排序），再从第二项开始挑选一个最小项放在第 2 个位置，以此重复，直到完成排序为止。

下面我们仍然用数列（55, 23, 87, 62, 16）从小到大的排序过程来说明选择排序法的演算流程。原始数据如图 4-10 所示，排序过程如图 4-11~图 4-14 所示。

图 4-10

① 首先找到此数列中的最小值，并与数列中的第一个元素交换，如图 4-11 所示。

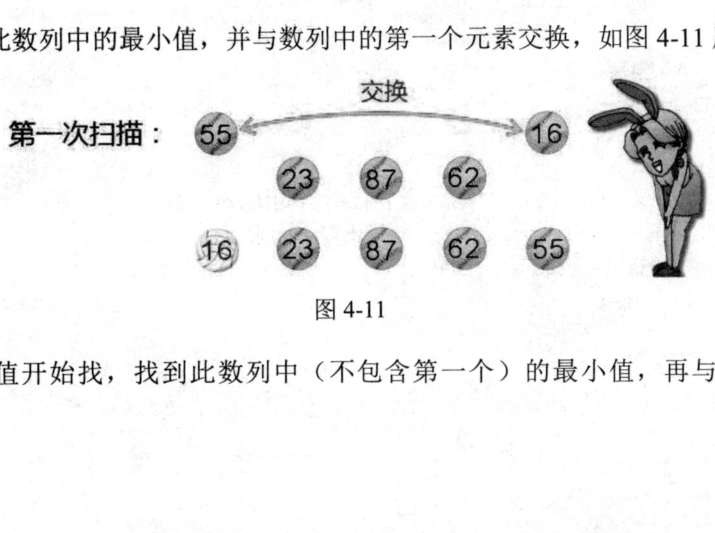

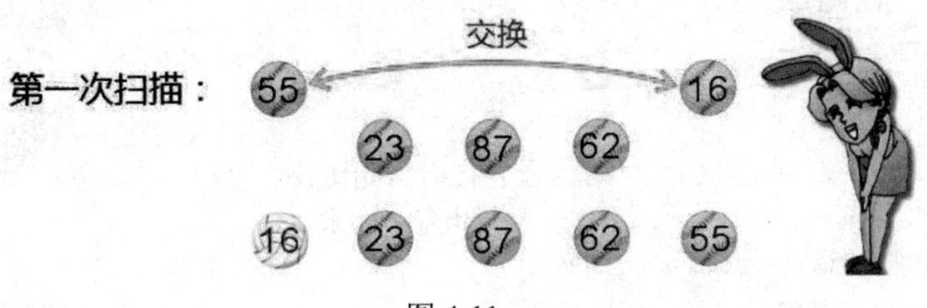

图 4-11

② 从第二个值开始找，找到此数列中（不包含第一个）的最小值，再与第二个值交换，如图 4-12 所示。

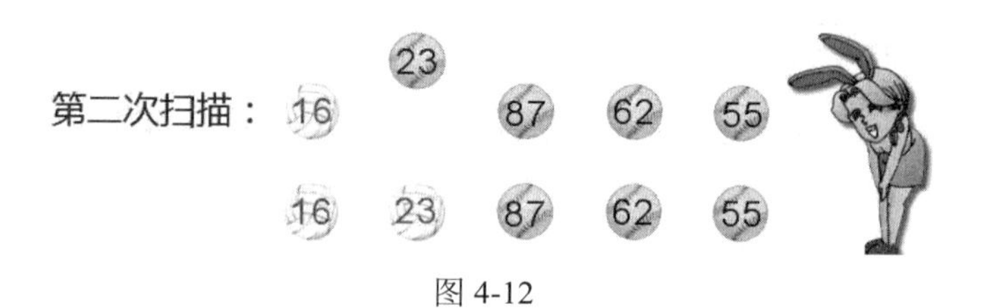

图 4-12

③ 从第三个值开始找，找到此数列中（不包含第一、二个）的最小值，再与第三个值交换，如图 4-13 所示。

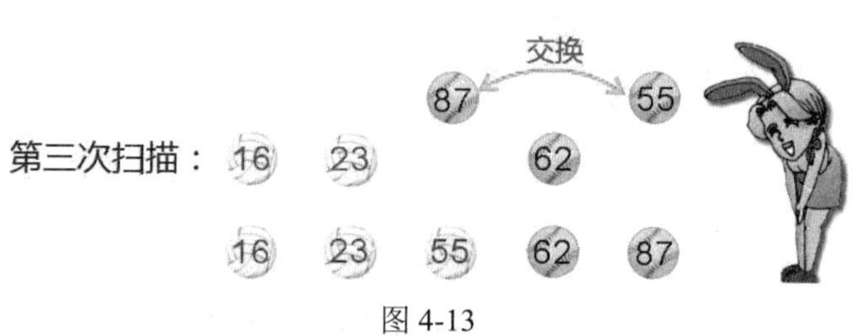

图 4-13

④ 从第四个值开始找，找到此数列中（不包含第一、二、三个）的最小值，再与第四个值交换，如图 4-14 所示。

图 4-14

下面的 Python 范例程序使用选择排序法对以下数列进行排序：

```
16,25,39,27,12,8,45,63
```

【范例程序：ch04_02.py】

```
01  def showdata (data):
02      for i in range(8):
03          print('%3d' %data[i],end='')
04
05  def select (data):
06      for i in range(7):
07          smallest=data[i]
08          index=i
09          for j in range(i+1,8):   # 由i+1开始比较
10              if smallest>data[j]: # 找出最小元素
11                  smallest=data[j]
12                  index=j
13
14          tmp=data[i]
15          data[i]=data[index]
```

```
16          data[index]=tmp
17          print("\n第%d次排序结果为： " %(i+1),end='')
18          showdata (data)
19
20  data=[16,25,39,27,12,8,45,63]
21  print('原始数据为：')
22  for i in range(8):
23      print('%3d' %data[i],end='')
24  print('\n-----------------------------------')
25  select(data)
26  print("排序后的数据为：")
27  for i in range(8):
28      print('%3d' %data[i],end='')
29  print('')
```

【执行结果】 参考图4-15。

```
原始数据为： 16 25 39 27 12  8 45 63
-----------------------------------

第1次排序结果为：  8 25 39 27 12 16 45 63
第2次排序结果为：  8 12 39 27 25 16 45 63
第3次排序结果为：  8 12 16 27 25 39 45 63
第4次排序结果为：  8 12 16 25 27 39 45 63
第5次排序结果为：  8 12 16 25 27 39 45 63
第6次排序结果为：  8 12 16 25 27 39 45 63
第7次排序结果为：  8 12 16 25 27 39 45 63
-----------------------------------
排序后的数据为：  8 12 16 25 27 39 45 63
```

图4-15

4.4 插入排序法

插入排序法（Insert Sort）是将数组中的元素逐一与已排序好的数据进行比较，先将前两个元素排好，再将第三个元素插入适当的位置，也就是说这三个元素仍然是已排序好的，接着将第四个元素加入，重复此步骤，直到排序完成为止。可以看作是在一串有序的记录$R_1,R_2,\cdots,R_i$中，插入新记录R，使得$i+1$个记录排序妥当。

下面我们仍然用数列（55, 23, 87, 62, 16）从小到大的排序过程来说明插入排序法的演算流程。在图4-16中，在步骤二以23为基准与其他元素比较后，将其放到适当位置（55的前面），步骤三是将87与其他两个元素比较，接着62在比较完前三个数后插到87的前面，以此类推，将最后一个元素比较完后就完成了排序。

设计一个Python程序，并使用插入排序法对以下数列进行排序：

```
16,25,39,27,12,8,45,63
```

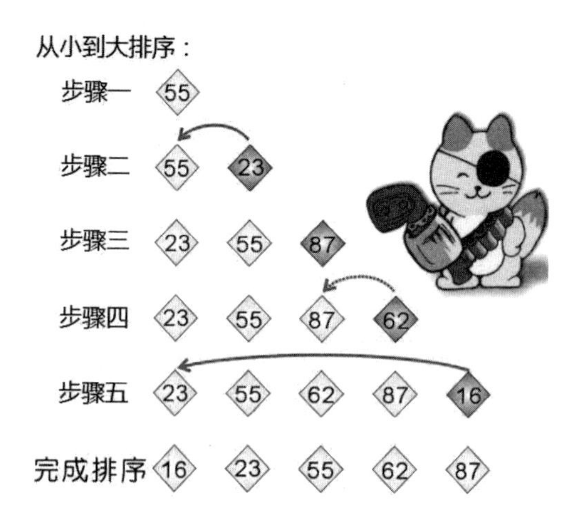

图 4-16

【范例程序：ch04_03.py】

```
01  // 插入排序法
02  SIZE=8        # 定义数组大小
03  def showdata(data):
04      for i in range(SIZE):
05          print('%3d' %data[i],end='')    # 打印数组数据
06      print()
07
08  def insert(data):
09      for i in range(1,SIZE):
10          tmp=data[i]      # tmp用来暂存数据
11          no=i-1
12          while no>=0 and tmp<data[no]:
13              data[no+1]=data[no]   # 把所有元素往后推一个位置
14              no-=1
15          data[no+1]=tmp # 最小的元素放到第一个位置
16
17  def main():
18      data=[16,25,39,27,12,8,45,63]
19      print('原始数组是：')
20      showdata(data)
21      insert(data)
22      print('排序后的数组是：')
23      showdata(data)
24  main()
```

【执行结果】 参考图 4-17。

```
原始数组是：
 16 25 39 27 12  8 45 63
排序后的数组是：
  8 12 16 25 27 39 45 63
```

图 4-17

4.5 希尔排序法

在原始记录的键值大部分已排好序的情况下插入排序法会非常有效率，因为它不需要执行太多的数据搬移操作。“希尔排序法”是 D. L. Shell 在 1959 年 7 月所发明的一种排序法，可以减少插入排序法中数据搬移的次数，以加速排序的进行。排序的原则是将数据区分成特定间隔的几个小区块，以插入排序法排完区块内的数据后再渐渐减少间隔的距离。

下面我们用数列（63, 92, 27, 36, 45, 71, 58, 7）从小到大的排序过程来说明希尔排序法的演算流程（参考图 4-18~图 4-23）。数据排序前的初始顺序如图 4-18 所示。

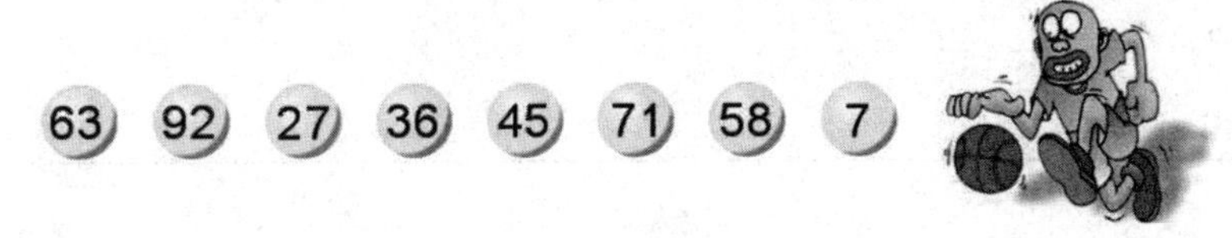

图 4-18

① 首先将所有数据分成 *Y* 份。注意，划分数不一定是 2，质数最好，但为了方便计算，我们习惯选 2。因此，一开始的间隔设置为 8÷2，即 *Y*=4，如图 4-19 所示。

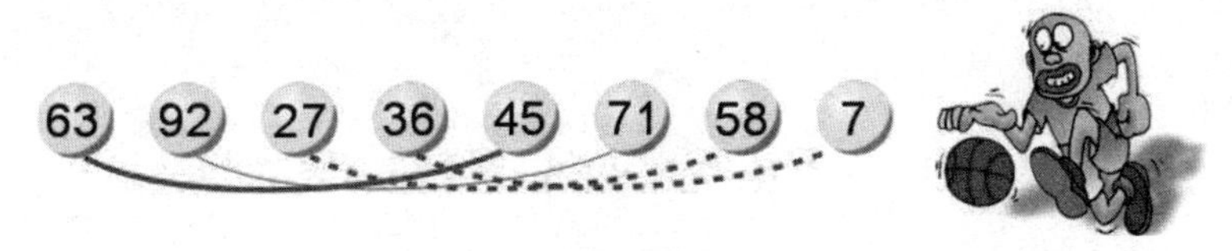

图 4-19

② 如此就可以得到 4 个区块，分别是(63，45)(92，71)(27，58)(36，7)，再分别用插入排序法排序为 (45，63)(71，92)(27，58)(7，36)。在整个队列中，数据的排列如图 4-20 所示。

图 4-20

③ 接着缩小间隔为（8÷2）÷2=2，如图 4-21 所示。

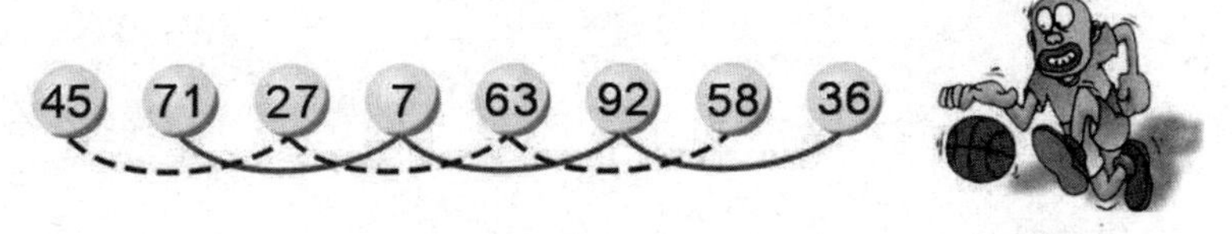

图 4-21

④ 再分别用插入排序法对(45, 27, 63, 58)(71, 7, 92, 36)进行排序，得到如图 4-22 所示的结果。

⑤ 再以（（8÷2）÷2）÷2=1 的间距进行插入排序，即对每一个元素进行排序，得到如图 4-23 所示的结果。

图 4-22

图 4-23

设计一个 Python 程序，并使用希尔排序法对以下数列进行排序：

16,25,39,27,12,8,45,63

【范例程序：ch04_04.py】

```
01  SIZE=8
02
03  def showdata(data):
04      for i in range(SIZE):
05          print('%3d' %data[i],end='')
06      print()
07
08  def shell(data,size):
09      k=1 # k打印计数
10      jmp=size//2
11      while jmp != 0:
12          for i in range(jmp, size):  # i为扫描次数，jmp为设置间距的位移量
13              tmp=data[i] # tmp用来暂存数据
14              j=i-jmp     # 以j来定位比较的元素
15              while tmp<data[j] and j>=0:  # 插入排序法
16                  data[j+jmp] = data[j]
17                  j=j-jmp
18              data[jmp+j]=tmp
19          print('第 %d 次排序过程：' %k,end='')
20          k+=1
21          showdata (data)
22          print('-----------------------------------------')
23          jmp=jmp//2    # 控制循环次数
24
25  def main():
26      data=[16,25,39,27,12,8,45,63]
27      print('原始数组是：      ')
28      showdata (data)
29      print('-----------------------------------------')
30      shell(data,SIZE)
31
32  main()
```

【执行结果】 参考图 4-24。

```
原始数组是：
 16 25 39 27 12  8 45 63
------------------------------------------
第 1 次排序过程： 12  8 39 27 16 25 45 63
------------------------------------------
第 2 次排序过程： 12  8 16 25 39 27 45 63
------------------------------------------
第 3 次排序过程：  8 12 16 25 27 39 45 63
------------------------------------------
```

图 4-24

4.6 合并排序法

合并排序法（Merge Sort）是针对已排序好的两个或两个以上的数列（或数据文件），通过合并的方式将其组合成一个大的且已排好序的数列（或数据文件），步骤如下：

（1）将 N 个长度为 1 的键值成对地合并成 $N/2$ 个长度为 2 的键值组。

（2）将 $N/2$ 个长度为 2 的键值组成对地合并成 $N/4$ 个长度为 4 的键值组。

（3）将键值组不断地合并，直到合并成一组长度为 N 的键值组为止。

下面我们用数列（38, 16, 41, 72, 52, 98, 63, 25）从小到大的排序过程来说明合并排序法的基本演算流程，如图 4-25 所示。

38、16、41、72、52、98、63、25

[16、38]、[41、72]、[52、98]、[25、63]

[16、38、41、72]、[25、52、63、98]

[16、25、38、41、52、63、72、98]

图 4-25

上面展示的是一种比较简单的合并排序，又称为 2 路（2-way）合并排序，主要是把原来的数列视作 N 个已排好序且长度为 1 的数列，再将这些长度为 1 的数列两两合并，结合成 $N/2$ 个已排好序且长度为 2 的数列；同样的做法，再按序两两合并，合并成 $N/4$ 个已排好序且长度为 4 的数列，以此类推，最后合并成一个已排好序且长度为 N 的数列。

现在将排序步骤整理如下：

① 将 N 个长度为 1 的数列合并成 $N/2$ 个已排序妥当且长度为 2 的数列。

② 将 $N/2$ 个长度为 2 的数列合并成 $N/4$ 个已排序妥当且长度为 4 的数列。

③ 将 $N/4$ 个长度为 4 的数列合并成 $N/8$ 个已排序妥当且长度为 8 的数列。

④ 将 $N/2^{i-1}$ 个长度为 2^{i-1} 的数列合并成 $N/2^i$ 个已排序妥当且长度为 2^i 的数列。

设计一个 Python 程序，并使用合并排序法来排序。

【范例程序：ch04_05.py】

```
01  # 合并排序法(Merge Sort)
02  
03  # 99999为数列1的结束数字，不列入排序
04  list1 = [20,45,51,88,99999]
05  # 99999为数列2的结束数字，不列入排序
06  list2 = [98,10,23,15,99999]
07  list3 = []
08  
09  def merge_sort():
10      global list1
11      global list2
12      global list3
13  
14      # 先使用选择排序将两个数列排序，再进行合并
15      select_sort(list1, len(list1)-1)
16      select_sort(list2, len(list2)-1)
17  
18  
19      print('\n第1个数列的排序结果为: ', end = '')
20      for i in range(len(list1)-1):
21          print(list1[i], ' ', end = '')
22  
23      print('\n第2个数列的排序结果为: ', end = '')
24      for i in range(len(list2)-1):
25          print(list2[i], ' ', end = '')
26      print()
27  
28      for i in range(60):
29          print('=', end = '')
30      print()
31  
32      My_Merge(len(list1)-1, len(list2)-1)
33  
34      for i in range(60):
35          print('=', end = '')
36      print()
37  
38      print('\n合并排序法的最终结果为: ', end = '')
39      for i in range(len(list1)+len(list2)-2):
40          print('%d ' % list3[i], end = '')
41  
42  def select_sort(data, size):
43      for base in range(size-1):
44          small = base
45          for j in range(base+1, size):
46              if data[j] < data[small]:
47                  small = j
```

```
48          data[small], data[base] = data[base], data[small]
49
50  def My_Merge(size1, size2):
51      global list1
52      global list2
53      global list3
54
55      index1 = 0
56      index2 = 0
57      for index3 in range(len(list1)+len(list2)-2):
58          if list1[index1] < list2[index2]: # 比较两个数列，其中数小的先存储到合
                                                并后的数列中
59              list3.append(list1[index1])
60              index1 += 1
61              print('此数字%d取自于第1个数列' % list3[index3])
62          else:
63              list3.append(list2[index2])
64              index2 += 1
65              print('此数字%d取自于第2个数列' % list3[index3])
66          print('目前的合并排序结果为: ', end = '')
67          for i in range(index3+1):
68              print(list3[i], ' ', end = '')
69          print('\n')
70
71  # 主程序开始
72
73  merge_sort()  # 调用所定义的合并排序法函数
```

【执行结果】 参考图4-26。

```
第1个数列的排序结果为：20  45  51  88
第2个数列的排序结果为：10  15  23  98
==========================================================
此数字10取自于第2个数列
目前的合并排序结果为：10

此数字15取自于第2个数列
目前的合并排序结果为：10  15

此数字20取自于第1个数列
目前的合并排序结果为：10  15  20

此数字23取自于第2个数列
目前的合并排序结果为：10  15  20  23

此数字45取自于第1个数列
目前的合并排序结果为：10  15  20  23  45

此数字51取自于第1个数列
目前的合并排序结果为：10  15  20  23  45  51

此数字88取自于第1个数列
目前的合并排序结果为：10  15  20  23  45  51  88

此数字98取自于第2个数列
目前的合并排序结果为：10  15  20  23  45  51  88  98

==========================================================

合并排序法的最终结果为：10 15 20 23 45 51 88 98
```

图4-26

4.7 快速排序法

快速排序（Quick Sort）是由 C. A. R. Hoare 提出来的。快速排序法又称分割交换排序法，是目前公认的最佳排序法，使用“分而治之”（Divide and Conquer）的方式，先在数据中找到一个虚拟的中间值，并按此中间值将所有打算排序的数据分为两部分。其中，小于中间值的数据放在左边，大于中间值的数据放在右边，再以同样的方式分别处理左、右两边的数据，直到排序完为止。操作与分割步骤如下：

假设有 n 项记录 $R_1,R_2,R_3,\cdots,R_n$，其键值为 $K_1,K_2,K_3,\cdots,K_n$。

① 先假设 K 的值为第一个键值。

② 从左向右找出键值 K_i，使得 $K_i>K$。

③ 从右向左找出键值 K_j，使得 $K_j<K$。

④ 如果 $i<j$，那么 K_i 与 K_j 互换，并回到步骤②。

⑤ 如果 $i\geqslant j$，那么将 K 与 K_j 互换，并以 j 为基准点分割成左、右两部分，然后针对左、右两边执行步骤①~⑤，直到左边键值等于右边键值为止。

下面示范使用快速排序法对数据进行排序的过程，原始数据参考图 4-27。

图 4-27

① 参考图 4-27，K=35，K_i=42>K，K_j=23<K，此时 $i<j$，所以 K_i 与 K_j 互换，结果如图 4-28 所示，然后继续进行比较。

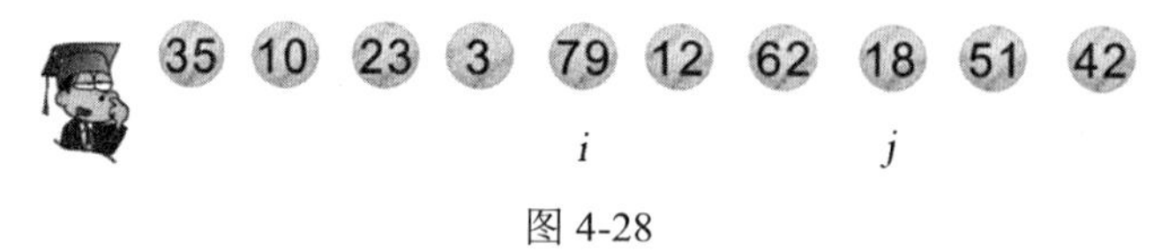

图 4-28

② 参考图 4-28，K=35，K_i=79>K，K_j=18<K，此时 $i<j$，所以 K_i 与 K_j 互换，如图 4-29 所示，然后继续进行比较。

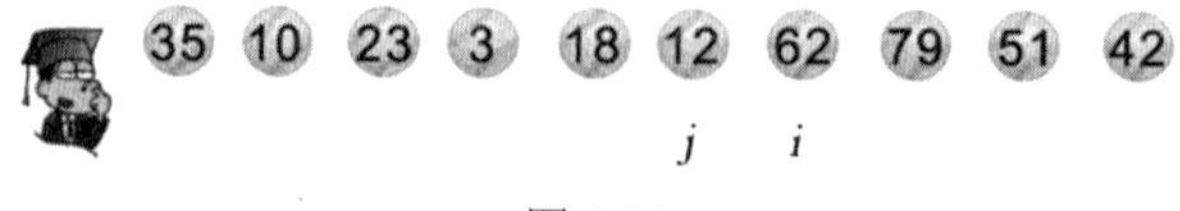

图 4-29

③ 参考图 4-29，K=35，K_i=62>K，K_j=12<K，此时因为 $i\geqslant j$，所以 K 与 K_j 互换，并以 j 为基准点分割成左、右两部分，结果如图 4-30 所示。

图 4-30

经过上述几个步骤，小于初始键值 K 的数据就被放在左边了，大于键值 K 的数据就放在右边了。按照上述的排序过程，继续对左、右两部分分别排序，过程如图 4-31 所示。

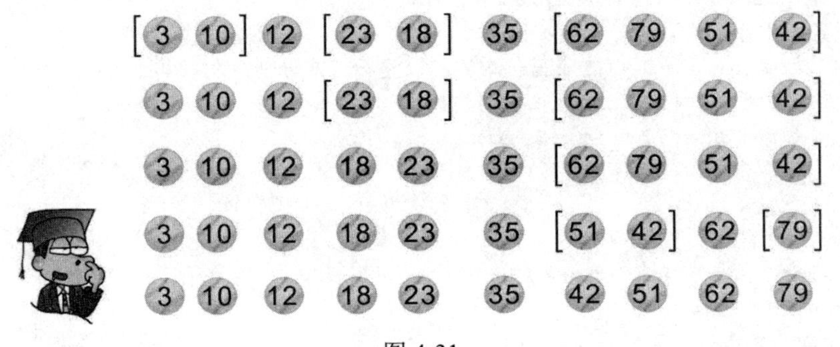

图 4-31

设计一个 Python 程序，并使用快速排序法将随机产生的数列进行排序。

【范例程序：ch04_06.py】

```
01  import random
02
03  def inputarr(data,size):
04      for i in range(size):
05          data[i]=random.randint(1,100)
06
07  def showdata(data,size):
08      for i in range(size):
09          print('%3d' %data[i],end='')
10      print()
11
12  def quick(d,size,lf,rg):
13      # 第一项键值为d[lf]
14      if lf<rg:  # 排序数据的左边与右边
15          lf_idx=lf+1
16          while d[lf_idx]<d[lf]:
17              if lf_idx+1 >size:
18                  break
19              lf_idx +=1
20          rg_idx=rg
21          while d[rg_idx] >d[lf]:
22              rg_idx -=1
23          while lf_idx<rg_idx:
24              d[lf_idx],d[rg_idx]=d[rg_idx],d[lf_idx]
25              lf_idx +=1
26              while d[lf_idx]<d[lf]:
27                  lf_idx +=1
28              rg_idx -=1
29              while d[rg_idx] >d[lf]:
30                  rg_idx -=1
31          d[lf],d[rg_idx]=d[rg_idx],d[lf]
```

```
32
33          for i in range(size):
34              print('%3d' %d[i],end='')
35          print()
36          # 以rg_idx为基准点分成左右两半，以递归方式分别为左右两半进行排序，直至完成排序
37          quick(d,size,lf,rg_idx-1)
38          quick(d,size,rg_idx+1,rg)
39
40  def main():
41      data=[0]*100
42      size=int(input('请输入数列的大小(100以下)：'))
43      inputarr (data,size)
44      print('您输入的原始数据是：')
45      showdata (data,size)
46      print('排序的过程如下：')
47      quick(data,size,0,size-1)
48      print('最终的排序结果为：')
49      showdata(data,size)
50
51  main()
```

【执行结果】 参考图 4-32。

```
请输入数列的大小(100以下)：10
您输入的原始数据是：
 46 78 59 44 96  5 93 18 25 65
排序的过程如下：
  5 25 18 44 46 96 93 59 78 65
  5 25 18 44 46 96 93 59 78 65
  5 18 25 44 46 96 93 59 78 65
  5 18 25 44 46 65 93 59 78 96
  5 18 25 44 46 59 65 93 78 96
  5 18 25 44 46 59 65 78 93 96
最终的排序结果为：
  5 18 25 44 46 59 65 78 93 96
```

图 4-32

4.8 基数排序法

基数排序法与我们之前所讨论的排序法不太一样，并不需要进行元素之间的比较操作，而是属于一种分配模式排序方式。

基数排序法按比较的方向可分为最高位优先（Most Significant Digit First，MSD）和最低位优先（Least Significant Digit First，LSD）两种。MSD 是从最左边的位数开始比较的，LSD 是从最右边的位数开始比较的。下面以最低位优先为例，介绍其工作原理。

在下面的范例中，将三位数的整数数据以 LSD 进行排序（按个位数、十位数、百位数来进行排序）。原始数据如下：

59	95	7	34	60	168	171	259	372	45	88	133

① 把每个整数按个位数字放到列表中。

个位数字	0	1	2	3	4	5	6	7	8	9
数据	60	171	372	133	34	95 45		7	168 88	59 259

合并后成为：

60	171	372	133	34	95	45	7	168	88	59	259

② 把每个整数按十位数字放到列表中。

十位数字	0	1	2	3	4	5	6	7	8	9
数据	7			133 34	45	59 259	60 168	171 372	88	95

合并后成为：

7	133	34	45	59	259	60	168	171	372	88	95

③ 把每个整数按百位数字放到列表中。

百位数字	0	1	2	3	4	5	6	7	8	9
数据	7 34 45 59 60 88 95	133 168 171	259	372						

最后合并，即完成排序。

7	34	45	59	60	88	95	133	168	171	259	372

设计一个 Python 程序，使用基数排序法来排序。

【范例程序：ch04_07.py】

```
01  # 基数排序法，从小到大排序
02  import random
03
04  def inputarr(data,size):
05      for i in range(size):
```

```
06         data[i]=random.randint(0,999) # 设置data值最大为3位数
07
08 def showdata(data,size):
09     for i in range(size):
10         print('%5d' %data[i],end='')
11     print()
12
13 def radix(data,size):
14      n=1 # n为基数，从个位数开始排序
15      while n<=100:
16         tmp=[[0]*100 for row in range(10)] # 设置暂存数组，[0~9位数][数据个数]，所
   有内容均为0
17         for i in range(size): # 对比所有数据
18             m=(data[i]//n)%10  # m为n位数的值，比如36取十位数 (36/10)%10=3
19             tmp[m][i]=data[i]  # 把data[i]的值暂存在tmp 里
20         k=0
21         for i in range(10):
22             for j in range(size):
23                 if tmp[i][j] != 0:    # 因一开始设置 tmp ={0}，故不为0者即为data暂存
   在tmp中的值
24                     data[k]=tmp[i][j] # 把tmp 中的值放回data[ ]里
25                     k+=1
26         print('经过%3d位数排序后：' %n,end='')
27         showdata(data,size)
28         n=10*n
29
30 def main():
31     data=[0]*100
32     size=int(input('请输入数列的大小(100以下)：'))
33     print('您输入的原始数据是：')
34     inputarr (data,size)
35     showdata (data,size)
36     radix (data,size)
37
38 main()
```

【执行结果】 参考图 4-33。

```
请输入数列的大小(100以下)：10
您输入的原始数据是：
  832  412  696  547  534  140  823  447  601  701
经过  1位数排序后：  140  601  701  832  412  823  534  696  547  447
经过 10位数排序后：  601  701  412  823  832  534  140  547  447  696
经过100位数排序后：  140  412  447  534  547  601  696  701  823  832
```

图 4-33

4.9 课后习题

1. 排序的数据是以数组数据结构来存储的。在下列排序法中，哪一个的数据搬移量最大？

（A）冒泡排序法　　（B）选择排序法　　（C）插入排序法

2. 待排序的键值为26、5、37、1、61，试使用选择排序法列出每个回合排序的结果。
3. 在排序过程中，数据移动可分为哪两种方式？试说明两者之间的优劣。
4. 简述基数排序法的主要特点。
5. 下列叙述正确与否？试说明原因。

无论输入数据是什么，插入排序的元素比较总次数都会比冒泡排序的元素比较总次数少。

6. 排序按照执行时所使用的内存可分为哪两种方式？

第 5 章

查找算法

在数据处理过程中，能否在最短的时间内查找到所需要的数据是值得信息从业人员关心的一个问题。所谓查找（Search，或称为搜索），是指从数据文件中找出满足某些条件的记录，就像我们要从文件柜中找到所需的文件一样（见图 5-1）。用来查找的条件称为“键”（Key，或称为键值），如同排序中所用的键值。例如，在电话簿中查找某人的电话，这个人的姓名就是在电话簿中查找电话号码的键值。我们经常使用的搜索引擎所设计的 Spider 程序（网页抓取程序爬虫）会主动经由网站上的超链接“爬行”到另一个网站，收集每个网站上的信息，并收录到数据库中，这就是依赖不同的查找算法来进行的。

通常判断一个查找算法的好坏主要是根据其比较次数及查找所需时间来判断的。哈希法又可称为散列法，任何通过哈希查找的数据都不需要经过事先排序，也就是说这种查找可以直接且快速地找到键值所存放的地址。一般的查找技巧主要是通过各种不同的比较方法来查找所要的数据项，反观哈希法则是直接通过数学函数来获取对应的存放地址，因此可以快速找到所要的数据。

根据数据量的大小，可将查找分为以下两种：

（1）内部查找：数据量较小的文件，可以一次性全部加载到内存中进行查找。

（2）外部查找：数据量大的文件，无法一次加载到内存中处理，需要使用辅助存储器来分次处理。

计算机查找数据的优点是快速，当数据量很庞大时，如何在最短时间内有效地找到所需数据则是一个相当重要的课题。影响查找时间长短的主要因素有算法、数据存储的方式及结构。查找和排序法一样，如果是以查找过程中被查找的表格或数据是否变动来分类，那么可以分为静态查找（Static Search）和动态查找（Dynamic Search）。静态查找是指数据在查找过程中不会有添加、删除或更新等操作。例如，符号表查找就属于一种静态查找。动态查找是指所查找的数据在查找过程中会经常性地添加、删除或更新。例如，在网络上查找数据就是一种动态查找，如图 5-2 所示。

查找的操作和算法有关，具体进行的方式和所选择的数据结构有很大的关联。下面就以几种常见的查找算法来说明这些关联。

图 5-1

图 5-2

查找技巧中比较常见的方法有顺序查找法、二分查找法、斐波那契查找法、插值查找法等。为了让大家能掌握各种查找的技巧和基本原理，以便日后应用于各种领域，现将几个主要的查找方法分述于下。

5.1 顺序查找法

顺序查找法又称线性查找法，是一种比较简单的查找法。它是将数据一项一项地按顺序逐个查找，所以不管数据顺序如何，都得从头到尾遍历一次。该方法的优点是文件在查找前不需要进行任何处理与排序；缺点是查找速度比较慢。如果数据没有重复，找到数据即可中止查找，那么在最差情况下是未找到数据，需要进行 n 次比较，最好情况下则是一次就找到数据，只需要 1 次比较。

以一个例子来说明，假设已有数列（74, 53, 61, 28, 99, 46, 88），若要查找 28，则需要比较 4 次；若要查找 74，则仅需要比较 1 次；若要查找 88，则需要查找 7 次。这表示当查找的数列长度 n 很大时，利用顺序查找法是不太合适的。它是一种适用于小数据文件的查找方法。在日常生活中，我们经常会使用到这种查找方法。例如，我们想在衣柜中找衣服时，通常会从柜子最上方的抽屉逐层寻找，如图 5-3 所示。

图 5-3

下面的 Python 范例程序随机生成 1~150 之间的 80 个整数，然后使用顺序查找法查找指定的数据。

【范例程序：ch05_01.py】

```
01  import random
02
03  val=0
04  data=[0]*80
05  for i in range(80):
06      data[i]=random.randint(1,150)
07  while val!=-1:
08      find=0
09      val=int(input('请输入查找键值(1-150)，输入-1离开：'))
10      for i in range(80):
11          if data[i]==val:
12              print('在第 %3d个位置找到键值 [%3d]' %(i+1,data[i]))
13              find+=1
14      if find==0 and val !=-1 :
15          print('######没有找到 [%3d]######' %val)
16  print('数据内容为：')
17  for i in range(10):
18      for j in range(8):
19          print('%2d[%3d]  ' %(i*8+j+1,data[i*8+j]),end='')
20      print('')
```

【执行结果】 参考图 5-4。

```
请输入查找键值(1-150)，输入-1离开：76
######没有找到 [ 76]######

请输入查找键值(1-150)，输入-1离开：78
######没有找到 [ 78]######

请输入查找键值(1-150)，输入-1离开：79
在第  47个位置找到键值 [ 79]
在第  64个位置找到键值 [ 79]

请输入查找键值(1-150)，输入-1离开：-1
数据内容为：
 1[136]   2[ 31]   3[  9]   4[115]   5[121]   6[ 33]   7[110]   8[ 55]
 9[105]  10[146]  11[ 16]  12[119]  13[ 32]  14[ 27]  15[125]  16[  7]
17[138]  18[  7]  19[ 49]  20[ 18]  21[122]  22[141]  23[133]  24[ 47]
25[ 68]  26[  6]  27[ 93]  28[ 15]  29[123]  30[103]  31[107]  32[ 75]
33[  4]  34[ 22]  35[ 53]  36[104]  37[ 11]  38[129]  39[147]  40[105]
41[144]  42[122]  43[ 10]  44[ 61]  45[ 97]  46[ 49]  47[ 79]  48[  2]
49[ 71]  50[136]  51[124]  52[125]  53[  9]  54[144]  55[ 31]  56[ 20]
57[ 72]  58[ 62]  59[ 67]  60[ 54]  61[144]  62[ 85]  63[ 80]  64[ 79]
65[142]  66[ 72]  67[ 93]  68[ 17]  69[ 42]  70[145]  71[100]  72[  5]
73[ 26]  74[101]  75[ 52]  76[ 17]  77[125]  78[ 13]  79[109]  80[ 28]
```

图 5-4

5.2 二分查找法

如果要查找的数据已经事先排好序，就可以使用二分查找法来进行查找。二分查找法是先将数据分割成两等份，再比较键值与中间值的大小。如果键值小于中间值，就可以确定要查找的数据在前半部分，否则在后半部分，如此分割数次直到找到或确定不存在为止。例如，已排序好的数列为（2, 3, 5, 8, 9, 11, 12, 16, 18），所要查找值为 11，具体查找步骤如下：

① 将查找值与中间值（第 5 个数值）9 比较，如图 5-5 所示。

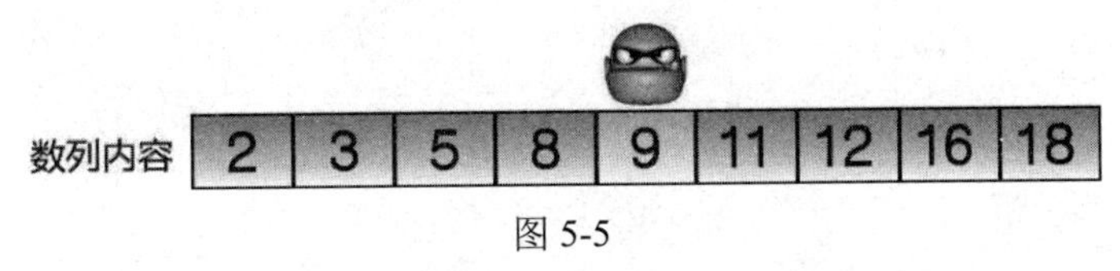

图 5-5

② 因为 11>9，所以与后半部的中间值 12 比较，如图 5-6 所示。

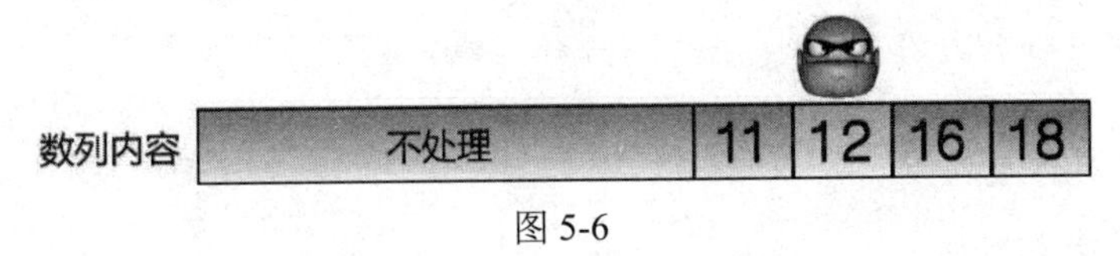

图 5-6

③ 因为 11<12，所以与前半部的中间值 11 比较，如图 5-7 所示。

图 5-7

④ 因为 11=11，所以查找完成。如果不相等，则说明找不到。

下面的 Python 范例程序随机生成 1~150 之间的 50 个整数，再通过二分查找法查找指定的数据。

【范例程序：ch05_02.py】

```
01  import random
02
03  def bin_search(data,val):
04      low=0
05      high=49
06      while low <= high and val !=-1:
07          mid=int((low+high)/2)
08          if val<data[mid]:
09              print('%d 介于位置 %d[%3d]和中间值 %d[%3d] 之间，找左半边' \
10                    %(val,low+1,data[low],mid+1,data[mid]))
11              high=mid-1
12          elif val>data[mid]:
13              print('%d 介于中间值位置 %d[%3d] 和 %d[%3d] 之间，找右半边' \
```

```
14                  %(val,mid+1,data[mid],high+1,data[high]))
15              low=mid+1
16          else:
17              return mid
18      return -1
19
20  val=1
21  data=[0]*50
22  for i in range(50):
23      data[i]=val
24      val=val+random.randint(1,5)
25
26  while True:
27      num=0
28      val=int(input('请输入查找键值(1-150)，输入-1结束：'))
29      if val ==-1:
30          break
31      num=bin_search(data,val)
32      if num==-1:
33          print('##### 没有找到[%3d] #####' %val)
34      else:
35          print('在第 %2d个位置找到 [%3d]' %(num+1,data[num]))
36
37  print('数据内容为：')
38  for i in range(5):
39      for j in range(10):
40          print('%3d-%-3d' %(i*10+j+1,data[i*10+j]), end='')
41      print()
```

【执行结果】 参考图 5-8。

```
请输入查找键值(1-150)，输入-1结束：58
58 介于位置 1[  1] 和中间值 25[ 72] 之间，找左半边
58 介于中间值位置 12[ 34] 和 24[ 70] 之间，找右半边
58 介于位置 13[ 39] 和中间值 18[ 59] 之间，找左半边
58 介于中间值位置 15[ 48] 和 17[ 54] 之间，找右半边
58 介于中间值位置 16[ 49] 和 17[ 54] 之间，找右半边
58 介于中间值位置 17[ 54] 和 17[ 54] 之间，找右半边
##### 没有找到[ 58] #####

请输入查找键值(1-150)，输入-1结束：69
69 介于位置 1[  1] 和中间值 25[ 72] 之间，找左半边
69 介于中间值位置 12[ 34] 和 24[ 70] 之间，找右半边
69 介于中间值位置 18[ 59] 和 24[ 70] 之间，找右半边
69 介于中间值位置 21[ 66] 和 24[ 70] 之间，找右半边
在第 23个位置找到 [ 69]

请输入查找键值(1-150)，输入-1结束：-1
数据内容为：
  1-1    2-2    3-7    4-9    5-11   6-16   7-17   8-18   9-23  10-26
 11-31  12-34  13-39  14-44  15-48  16-49  17-54  18-59  19-62  20-63
 21-66  22-68  23-69  24-70  25-72  26-75  27-79  28-81  29-83  30-88
 31-89  32-94  33-98  34-99  35-101 36-106 37-109 38-113 39-114 40-118
 41-123 42-128 43-130 44-132 45-135 46-138 47-143 48-147 49-148 50-153
```

图 5-8

5.3 插值查找法

插值查找法（Interpolation Search）又称为插补查找法，是二分查找法的改进版，按照数据位置的分布，利用公式预测数据所在的位置再以二分法的方式渐渐逼近。使用插值查找法时，假设数据平均分布在数组中，而每一项数据的差距相当接近或有一定的距离比例。插值查找法的公式为：

$$mid = low + ((key - data[low]) / (data[high] - data[low]))*(high - low)$$

其中，key 是要查找的键值，data[high]、data[low]是剩余待查找记录中的最大值和最小值。假设数据项数为 n，其插值查找法的步骤如下：

① 将记录从小到大的顺序给予 1、2、3、…、n 的编号。

② 令 low=1，high=n。

③ 当 low<high 时，重复执行步骤④和步骤⑤。

④ 令 $mid = low + ((key - data[low]) / (data[high] - data[low])) * (high - low)$。

⑤ 若 $key<key_{mid}$ 且 high≠mid−1，则令 high=mid−1。

⑥ 若 $key=key_{mid}$，则表示成功查找到键值的位置。

⑦ 若 $key>key_{mid}$ 且 low≠mid+1，则令 low=mid+1。

下面的 Python 范例程序随机生成 1~150 之间的 50 个整数，再使用插值查找法查找指定的数据。

【范例程序：ch05_03.py】

```
01 import random
02
03 def interpolation_search(data,val):
04     low=0
05     high=49
06     print('查找过程中......')
07     while low<= high and val !=-1:
08         mid=low+int((val-data[low])*(high-low)/(data[high]-data[low]))
09         if val==data[mid]:
10             return mid
11         elif val < data[mid]:
12             print('%d 介于位置 %d[%3d]和中间值 %d[%3d] 之间，找左半边' \
13                   %(val,low+1,data[low],mid+1,data[mid]))
14             high=mid-1
15         elif val > data[mid]:
16             print('%d 介于中间值位置 %d[%3d] 和 %d[%3d] 之间，找右半边' \
17                   %(val,mid+1,data[mid],high+1,data[high]))
18             low=mid+1
19     return -1
20
21 val=1
22 data=[0]*50
```

```
23 for i in range(50):
24     data[i]=val
25     val=val+random.randint(1,5)
26 
27 while True:
28     num=0
29     val=int(input('请输入查找键值(1-150)，输入-1结束：'))
30     if val==-1:
31         break
32     num=interpolation_search(data,val)
33     if num==-1:
34          print('##### 没有找到[%3d] #####' %val)
35     else:
36         print('在第 %2d个位置找到 [%3d]' %(num+1,data[num]))
37 
38 print('数据内容为：')
39 for i in range(5):
40     for j in range(10):
41         print('%3d-%-3d' %(i*10+j+1,data[i*10+j]),end='')
42     print()
```

【执行结果】 参考图 5-9。

```
请输入查找键值(1-150)，输入-1结束：76
查找过程中......
76 介于中间值位置 26[ 73] 和 50[146] 之间，找右半边
76 介于中间值位置 27[ 75] 和 50[146] 之间，找右半边
76 介于位置 28[ 78] 和中间值 28[ 78] 之间，找左半边
##### 没有找到[ 76] #####

请输入查找键值(1-150)，输入-1结束：87
查找过程中......
87 介于中间值位置 30[ 82] 和 50[146] 之间，找右半边
87 介于中间值位置 31[ 84] 和 50[146] 之间，找右半边
87 介于中间值位置 32[ 86] 和 50[146] 之间，找右半边
在第 33个位置找到 [ 87]

请输入查找键值(1-150)，输入-1结束：-1
数据内容为：
  1-1    2-4    3-5    4-10   5-14   6-17   7-22   8-23   9-28  10-29
 11-30  12-31  13-36  14-40  15-42  16-46  17-50  18-51  19-53  20-55
 21-57  22-59  23-63  24-66  25-71  26-73  27-75  28-78  29-80  30-82
 31-84  32-86  33-87  34-92  35-93  36-96  37-97  38-100 39-104 40-109
 41-114 42-118 43-123 44-127 45-131 46-136 47-139 48-140 49-143 50-146
```

图 5-9

5.4 斐波那契查找法

斐波那契查找法（Fibonacci Search）又称为斐氏查找法，和二分法一样都是以分割范围来进行查找的，不同的是斐波那契查找法不是按对半方式来分割的，而是以斐波那契级数的方式来分割的。

斐波那契级数 $F(n)$的定义如下：

$$F_0 = 0，F_1 = 1$$
$$F_i = F_{i-1} + F_{i-2}, \quad i \geqslant 2$$

斐波那契级数为0、1、1、2、3、5、8、13、21、34、55、89……。也就是说，除了第0个和第1个元素外，级数中的每个元素值都是前两个元素值的和。

斐波那契查找法的好处是只用到加减运算而不需要用到乘除运算，这从计算机运算的过程来看效率会高于前两种查找法。在尚未介绍斐波那契查找法之前，我们先来认识斐波那契查找树。所谓斐波那契查找树，是以斐波那契级数的特性来建立的二叉树，其建立的原则如下：

（1）斐波那契树的左、右子树均为斐波那契树。

（2）当数据个数 n 确定时，若想确定斐波那契树的层数 k 值是多少，则必须找到一个最小的 k 值，使得斐波那契层数的 Fib(k+1)≥n+1。

（3）斐波那契树的树根一定是一个斐波那契数，且子节点与父节点差值的绝对值为斐波那契数。

（4）当 k≥2 时，斐波那契树的树根为Fib(k)，左子树为 k–1 层斐波那契树（其树根为Fib(k–1)），右子树为 k–2 层斐波那契树（其树根为 Fib(k)+Fib(k–2)）。

（5）若 n+1 值不是斐波那契树的值，则可以找出一个 m，使得 Fib(k+1)–m=n+1，即 m=Fib(k+1)–(n+1)，再按斐波那契树的建立原则完成斐波那契树的建立，最后斐波那契树的各节点减去差值 m，并把小于1的节点去掉。

斐波那契树建立过程的示意图如图5-10所示。

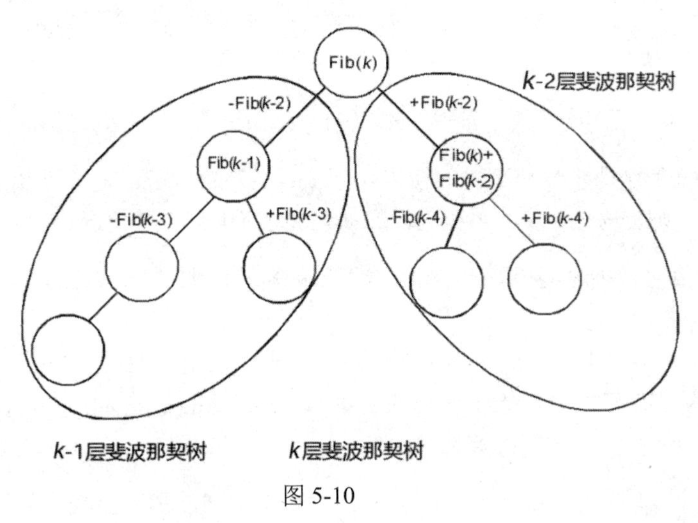

图5-10

也就是说，当数据个数为 n 且能找到一个最小的斐波那契数 Fib(k+1)使得 Fib(k+1)>n+1 时，Fib(k)就是这棵斐波那契树的树根，Fib(k–2)则是树根与左、右子树开始的差值，左子树用减法，右子树用加法。

例如，求取 n=33 的斐波那契树。我们知道斐波那契数列有3个特性：

Fib(0)=0
Fib(1)=1
Fib(k)=Fib(k–1)+Fib(k–2)

由于 $n = 33$，且 $n+1 = 34$ 为一棵斐波那契树，因此可以得知 Fib(0) = 0、Fib(1) = 1、Fib(2) = 1、Fib(3) = 2、Fib(4) = 3、Fib(5) = 5、Fib(6) = 8、Fib(7) = 13、Fib(8) = 21、Fib(9) = 34。

由 Fib(k+1) = 34 可以推出 $k = 8$，所以建立二叉树的树根为 Fib(8) = 21，左子树的树根为 Fib(8−1) = Fib(7) = 13。右子树的树根为 Fib(8) + Fib(8−2) = 21 + 8 = 29。

按此原则，我们可以建立如图 5-11 所示的斐波那契树。

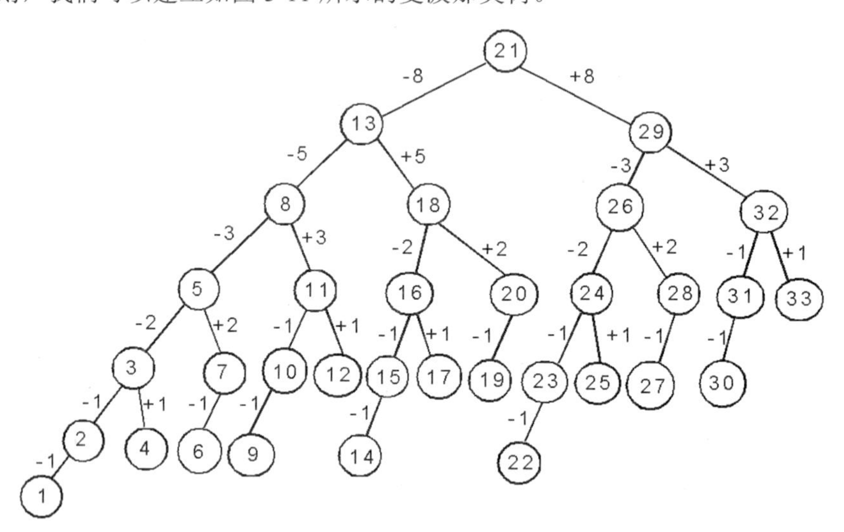

图 5-11

斐波那契查找法是以斐波那契树来查找数据的，如果数据的个数为 n，且 n 比某一个斐波那契数小，满足如下表达式：

$$\text{Fib}(k+1) \geqslant n+1$$

那么此时 Fib(k)就是这棵斐波那契树的树根，而 Fib(k−2)是与左、右子树开始的差值。若我们要查找的键值为 key，则首先比较 Fib(k)和键值 key，此时有下列 3 种情况：

（1）当 key 值比较小时，表示所查找的键值 key 落在 1 到 Fib(k)−1 之间，故继续查找 1 到 Fib(k)−1 之间的数据。

（2）如果键值与 Fib(k)的值相等，就表示成功查找到所需要的数据。

（3）当 key 值比较大时，表示所找的键值 key 落在 Fib(k) + 1 到 Fib(k+1)−1 之间，故继续查找 Fib(k) + 1 到 Fib(k+1)−1 之间的数据。

设计一个斐波那契查找法的 Python 程序，然后实现斐波那契查找法的过程与步骤，所查找的数组内容如下：

```
data=[5,7,12,23,25,37,48,54,68,77, \
     91,99,102,110,118,120,130,135,136,150]
```

【范例程序：ch05_04.py】

```
01  MAX=20
02
03  def fib(n):
04      if n==1 or n==0:
```

```
05          return n
06      else:
07          return fib(n-1)+fib(n-2)
08
09  def fib_search(data,SearchKey):
10      global MAX
11      index=2
12      # 斐波那契数列的查找
13      while fib(index)≤MAX :
14          index+=1
15      index-=1
16      # index >=2
17      # 起始的斐波那契数
18      RootNode=fib(index)
19      # 前一个斐波那契数
20      diff1=fib(index-1)
21      # 前两个斐波那契数，即diff2=fib(index-2)
22      diff2=RootNode-diff1
23      RootNode-=1 # 这个表达式配合数组的索引，是从0开始存储数据的
24      while True:
25          if SearchKey==data[RootNode]:
26              return RootNode
27          else:
28              if index==2:
29                  return MAX #没有找到
30              if SearchKey<data[RootNode]:
31                  RootNode=RootNode-diff2  # 左子树的新斐波那契数
32                  temp=diff1
33                  diff1=diff2        # 前一个斐波那契数
34                  diff2=temp-diff2  # 前两个斐波那契数
35                  index=index-1
36              else:
37                  if index==3:
38                      return MAX
39                  RootNode=RootNode+diff2  #右子树的新斐波那契数
40                  diff1=diff1-diff2  # 前一个斐波那契数
41                  diff2=diff2-diff1  # 前两个斐波那契数
42                  index=index-2
43
44
45  data=[5,7,12,23,25,37,48,54,68,77, \
46        91,99,102,110,118,120,130,135,136,150]
47  i=0
48  j=0
49  while True:
50      val=int(input('请输入查找键值(1-150)，输入-1结束：'))
51      if val==-1: # 输入值为-1就跳离循环
52          break
53      RootNode=fib_search(data,val)  # 使用斐波那契查找法查找数据
```

```
54     if RootNode==MAX:
55         print('##### 没有找到[%3d] #####' %val)
56     else:
57         print('在第 %2d个位置找到 [%3d]' %(RootNode+1,data[RootNode]))
58
59 print('数据内容为：')
60 for i in range(2):
61     for j in range(10):
62         print('%3d-%-3d' %(i*10+j+1,data[i*10+j]),end='')
63 print()
```

【执行结果】 参考图 5-12。

```
请输入查找键值(1-150)，输入-1结束：56
##### 没有找到[ 56] #####

请输入查找键值(1-150)，输入-1结束：68
在第  9个位置找到 [ 68]

请输入查找键值(1-150)，输入-1结束：-1
数据内容为：
  1-5    2-7    3-12   4-23   5-25   6-37   7-48   8-54   9-68  10-77
 11-91  12-99  13-102 14-110 15-118 16-120 17-130 18-135 19-136 20-150
```

图 5-12

5.5 课后习题

1. 有 n 项数据已排序完成，用二分查找法查找其中某一项数据的查找时间约为多少？

   （A）$O(\log_2 n)$　　（B）$O(n)$　　（C）$O(n^2)$　　（D）$O(\log_2 n)$

2. 使用二分查找法的前提条件是什么？

3. 有关二分查找法的叙述，下列哪一个是正确的？

   （A）文件必须事先排序
   （B）当排序数据非常小时，其时间会比顺序查找法慢
   （C）排序的复杂度比顺序查找法要高
   （D）以上都正确

4. 在查找的过程中，斐波那契查找法的算术运算比二分查找法简单，这种说法是否正确？

5. 假设 $A[i]=2i$，$1 \leqslant i \leqslant n$，欲查找键值为 $2k-1$，那么以插值查找法进行查找，需要比较几次才能确定此为一次失败的查找？

6. 试写出在数据(1, 2, 3, 6, 9, 11, 17, 28, 29, 30, 41, 47, 53, 55, 67, 78)中以插值查找法找到 9 的过程。

第 6 章

数组与链表相关算法

数组与链表都是相当重要的结构数据类型，也都是典型线性表的应用。线性表可应用于计算机中的数据存储结构，按照内存存储的方式基本上可分为以下两种：

- 静态数据结构（Static Data Structure）

数组类型就是一种典型的静态数据结构，使用连续分配的内存空间来存储有序表中的数据。静态数据结构在编译时就给相关的变量分配好内存空间。在建立静态数据结构的初期，必须事先声明最大可能要占用的固定内存空间，因此容易造成内存的浪费。优点是设计时相当简单，而且读取与修改表中任意一个元素的时间都是固定的。缺点是删除或加入数据时，需要移动大量的数据。

- 动态数据结构（Dynamic Data Structure）

动态数据结构又称为“链表”，使用不连续的内存空间存储具有线性表特性的数据。优点是数据的插入或删除都相当方便，不需要移动大量数据。另外，因为动态数据结构的内存分配是在程序执行时才进行的，所以不需要事先声明，这样能充分节省内存。缺点是在设计数据结构时比较麻烦，而且在查找数据时也无法像静态数据一样随机读取，只能按顺序去查找。

6.1 矩阵算法与深度学习

从数学的角度来看，对于 $m \times n$ 矩阵（Matrix）的形式，可以用计算机中 $A(m, n)$ 的二维数组来描述。看到图 6-1 所示的矩阵 $\boldsymbol{A}$，大家是否立即想到了一个声明为 $A(1:3, 1:3)$ 的二维数组？

$$A=\begin{bmatrix} a_{11} & a_{12} & a_{13} \\ a_{21} & a_{22} & a_{23} \\ a_{31} & a_{32} & a_{33} \end{bmatrix}_{3\times3}$$

图 6-1

在三维图形学中也经常使用矩阵，因为矩阵可以清楚地表示模型数据的投影、扩大、缩小、平移、偏斜与旋转等运算，如图 6-2 所示。

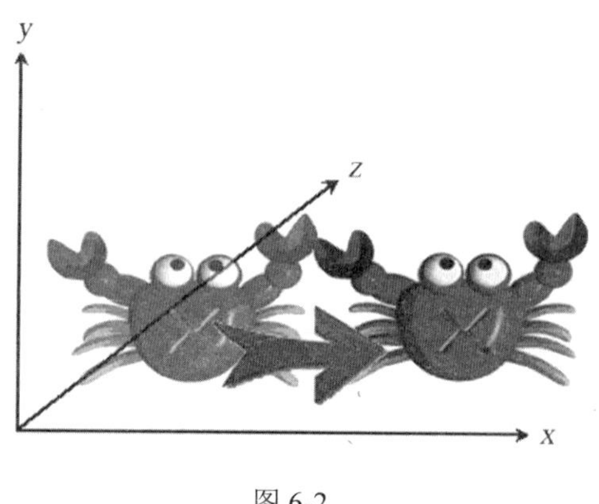

图 6-2

提　示

在三维空间中，向量用(a, b, c)来表示，其中 a、b、c 分别表示向量在 x、y、z 轴的分量。在图 6-3 中的向量 $\boldsymbol{A}$ 是一个从原点出发指向三维空间中的一个点(a, b, c)，也就是说向量同时包含大小及方向两种特性。所谓单位向量（Unit Vector），指的是向量长度为 1 的向量。通常在向量计算时，为了降低计算上的复杂度，会以单位向量进行运算，所以使用向量表示法就可以指明某变量的大小与方向。

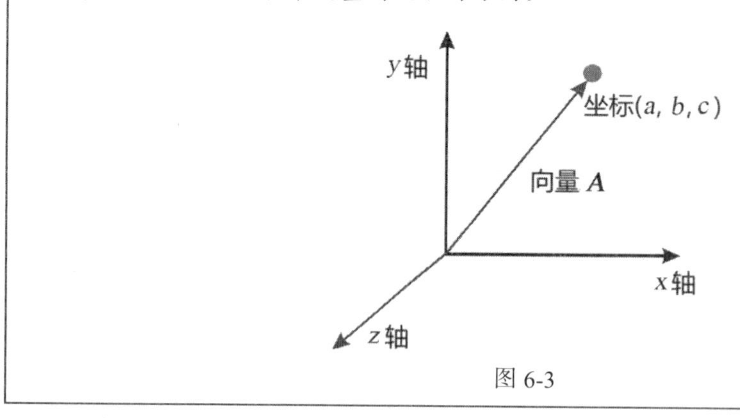

图 6-3

深度学习（Deep Learning，DL）是目前热门的话题，既是人工智能（AI）的一个分支，也可以看成是具有层次性的机器学习法（Machine Learning，ML），并将 AI 推向类似人类学习模式的优异发展。在深度学习中，线性代数是一个强大的数学工具箱，常常需要使用大量的矩阵运算来提高效率。

深度学习源自于类神经网络（Artificial Neural Network，又称为人工神经网络）模型，并且结合了神经网络架构与大量的运算资源，目的在于让机器建立模拟人脑进行学习的神经网络，以解读大数据中图像、声音和文字等多种数据或信息。要使类神经网络能正确运行，就必须通过训练的方式让类神经网络反复学习，经过一段时间学习获得经验值才能有效学习到初步运行的模式。由于神经网络将权重存储在矩阵中（矩阵多半是多维模式，要考虑各种参数的组合），因此会牵涉到“矩阵”的大量运算。类神经网络的原理也可以应用到计算机游戏中，如图 6-4 所示。

图 6-4

6.1.1　矩阵相加

矩阵的相加运算较为简单，前提是相加的两个矩阵对应的行数与列数都必须相等，而相加后矩阵的行数与列数也是相同的，例如 $A_{m\times n}+B_{m\times n}=C_{m\times n}$。下面来看一个矩阵相加的例子，如图 6-5 所示。

$$\underset{A\text{矩阵}}{\begin{bmatrix}1 & 3 & 5\\ 7 & 9 & 11\\ 13 & 15 & 17\end{bmatrix}_{3\times 3}} + \underset{B\text{矩阵}}{\begin{bmatrix}9 & 8 & 7\\ 6 & 5 & 4\\ 3 & 2 & 1\end{bmatrix}_{3\times 3}} = \underset{C\text{矩阵}}{\begin{bmatrix}10 & 11 & 12\\ 13 & 14 & 15\\ 16 & 17 & 18\end{bmatrix}_{3\times 3}}$$

图 6-5

下面的 Python 范例程序声明 3 个二维数组来实现图 6-5 所示的两个矩阵相加的过程，并显示出这两个矩阵相加后的结果。

【范例程序：ch06_01.py】

```
01  A= [[1,3,5],[7,9,11],[13,15,17]] # 二维数组的声明
02  B= [[9,8,7],[6,5,4],[3,2,1]]     # 二维数组的声明
03  N=3
04  C=[[None] * N for row in range(N)]
05
06  for i in range(3):
07      for j in range(3):
08          C[i][j]=A[i][j]+B[i][j]      # 矩阵C = 矩阵A + 矩阵B
09  print('[矩阵A和矩阵B相加的结果]')      # 打印出A+B的内容
10  for i in range(3):
11      for j in range(3):
12          print('%d' %C[i][j], end='\t')
13      print()
```

【执行结果】　参考图 6-6。

```
[矩阵A和矩阵B相加的结果]
10        11        12
13        14        15
16        17        18
```

图 6-6

6.1.2 矩阵相乘

两个矩阵 $\boldsymbol{A}$ 与 $\boldsymbol{B}$ 相乘会受到某些条件的限制：$\boldsymbol{A}$ 为一个 $m \times n$ 的矩阵，$\boldsymbol{B}$ 为一个 $n \times p$ 的矩阵，$\boldsymbol{A} \times \boldsymbol{B}$ 之后的结果为一个 $m \times p$ 的矩阵 $\boldsymbol{C}$，如图 6-7 所示。

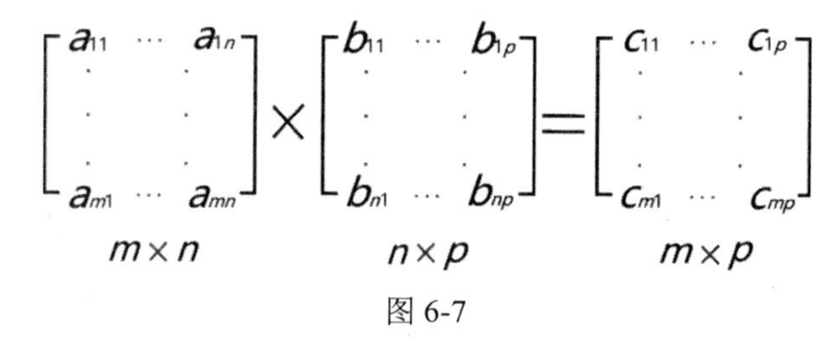

图 6-7

$$C_{11} = a_{11} \times b_{11} + a_{12} \times b_{21} + \cdots + a_{1n} \times b_{n1}$$
$$\vdots$$
$$C_{1p} = a_{11} \times b_{1p} + a_{12} \times b_{2p} + \cdots + a_{1n} \times b_{np}$$
$$\vdots$$
$$C_{mp} = a_{m1} \times b_{1p} + a_{m2} \times b_{2p} + \cdots + a_{mn} \times b_{np}$$

下面的 Python 范例程序让用户输入两个可相乘的矩阵的维数及其元素，完成矩阵的相乘后显示得到的结果矩阵。

【范例程序：ch06_02.py】

```
01  #[示范]:两个矩阵相乘的运算
02
03  def MatrixMultiply(arrA, arrB,arrC,M,N,P):
04      global C
05      if M<=0 or N<=0 or P<=0:
06          print('[错误:维数M,N,P必须大于0]')
07          return
08      for i in range(M):
09          for j in range(P):
10              Temp=0
11              for k in range(N):
12                  Temp = Temp + int(arrA[i*N+k])*int(arrB[k*P+j])
13              arrC[i*P+j] = Temp
14
15  print('请输入矩阵A的维数(M,N): ')
16  M=int(input('M= '))
17  N=int(input('N= '))
18  A=[None]*M*N #声明大小为M×N的矩阵A
```

```
19
20  print('[请输入矩阵A的各个元素]')
21  for i in range(M):
22      for j in range(N):
23          A[i*N+j]=input('a%d%d='%(i,j))
24
25  print('请输入矩阵B的维数(N,P): ')
26  N=int(input('N= '))
27  P=int(input('P= '))
28
29  B=[None]*N*P  #声明大小为N×P的矩阵B
30
31  print('[请输入矩阵B的各个元素]')
32  for i in range(N):
33      for j in range(P):
34          B[i*P+j]=input('b%d%d='%(i,j))
35
36  C=[None]*M*P  #声明大小为M×P的矩阵C
37  MatrixMultiply(A,B,C,M,N,P)
38  print('[AxB的结果是]')
39  for i in range(M):
40      for j in range(P):
41          print('%d' %C[i*P+j], end='\t')
42      print()
```

【执行结果】　参考图 6-8。

```
请输入矩阵A的维数(M,N):
M= 2
N= 3
[请输入矩阵A的各个元素]
a00=6
a01=3
a02=5
a10=8
a11=9
a12=7
请输入矩阵B的维数(N,P):
N= 3
P= 2
[请输入矩阵B的各个元素]
b00=5
b01=10
b10=14
b11=7
b20=8
b21=8
[AxB的结果是]
112     121
222     199
```

图 6-8

6.1.3　转置矩阵

“转置矩阵”（A^t）就是把原矩阵的行坐标元素与列坐标元素相互调换。假设 A^t 为 A 的转置矩阵，则有 $A^t[j, i]=A[i, j]$，如图 6-9 所示。

$$A=\begin{bmatrix}1 & 2 & 3\\4 & 5 & 6\\7 & 8 & 9\end{bmatrix}_{3\times 3}\qquad A^t=\begin{bmatrix}1 & 4 & 7\\2 & 5 & 8\\3 & 6 & 9\end{bmatrix}_{3\times 3}$$

图 6-9

下面的 Python 范例程序实现一个 4×4 二维数组的转置。

【范例程序：ch06_03.py】

```
01  arrA=[[1,2,3,4],[5,6,7,8],[9,10,11,12],[13,14,15,16]]
02  N=4
03  # 声明4×4数组arr
04  arrB=[[None] * N for row in range(N)]
05
06  print('[原设置的矩阵内容]')
07  for i in range(4):
08      for j in range(4):
09          print('%d' %arrA[i][j],end='\t')
10      print()
11
12  # 执行矩阵转置的操作
13  for i in range(4):
14      for j in range(4):
15          arrB[i][j]=arrA[j][i]
16
17  print('[转置矩阵的内容为]')
18  for i in range(4):
19      for j in range(4):
20          print('%d' %arrB[i][j],end='\t')
21      print()
```

【执行结果】 参考图 6-10。

```
[原设置的矩阵内容]
1	2	3	4
5	6	7	8
9	10	11	12
13	14	15	16
[转置矩阵的内容为]
1	5	9	13
2	6	10	14
3	7	11	15
4	8	12	16
```

图 6-10

6.1.4 稀疏矩阵

稀疏矩阵（Sparse Matrix）是指一个矩阵中的大部分元素为 0。图 6-11 所示的矩阵就是一种典型的稀疏矩阵。

对于稀疏矩阵而言，因为矩阵中的许多元素都是 0，所以实际存储的数据项很少，如果在计算机中使用传统的二维数组方式来存储稀疏矩阵，就十分浪费计算机的内存空间。

提高内存空间利用率的方法是使用三项式（3-Tuple）的数据结构，可以把每一个非零项用（i, j, item-value）的形式来表示，其中，i 为此矩阵非零项所在的行数，j 为此矩阵非零项所在的列数，item-value 为此矩阵非零项的值。假如一个稀疏矩阵有 n 个非零项，那么可以使用一个 $A(0{:}n, 1{:}3)$ 的二维数组来存储这些非零项。其中，$A(0, 1)$ 存储这个稀疏矩阵的行数，$A(0, 2)$ 存储这个稀疏矩阵的列数，$A(0, 3)$存储这个稀疏矩阵非零项的总数。以图 6-11 所示的 6×6 稀疏矩阵为例，可以用如图 6-12 所示的方式来表示。

$$\begin{bmatrix} 25 & 0 & 0 & 32 & 0 & -25 \\ 0 & 33 & 77 & 0 & 0 & 0 \\ 0 & 0 & 0 & 55 & 0 & 0 \\ 0 & 0 & 0 & 0 & 0 & 0 \\ 101 & 0 & 0 & 0 & 0 & 0 \\ 0 & 0 & 38 & 0 & 0 & 0 \end{bmatrix}_{6 \times 6}$$

图 6-11

	1	2	3
0	6	6	8
1	1	1	25
2	1	4	32
3	1	6	-25
4	2	2	33
5	2	3	77
6	3	4	55
7	5	1	101
8	6	3	38

图 6-12

这种利用三项式数据结构来压缩稀疏矩阵的方式可以减少对内存的浪费。

下面的 Python 范例程序使用三项式数据结构压缩 6×6 的稀疏矩阵，以减少内存不必要的浪费。

【范例程序：ch06_04.py】

```
01  NONZERO=0
02  temp=1
03  Sparse=[[15,0,0,22,0,-15],[0,11,3,0,0,0],
04          [0,0,0,-6,0,0],[0,0,0,0,0,0],
05          [91,0,0,0,0,0],[0,0,28,0,0,0]] # 声明稀疏矩阵，稀疏矩阵的所有元素设为0
06  Compress=[[None] * 3 for row in range(9)] # 声明压缩矩阵
07
08  print('[稀疏矩阵的各个元素]') # 打印出稀疏矩阵的各个元素
09  for i in range(6):
10      for j in range(6):
11          print('[%d]' %Sparse[i][j], end='\t')
12          if Sparse[i][j] !=0:
13              NONZERO=NONZERO+1
14      print()
15
16  # 开始压缩稀疏矩阵
17  Compress[0][0] = 6
18  Compress[0][1] = 6
19  Compress[0][2] = NONZERO
```

```
20
21  for i in range(6):
22      for j in range(6):
23          if Sparse[i][j] !=0:
24              Compress[temp][0]=i
25              Compress[temp][1]=j
26              Compress[temp][2]=Sparse[i][j]
27              temp=temp+1
28
29  print('[稀疏矩阵压缩后的内容]') # 打印出压缩矩阵的各个元素
30  for i in range(NONZERO+1):
31      for j in range(3):
32          print('[%d] ' %Compress[i][j], end='')
33  print()
```

【执行结果】 参考图 6-13。

```
[稀疏矩阵的各个元素]
[15]    [0]     [0]     [22]    [0]     [-15]
[0]     [11]    [3]     [0]     [0]     [0]
[0]     [0]     [0]     [-6]    [0]     [0]
[0]     [0]     [0]     [0]     [0]     [0]
[91]    [0]     [0]     [0]     [0]     [0]
[0]     [0]     [28]    [0]     [0]     [0]
[稀疏矩阵压缩后的内容]
[6] [6] [8]
[0] [0] [15]
[0] [3] [22]
[0] [5] [-15]
[1] [1] [11]
[1] [2] [3]
[2] [3] [-6]
[4] [0] [91]
[5] [2] [28]
```

图 6-13

清楚了压缩稀疏矩阵的存储方法后，我们还要了解稀疏矩阵的相关运算，例如转置矩阵问题。依照转置矩阵的基本定义可知，任何稀疏矩阵的转置矩阵仍然是一个稀疏矩阵。

6.2 数组与多项式

多项式是数学中相当重要的表达方式。使用计算机来处理多项式的各种相关运算时，通常用数组（Array）或链表（Linked List）来存储多项式。在本节中，我们先来讨论多项式以数组结构表示的相关应用。

多项式数组表示法

如果为一个多项式 $P(x) = a_n x^n + a_{n-1} x^{n-1} + \cdots + a_1 x + a_0$，就会称 $P(x)$为一个 n 次多项式。一个多项式如果使用数组结构存储在计算机中，就会有以下两种表示法：

（1）使用一个 n+2 长度的一维数组来存放，数组的第一个位置存储多项式的最大指数 n，数组之后的各个位置从指数 n 开始依次递减，按序将对应项的系数存储在 $A(1:n+2)$中：

$$P = (n, a_n, a_{n-1}, \cdots, a_1, a_0)$$

例如，$P(x) = 2x^5 + 3x^4 + 5x^2 + 4x + 1$，转换为 A 数组的表示形式如下：

$$A=[5, 2, 3, 0, 5, 4, 1]$$

使用这种表示法的优点是，在计算机中运用时对于多项式各种运算（如加法与乘法）的设计比较方便。不过，多项式的系数多半为零时（例如 $x^{100}+1$），就太浪费内存空间了。

（2）只存储多项式中的非零项。若有 m 个非零项，则使用 $2m$+1 长的数组来存储每一个非零项的指数及系数，其中数组的第一个元素存储的是这个多项式非零项的个数。

例如，$P(x)=2x^5+3x^4+5x^2+4x+1$ 可表示成 $A(1:2m+1)$数组：

$$A=\{5,2,5,3,4,5,2,4,1,1,0\}$$

这种方法的优点是在多项式零项较多时可以减少对内存空间的浪费，缺点是在为多项式设计各种运算时会复杂许多。

下面的 Python 范例程序用本节所介绍的第一种多项式表示法来进行 $A(x) = 3x^4 + 7x^3 + 6x + 2$ 和 $B(x) = x^4 + 5x^3 + 2x^2 + 9$ 的加法运算。

【范例程序：ch06_05.py】

```
01  # 将两个最高次方相等的多项式相加后输出结果
02  ITEMS=6
03  def PrintPoly(Poly,items):
04      MaxExp=Poly[0]
05      for i in range(1,Poly[0]+2):
06          MaxExp=MaxExp-1
07          if Poly[i]!=0:
08              if (MaxExp+1)!=0:
09                  print(' %dX^%d ' %(Poly[i],MaxExp+1), end='')
10              else:
11                  print(' %d' %Poly[i], end='')
12              if MaxExp>=0:
13                  print('%c' %'+', end='')
14      print()
15
16  def PolySum(Poly1, Poly2):
17      result=[None]*ITEMS
18      result[0] = Poly1[0]
19      for i in range(1,Poly1[0]+2):
20          result[i]=Poly1[i]+Poly2[i] # 等幂次的系数相加
21      PrintPoly(result,ITEMS)
22
23  PolyA=[4,3,7,0,6,2]      # 声明多项式A
24  PolyB=[4,1,5,2,0,9]      # 声明多项式B
25  print('多项式A=> ', end='')
```

```
26  PrintPoly(PolyA,ITEMS)  # 打印出多项式A
27  print('多项式B=> ', end='')
28  PrintPoly(PolyB,ITEMS)  # 打印出多项式B
29  print('A+B => ', end='')
30  PolySum(PolyA,PolyB)    # 多项式A+多项式B
```

【执行结果】 参考图 6-14。

```
多项式A=>  3X^4 + 7X^3 + 6X^1 + 2
多项式B=>  1X^4 + 5X^3 + 2X^2 + 9
A+B =>  4X^4 + 12X^3 + 2X^2 + 6X^1 + 11
```

图 6-14

6.3 单向链表算法

在 Python 语言中，如果以动态分配产生链表节点，则必须先定义一个类，接着在该类中定义一个指针字段，作用是指向下一个链表节点。另外，该类中至少要有一个数据字段。例如，我们声明一个学生成绩链表节点的结构声明，并且包含姓名（name）和成绩（score）两个数据字段与一个指针字段（next）。在 Python 语言中可以声明如下：

```
class student:
    def __init__(self):
        self.name=''
        self.score=0
        self.next=None
```

完成节点类的声明后，就可以动态建立链表中的每个节点。假设要新增一个节点至链表的末尾，且 ptr 指向链表的第一个节点，那么在程序上必须设计 4 个步骤：

① 动态分配内存空间给新节点使用。

② 将原链表尾部的指针（next）指向新元素所在的内存位置。

③ 将 ptr 指针指向新节点的内存位置，表示这是新的链表尾部。

④ 由于新节点当前为链表的最后一个元素，因此将它的指针（next）指向 None。

例如，要将 s1 的 next 变量指向 s2，而且 s2 的 next 变量指向 None：

```
s1.next = s2;
s2.next = None;
```

链表的基本特性是 next 变量指向下一个节点的内存地址，因此这时 s1 节点与 s2 节点间的关系如图 6-15 所示。

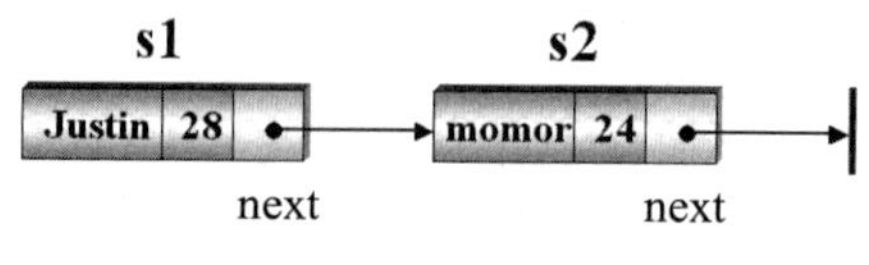

图 6-15

以下 Python 程序片段是建立学生节点的单向链表的算法：

```
head=student() # 建立链表头部
head.next=None # 当前无下一个元素
ptr = head     # 设置存取指针的位置
select=0

while select !=2:
    print('(1)添加 (2)离开 =>')
    try:
        select=int(input('请输入一个选项: '))
    except ValueError:
        print('输入错误')
        print('请重新输入\n')
    if select ==1:
        new_data=student()   # 添加下一个元素
        new_data.name=input('姓名:')
        new_data.no=input('学号:')
        new_data.Math=eval(input('数学成绩:'))
        new_data.Eng=eval(input('英语成绩:'))
        ptr.next=new_data    # 存取指针设置为新元素所在的位置
        new_data.next=None   # 下一个元素的 next 先设置为 None
        ptr=ptr.next

class LinkedList
{
    private Node first;
    private Node last;
    //定义类的方法
    …
}
```

6.3.1　单向链表的连接功能

对于两个或两个以上链表的连接（concatenation，也称为级联），其实现方法很容易：只要将链表的首尾相连即可，如图 6-16 所示。

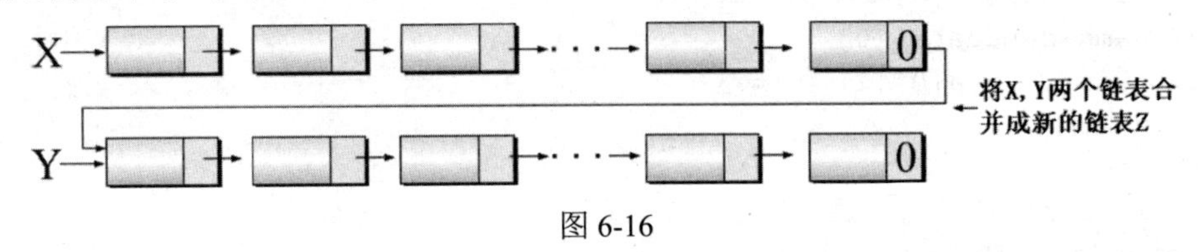

图 6-16

下面的 Python 范例程序将两组学生成绩的链表连接起来，然后输出新的学生成绩链表。

【范例程序：ch06_06.py】

```
01  # [示范]:单向链接的连接功能
02  import sys
03
04  import random
05
```

```
06  def concatlist(ptr1,ptr2):
07      ptr=ptr1
08      while ptr.next!=None:
09          ptr=ptr.next
10      ptr.next=ptr2
11      return ptr1
12
13  class employee:
14      def __init__(self):
15          self.num=0
16          self.salary=0
17          self.name=''
18          self.next=None
19
20  findword=0
21  data=[[None]*2 for row in range(12)]
22
23  namedata1=['Allen','Scott','Marry','Jon', \
24             'Mark','Ricky','Lisa','Jasica', \
25             'Hanson','Amy','Bob','Jack']
26
27  namedata2=['May','John','Michael','Andy', \
28             'Tom','Jane','Yoko','Axel', \
29             'Alex','Judy','Kelly','Lucy']
30
31  for i in range(12):
32      data[i][0]=i+1
33      data[i][1]=random.randint(51,100)
34
35  head1=employee()    # 建立第一组链表的头部
36  if not head1:
37      print('Error!! 内存分配失败!!')
38      sys.exit(0)
39
40  head1.num=data[0][0]
41  head1.name=namedata1[0]
42  head1.salary=data[0][1]
43  head1.next=None
44  ptr=head1
45  for i in range(1,12):  # 建立第一组链表
46      newnode=employee()
47      newnode.num=data[i][0]
48      newnode.name=namedata1[i]
49      newnode.salary=data[i][1]
50      newnode.next=None
51      ptr.next=newnode
52      ptr=ptr.next
53
54  for i in range(12):
```

```
55      data[i][0]=i+13
56      data[i][1]=random.randint(51,100)
57
58  head2=employee()        # 建立第二组链表的头部
59  if not head2:
60      print('Error!! 内存分配失败!!')
61      sys.exit(0)
62
63  head2.num=data[0][0]
64  head2.name=namedata2[0]
65  head2.salary=data[0][1]
66  head2.next=None
67  ptr=head2
68  for i in range(1,12):  # 建立第二组链表
69      newnode=employee()
70      newnode.num=data[i][0]
71      newnode.name=namedata2[i]
72      newnode.salary=data[i][1]
73      newnode.next=None
74      ptr.next=newnode
75      ptr=ptr.next
76
77  i=0
78  ptr=concatlist(head1,head2) # 将链表相连
79  print('两个链表相连的结果：')
80  while ptr!=None: # 打印链表数据
81      print('[%2d %6s %3d] => ' %(ptr.num,ptr.name,ptr.salary),end='')
82      i=i+1
83      if i>=3:
84          print()
85          i=0
86      ptr=ptr.next
```

【执行结果】　参考图 6-17。

```
两个链表相连的结果为：
[ 1   Allen  56] => [ 2  Scott  93] => [ 3   Marry  75] =>
[ 4     Jon  75] => [ 5   Mark  82] => [ 6   Ricky  79] =>
[ 7    Lisa  77] => [ 8 Jasica  59] => [ 9  Hanson  60] =>
[10     Amy  60] => [11    Bob  59] => [12    Jack  90] =>
[13     May  52] => [14   John  66] => [15 Michael  70] =>
[16    Andy  54] => [17    Tom  58] => [18    Jane  84] =>
[19    Yoko  66] => [20   Axel  58] => [21    Alex  89] =>
[22    Judy  79] => [23  Kelly  69] => [24    Lucy  51] =>
```

图 6-17

6.3.2　单向链表插入节点的算法

在单向链表中添加新节点如同在一列火车中加入新的车厢，有 3 种情况：加到第一个节点之前、加到最后一个节点之后、加到此链表中间任一位置。接下来我们以图解方式来说明。

1. 将新节点加到第一个节点之前，即成为此链表的首节点

只需把新节点的指针指向链表原来的第一个节点，再把链表头指针指向新节点即可，如图 6-18 所示。

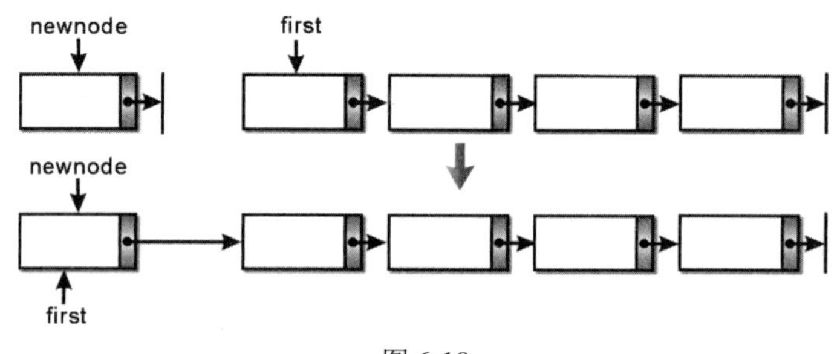

图 6-18

用 Python 语言描述的算法如下：

```
head=head.next
newnode.next=first
```

2. 将新节点加到最后一个节点之后

只需把链表最后一个节点的指针指向新节点，新节点的指针再指向 None 即可，如图 6-19 所示。

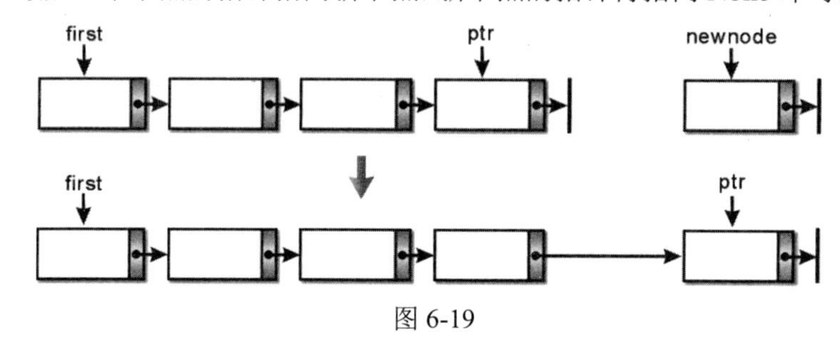

图 6-19

用 Python 语言描述的算法如下：

```
ptr.next=newnode
newnode.next=None
```

3. 将新节点加到链表中间的位置

例如，要插入的节点在 X 与 Y 之间，只要先将新节点的指针指向 Y 节点，再将 X 节点的指针指向新节点即可，如图 6-20 和图 6-21 所示。

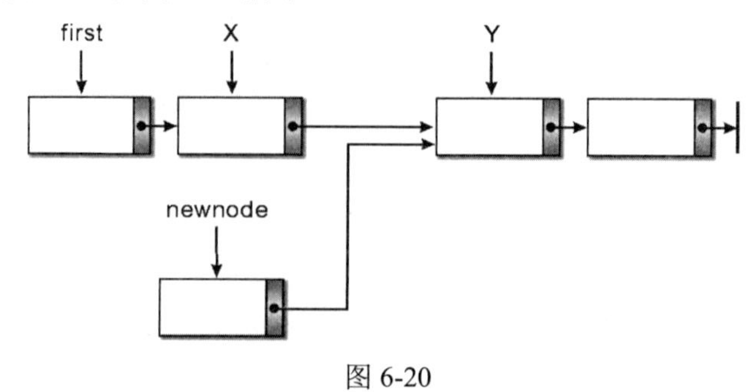

图 6-20

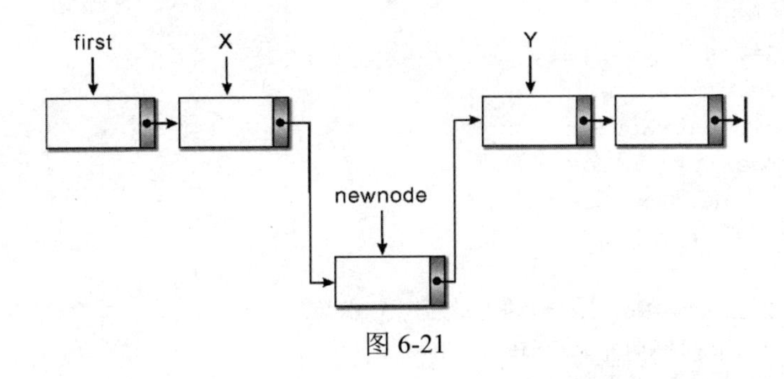

图 6-21

用 Python 语言描述的算法如下：

```
newnode.next=x.next
x.next=newnode
```

设计一个 Python 程序，建立一个员工数据的单向链表，并且允许在链表头部、链表末尾和链表中间 3 种不同位置插入新节点。最后离开时列出此链表所有节点的数据字段的内容。结构成员类型如下：

```
class employee:
    def __init__(self):
        self.num=0
        self.salary=0
        self.name=''
        self.next=None
```

【范例程序：ch06_07.py】

```
01  import sys
02
03  class employee:
04      def __init__(self):
05          self.num=0
06          self.salary=0
07          self.name=''
08          self.next=None
09
10  def findnode(head,num):
11      ptr=head
12
13      while ptr!=None:
14          if ptr.num==num:
15              return ptr
16          ptr=ptr.next
17      return ptr
18
19  def insertnode(head,ptr,num,salary,name):
20      InsertNode=employee()
21      if not InsertNode:
22          return None
23      InsertNode.num=num
```

```
24      InsertNode.salary=salary
25      InsertNode.name=name
26      InsertNode.next=None
27      if ptr==None: # 插入第一个节点
28         InsertNode.next=head
29         return InsertNode
30      else:
31         if ptr.next==None: # 插入最后一个节点
32            ptr.next=InsertNode
33         else: # 插入中间节点
34            InsertNode.next=ptr.next
35            ptr.next=InsertNode
36      return head
37
38  position=0
39  data=[[1001,32367],[1002,24388],[1003,27556],[1007,31299], \
40        [1012,42660],[1014,25676],[1018,44145],[1043,52182], \
41        [1031,32769],[1037,21100],[1041,32196],[1046,25776]]
42  namedata=['Allen','Scott','Marry','John','Mark','Ricky', \
43            'Lisa','Jasica','Hanson','Amy','Bob','Jack']
44  print('员工编号 薪水 员工编号 薪水 员工编号 薪水 员工编号 薪水')
45  print('------------------------------------------------------------')
46  for i in range(3):
47      for j in range(4):
48         print('[%4d] $%5d ' %(data[j*3+i][0],data[j*3+i][1]),end='')
49      print()
50  print('------------------------------------------------------------\n')
51  head=employee() # 建立链表的头部
52  head.next=None
53
54  if not head:
55      print('Error!! 内存分配失败!!\n')
56      sys.exit(1)
57  head.num=data[0][0]
58  head.name=namedata[0]
59  head.salary=data[0][1]
60  head.next=None
61  ptr=head
62  for i in range(1,12): # 建立链表
63      newnode=employee()
64      newnode.next=None
65      newnode.num=data[i][0]
66      newnode.name=namedata[i]
67      newnode.salary=data[i][1]
68      newnode.next=None
69      ptr.next=newnode
70      ptr=ptr.next
71
72  while(True):
```

```
73      print('请输入要插入其后的员工编号,如输入的编号不在此链表中,')
74      position=int(input('新输入的员工节点将视为此链表的链表头部,要结束插入过程,
    请输入-1: '))
75      if position ==-1:
76          break
77      else:
78
79          ptr=findnode(head,position)
80          new_num=int(input('请输入新插入的员工编号: '))
81          new_salary=int(input('请输入新插入的员工薪水: '))
82          new_name=input('请输入新插入的员工姓名: ')
83          head=insertnode(head,ptr,new_num,new_salary,new_name)
84      print()
85
86  ptr=head
87  print('\t员工编号     姓名\t薪水')
88  print('\t==============================')
89  while ptr!=None:
90      print('\t[%2d]\t[ %-7s]\t[%3d]' %(ptr.num,ptr.name,ptr.salary))
91      ptr=ptr.next
```

【执行结果】　参考图 6-22。

```
员工编号 薪水 员工编号 薪水 员工编号 薪水 员工编号 薪水
--------------------------------------------------------
[1001] $32367 [1007] $31299 [1018] $44145 [1037] $21100
[1002] $24388 [1012] $42660 [1043] $52182 [1041] $32196
[1003] $27556 [1014] $25676 [1031] $32769 [1046] $25776
--------------------------------------------------------

请输入要插入其后的员工编号,如输入的编号不在此链表中,

新输入的员工节点将视为此链表的链表头部,要结束插入过程,请输入-1: 1041

请输入新插入的员工编号: 1088

请输入新插入的员工薪水: 68000

请输入新插入的员工姓名: Jane

请输入要插入其后的员工编号,如输入的编号不在此链表中,

新输入的员工节点将视为此链表的链表头部,要结束插入过程,请输入-1: -1
        员工编号    姓名      薪水
        ==============================
        [1001]  [ Allen  ]      [32367]
        [1002]  [ Scott  ]      [24388]
        [1003]  [ Marry  ]      [27556]
        [1007]  [ John   ]      [31299]
        [1012]  [ Mark   ]      [42660]
        [1014]  [ Ricky  ]      [25676]
        [1018]  [ Lisa   ]      [44145]
        [1043]  [ Jasica ]      [52182]
        [1031]  [ Hanson ]      [32769]
        [1037]  [ Amy    ]      [21100]
        [1041]  [ Bob    ]      [32196]
        [1088]  [ Jane   ]      [68000]
        [1046]  [ Jack   ]      [25776]
```

图 6-22

6.3.3 单向链表删除节点的算法

在单向链表类型的数据结构中，如果要在链表中删除一个节点，就如同从一列火车中移走原有的某节车厢，根据所删除节点的位置会有 3 种不同的情况。

1. 删除链表的第一个节点

只要把链表头指针指向第二个节点即可，如图 6-23 所示。

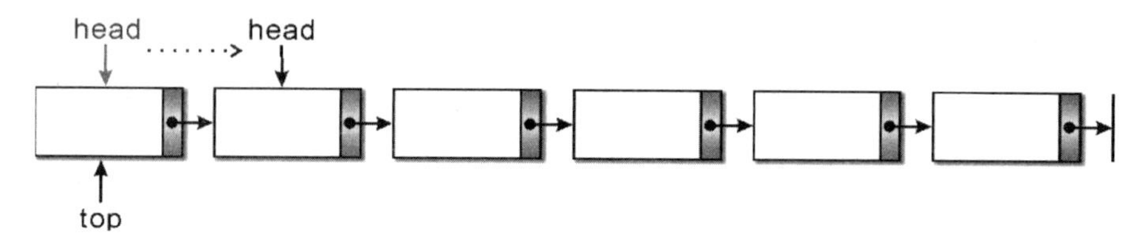

图 6-23

用 Python 语言描述的算法如下：

```
top=head
head=head.next
```

2. 删除链表的最后一个节点

只要指向最后一个节点 ptr 的指针直接指向 None 即可，如图 6-24 所示。

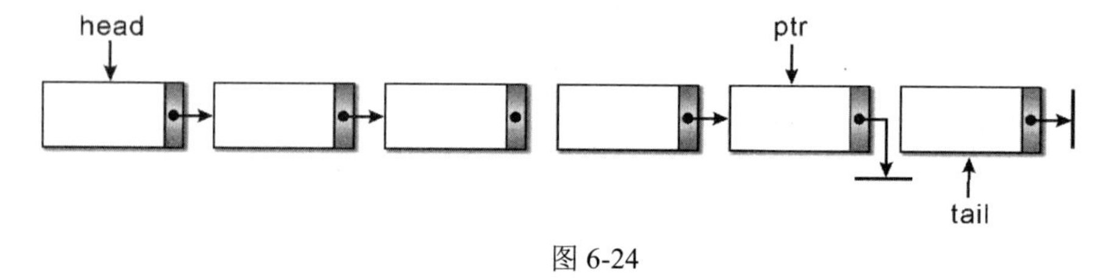

图 6-24

用 Python 语言描述的算法如下：

```
ptr.next=tail
ptr.next=None
```

3. 删除链表的中间节点

只要将删除节点的前一个节点的指针指向将要被删除节点的下一个节点即可，如图 6-25 所示。

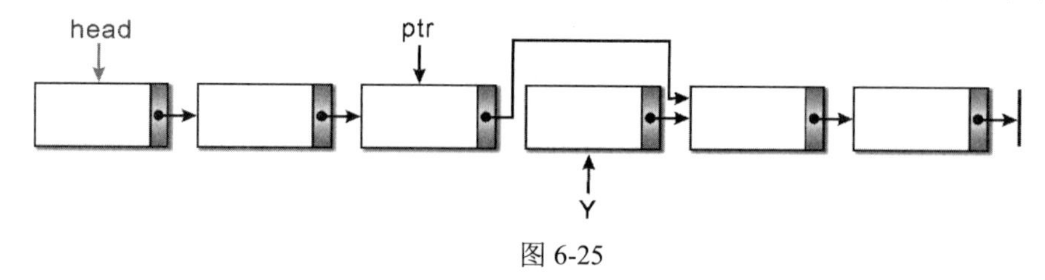

图 6-25

用 Python 语言描述的算法如下：

```
Y=ptr.next
ptr.next=Y.next
```

设计一个 Python 程序，在员工数据的链表中删除节点，并且允许所删除的节点在链表头部、链表末尾和链表中间。最后离开时列出此链表所有节点的数据字段的内容。结构成员类型如下：

```
class employee:
    def __init__(self):
        self.num=0
        self.salary=0
        self.name=''
        self.next=None
```

【范例程序：ch06_08.py】

```
01  import sys
02  class employee:
03      def __init__(self):
04          self.num=0
05          self.salary=0
06          self.name=''
07          self.next=None
08
09  def del_ptr(head,ptr):  # 删除节点子程序
10      top=head
11      if ptr.num==head.num:  # [情形1]:要删除的节点在链表头部
12          head=head.num
13          print('已删除第 %d 号员工 姓名: %s 薪水:%d' %(ptr.num,ptr.name,
    ptr.salary))
14      else:
15          while top.next!=ptr:  # 找到删除节点的前一个位置
16              top=top.next
17          if ptr.next==None:    # 删除在链表末尾的节点
18              top.next=None
19              print('已删除第 %d 号员工 姓名: %s 薪资:%d' %(ptr.num,ptr.name,
    ptr.salary))
20          else:
21              top.next=ptr.next # 删除在链表中的任一节点
22              print('已删除第 %d 号员工 姓名: %s 薪资:%d' %(ptr.num,ptr.name,
    ptr.salary))
23      return head  # 返回链表
24
25  def main():
26      findword=0
27      namedata=['Allen','Scott','Marry','John',\
28                'Mark','Ricky','Lisa','Jasica',\
29                'Hanson','Amy','Bob','Jack']
30      data=[[1001,32367],[1002,24388],[1003,27556],[1007,31299], \
31            [1012,42660],[1014,25676],[1018,44145],[1043,52182], \
32            [1031,32769],[1037,21100],[1041,32196],[1046,25776]]
33      print('员工编号 薪水 员工编号 薪水 员工编号 薪水 员工编号 薪水')
34      print('------------------------------------------------------------')
35      for i in range(3):
```

```
36          for j in range(4):
37              print('%2d  [%3d]  ' %(data[j*3+i][0],data[j*3+i][1]),end='')
38          print()
39      head=employee() # 建立链表头部
40      if not head:
41          print('Error!! 内存分配失败!!')
42          sys.exit(0)
43      head.num=data[0][0]
44      head.name=namedata[0]
45      head.salary=data[0][1]
46      head.next=None
47
48      ptr=head
49      for i in range(1,12):  # 建立链表
50          newnode=employee()
51          newnode.num=data[i][0]
52          newnode.name=namedata[i]
53          newnode.salary=data[i][1]
54          newnode.num=data[i][0]
55          newnode.next=None
56          ptr.next=newnode
57          ptr=ptr.next
58
59      while(True):
60          findword=int(input('请输入要删除的员工编号,要结束删除过程,请输入-1: '))
61          if(findword==-1):  # 循环中断条件
62              break
63          else:
64              ptr=head
65              find=0
66              while ptr!=None:
67                  if ptr.num==findword:
68                      ptr=del_ptr(head,ptr)
69                      find=find+1
70                      head=ptr
71                  ptr=ptr.next
72              if find==0:
73                  print('######没有找到######')
74
75      ptr=head
76      print('\t员工编号    姓名\t薪水')   # 打印剩余链表中的数据
77      print('\t==============================')
78      while(ptr!=None):
79          print('\t[%2d]\t[ %-10s]\t[%3d]' %(ptr.num,ptr.name,ptr.salary))
80          ptr=ptr.next
81  main()
```

【执行结果】 参考图 6-26。

```
员工编号 薪水 员工编号 薪水 员工编号 薪水 员工编号 薪水
-------------------------------------------------------
1001  [32367]  1007  [31299]  1018  [44145]  1037  [21100]
1002  [24388]  1012  [42660]  1043  [52182]  1041  [32196]
1003  [27556]  1014  [25676]  1031  [32769]  1046  [25776]

请输入要删除的员工编号,要结束删除过程,请输入-1: 1041
已删除第 1041 号员工 姓名: Bob 薪水:32196

请输入要删除的员工编号,要结束删除过程,请输入-1: -1
        员工编号     姓名       薪水
        ===============================
        [1001]  [ Allen      ]   [32367]
        [1002]  [ Scott      ]   [24388]
        [1003]  [ Marry      ]   [27556]
        [1007]  [ John       ]   [31299]
        [1012]  [ Mark       ]   [42660]
        [1014]  [ Ricky      ]   [25676]
        [1018]  [ Lisa       ]   [44145]
        [1043]  [ Jasica     ]   [52182]
        [1031]  [ Hanson     ]   [32769]
        [1037]  [ Amy        ]   [21100]
        [1046]  [ Jack       ]   [25776]
```

图 6-26

6.3.4 对单向链表进行反转的算法

了解单向链表节点的插入和删除之后，大家会发现在这种具有方向性的链表结构中增删节点是相当容易的一件事。要从头到尾输出整个单向链表也不难，但要反转过来输出单向链表则需要些技巧。我们知道单向链表中的节点特征是知道下一个节点的位置，不知道上一个节点的位置，如图 6-27 所示。如果要将单向链表反转，就必须使用 3 个指针变量，如下面用 Python 语言描述的算法中的 p、q 和 r。

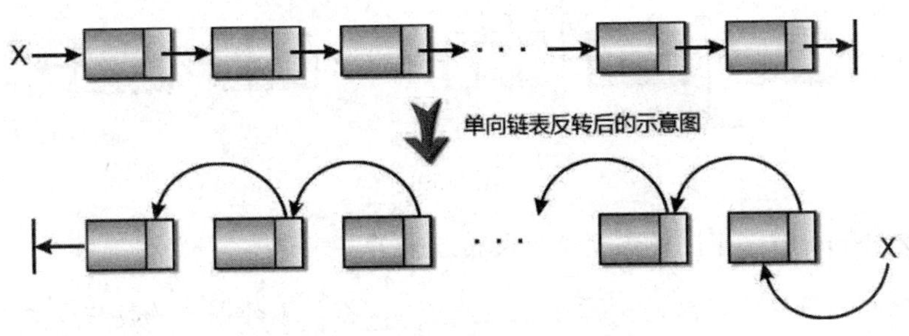

图 6-27

用 Python 语言描述的算法如下：

```
class employee:
    def __init__(self):
        self.num=0
        self.salary=0
        self.name=''
        self.next=None

def invert(x):  # x 为链表的头指针
    p=x         # 将 p 指向链表的开头
    q=None      # q 是 p 的前一个节点
```

```
    while p!=None:
        r=q          # 将 r 接到 q 之后
        q=p          # 将 q 接到 p 之后
        p=p.next # p 移到下一个节点
        q.next=r # q 连接到之前的节点
    return q
```

在上面描述的算法 invert(x)中，我们使用了 p、q、r 三个指针变量，它的运算过程如下：

① 执行 while 循环前，如图 6-28 所示。

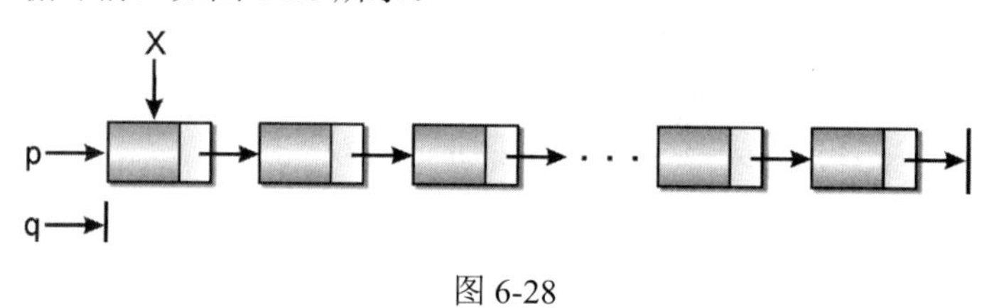

图 6-28

② 第一次执行 while 循环，如图 6-29 所示。

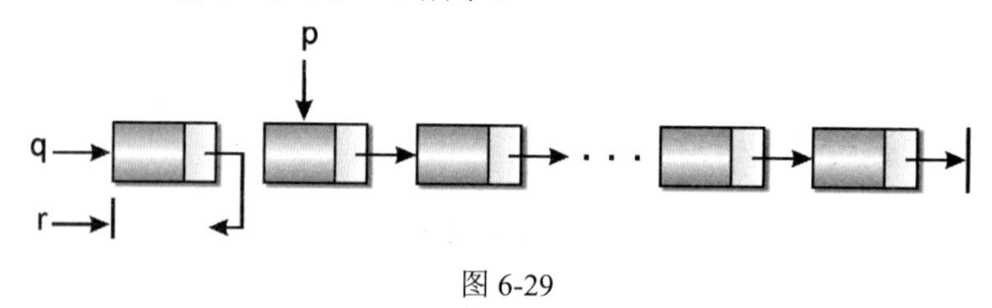

图 6-29

③ 第二次执行 while 循环，如图 6-30 所示。

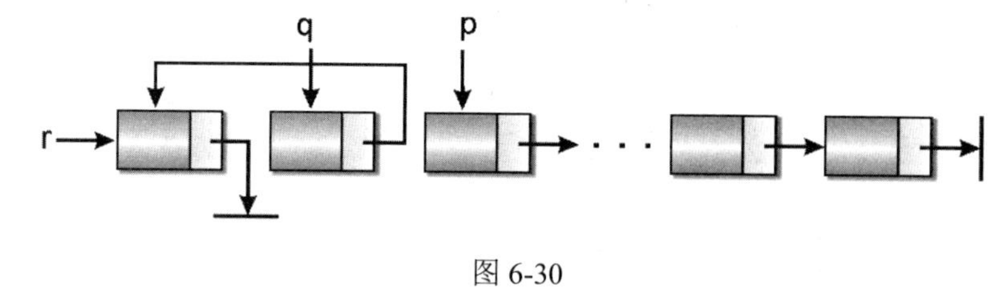

图 6-30

当执行到 p = None 时，单向链表就整个反转过来了。

下面的 Python 范例程序延续范例程序 ch06_08.py，将员工数据的链表节点按照员工号反转打印出来。

【范例程序：ch06_09.py】

```
01  class employee:
02      def __init__(self):
03          self.num=0
04          self.salary=0
05          self.name=''
06          self.next=None
07
08  findword=0
09
```

```
10 namedata=['Allen','Scott','Marry','Jon', \
11          'Mark','Ricky','Lisa','Jasica', \
12          'Hanson','Amy','Bob','Jack']
13
14 data=[[1001,32367],[1002,24388],[1003,27556],[1007,31299], \
15       [1012,42660],[1014,25676],[1018,44145],[1043,52182], \
16       [1031,32769],[1037,21100],[1041,32196],[1046,25776]]
17
18 head=employee() # 建立链表头部
19 if not head:
20     print('Error!! 内存分配失败!!')
21     sys.exit(0)
22
23 head.num=data[0][0]
24 head.name=namedata[0]
25 head.salary=data[0][1]
26 head.next=None
27 ptr=head
28 for i in range(1,12): # 建立链表
29     newnode=employee()
30     newnode.num=data[i][0]
31     newnode.name=namedata[i]
32     newnode.salary=data[i][1]
33     newnode.next=None
34     ptr.next=newnode
35     ptr=ptr.next
36
37 ptr=head
38 i=0
39 print('反转前的员工链表节点数据：')
40 while ptr !=None:  # 打印链表数据
41     print('[%2d %6s %3d] => ' %(ptr.num,ptr.name,ptr.salary), end='')
42     i=i+1
43     if i>=3: # 三个元素为一行
44         print()
45         i=0
46     ptr=ptr.next
47
48 ptr=head
49 before=None
50 print('\n反转后的链表节点数据：')
51 while ptr!=None: # 链表反转，利用三个指针
52     last=before
53     before=ptr
54     ptr=ptr.next
55     before.next=last
56
57 ptr=before
58 while ptr!=None:
```

```
59        print('[%2d %6s %3d] => ' %(ptr.num,ptr.name,ptr.salary), end='')
60        i=i+1
61        if i>=3:
62            print()
63            i=0
64        ptr=ptr.next
```

【执行结果】 参考图 6-31。

```
反转前的员工链表节点数据：
[1001  Allen 32367] => [1002  Scott 24388] => [1003  Marry 27556] =>
[1007    Jon 31299] => [1012   Mark 42660] => [1014  Ricky 25676] =>
[1018   Lisa 44145] => [1043 Jasica 52182] => [1031 Hanson 32769] =>
[1037    Amy 21100] => [1041    Bob 32196] => [1046   Jack 25776] =>

反转后的链表节点数据：
[1046   Jack 25776] => [1041    Bob 32196] => [1037    Amy 21100] =>
[1031 Hanson 32769] => [1043 Jasica 52182] => [1018   Lisa 44145] =>
[1014  Ricky 25676] => [1012   Mark 42660] => [1007    Jon 31299] =>
[1003  Marry 27556] => [1002  Scott 24388] => [1001  Allen 32367] =>
```

图 6-31

6.4 课后习题

1. 数组结构类型通常包含哪几个属性？
2. 试使用 Python 语言写出添加一个节点 I 的算法。

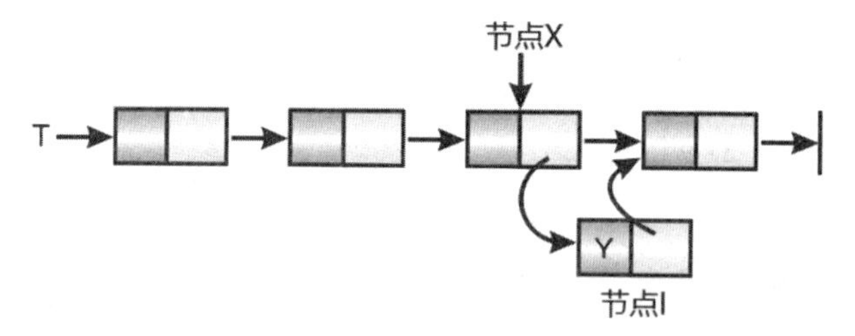

3. 在有 n 项数据的链表中查找一项数据，若以平均花费的时间考虑，则其时间复杂度是多少？
4. 试使用图形来说明环形链表的反转算法。
5. 什么是转置矩阵？试简单举例说明。
6. 在单向链表类型的数据结构中，根据所删除节点的位置会有哪几种不同的情形？

第 7 章

信息安全基础算法

网络已成为我们日常生活中不可或缺的一部分，可用来互通信息，不过部分信息可公开、部分信息则属于机密。网络设计的目的是提供信息、数据和文件的自由交换，不过网络交易确实存在很多风险，因为因特网的成功远远超过了设计者的预期，它除了带给人们许多便利外，也带来了许多安全上的问题。

对于信息安全而言，很难有一个十分严谨而明确的定义或标准。例如，就个人用户而言，只是代表在因特网上浏览时个人数据或信息不被窃取或破坏；不过对于企业或组织而言，可能就代表着进行电子交易时的安全考虑与不法黑客的入侵等，如图 7-1 所示。简单来说，信息安全（Information Security）必须具备如图 7-2 所示的 4 个特性。

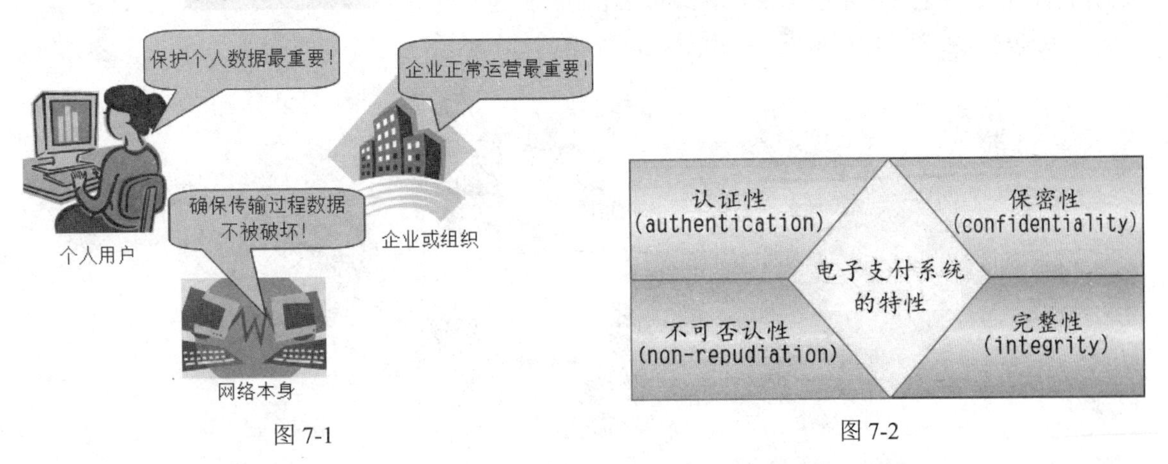

图 7-1

图 7-2

- **保密性（confidentiality）**：表示交易相关信息或数据必须保密，当信息或数据传输时，除了被授权的人外，还要确保信息或数据在网络上不会遭到拦截、偷窥而泄露信息或数据的内容，损害其保密性。

- **完整性（integrity）**：表示当信息或数据送达时，必须保证该信息或数据没有被篡改，如果遭篡改，那么这条信息或数据就会无效。例如，由甲端传至乙端的信息或数据，乙端在收到时立刻就会知道这条信息或数据是否完整无误。
- **认证性（authentication）**：表示当传送方送出信息或数据时，支付系统必须能确认传送者的身份是否为冒名。例如，传送方无法冒名传送信息或数据，持卡人、商家、发卡行、收单行和支付网关都必须申请数字证书进行身份识别。
- **不可否认性（non-repudiation）**：表示保证用户无法否认他所实施过的信息或数据传送行为的一种机制，必须不易被复制和修改，就是无法否认其传送、接收信息或数据的行为。例如，收到付款不能说没收到，同样，下单购物了不能否认其购买过。

国际标准制定机构英国标准协会（British Standards Institution，BSI）曾经于 1995 年提出了 BS 7799 信息安全管理系统，最近的一次修订已于 2005 年完成，并经国际标准化组织（International Standards Organization，ISO）正式通过，成为 ISO 27001 信息安全管理系统要求标准，为目前国际公认最完整的信息安全管理标准，可以帮助企业与机构在高度网络化的开放服务环境中鉴别、管理和减少信息所面临的各种风险。

7.1 数据加密

未经加密处理的商业数据或文字资料在网络上进行传输时，任何“有心人士”都能够随手取得，并且一览无遗。因此，在网络上，对于有价值的数据在传送前必须将原始的数据内容以事先定义好的算法、表达式或编码方法转换成不具有任何意义或者不能直接辨读的代码，这个处理过程就是“加密”(Encrypt)。数据在加密前称为“明文”(Plaintext)，经过加密后则称为“密文”(Ciphertext)。

经过加密的数据在送抵目的端之后必须经过“解密”（Decrypt）的过程才能将数据还原成原来的内容，在这个过程中用于加密和解密的“密码”称为“密钥”（Key）。

数据加密和解密的流程如图 7-3 所示。

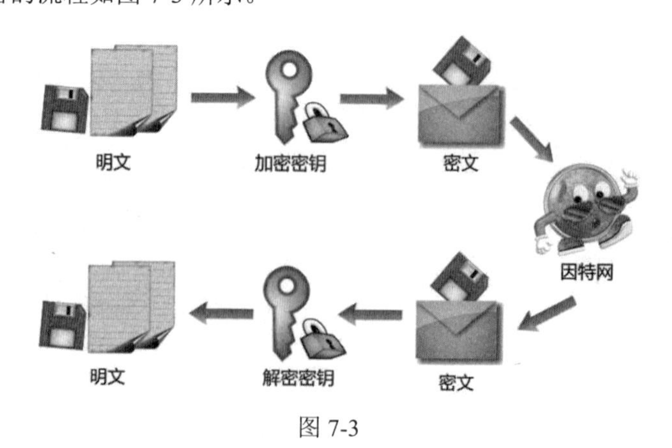

图 7-3

7.1.1 对称密钥加密系统

“对称密钥加密”（Symmetrical Key Encryption）又称为“单密钥加密”（Single Key

Encryption）。这种加密方法的工作方式是发送端与接收端拥有共同的加密和解密的钥匙，这个共同的钥匙被称为密钥（Secret Key）。这种加解密系统的工作方式是：发送端使用密钥将明文加密成密文，使文件看上去像一堆"乱码"，再将密文进行传送；接收端在收到这个经过加密的密文后，使用同一把密钥将密文还原成明文。因此，使用对称加密法不但可以为文件加密，而且能达到验证发送者身份的作用。如果用户B能用这一组密码解开文件，就能确定这份文件是由用户A加密后传送过来的。对称密钥加密系统进行加密和解密的过程如图7-4所示。

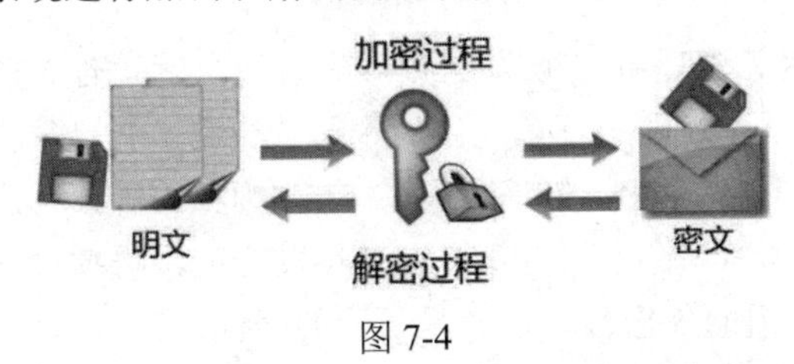

图 7-4

这种加密系统的工作方式较为直截了当，因此在加密和解密上的处理速度都相当快。常见的对称密钥加密系统算法有 DES（Data Encryption Standard，数据加密标准）、Triple DES、IDEA（International Data Encryption Algorithm，国际数据加密算法）等。

7.1.2 非对称密钥加密系统与 RSA 算法

"非对称密钥加密"是目前较为普遍、金融界应用上最安全的加密方法，也被称为"双密钥加密"（Double Key Encryption）或公钥（Public Key）加密。这种加密系统主要的工作方式是使用两把不同的密钥——"公钥"（Public Key）与"私钥"（Private Key）进行加解密。"公钥"可在网络上自由公开用于加密过程，但必须使用"私钥"才能解密，"私钥"必须由私人妥善保管。例如，用户 A 要传送一份新的文件给用户 B，用户 A 会使用用户 B 的公钥来加密，并将密文发送给用户 B；当用户 B 收到密文后，会使用自己的私钥来解密，过程如图 7-5 所示。

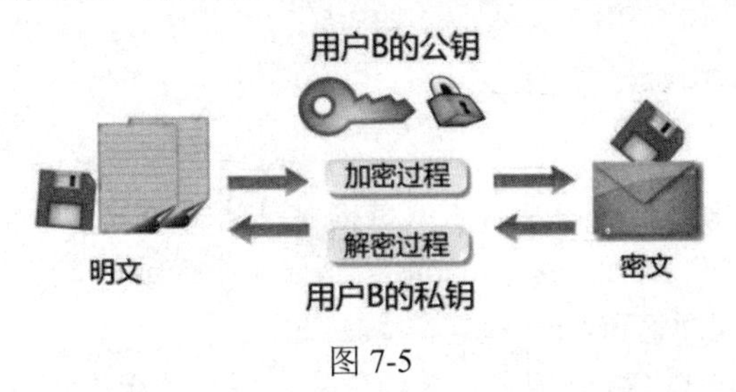

图 7-5

RSA（Rivest-Shamir-Adleman）加密算法是一种非对称加密算法，在RSA算法之前，加密算法基本都是对称的。非对称加密算法使用了两把不同的密钥，一把叫公钥，另一把叫私钥。它是在1977年由罗纳德·李维斯特（Ron Rivest）、阿迪·萨莫尔（Adi Shamir）和伦纳德·阿德曼（Leonard Adleman）一起提出的，RSA就是由他们三人姓氏的开头字母所组成的。

RSA 加解密速度比"对称密钥加解密"速度要慢，方法是随机选出超大的两个质数 p 和 q，使用这两个质数作为加密与解密的一对密钥，密钥的长度一般为 40 比特到 1024 比特之间。当然，为了提高加密的强度，现在有的系统使用的 RSA 密钥的长度高达 4096 比特，甚至更高。在加密的应用中，这对密钥中的公钥用来加密，私钥用来解密，而且只有私钥可以用来解密。在进行数字签名的应用中，则是用私钥进行签名。要破解以 RSA 加密的数据，在一定时间内几乎是不可能的，因此这是一种十分安全的加解密算法，特别是在电子商务交易市场被广泛使用。例如，著名的信用卡公司 VISA 和 MasterCard 在 1996 年共同制定并发表了“安全电子交易协议”（Secure Electronic Transaction，SET），陆续获得 IBM、Microsoft、HP 及 Compaq 等软硬件大公司的支持，SET 安全机制采用非对称密钥加密系统的编码方式，即采用著名的 RSA 加密算法。

7.1.3 认证

在数据传输过程中，为了避免用户 A 发送数据后否认，或者有人冒用用户 A 的名义传送数据而用户 A 本人不知道，可以对数据进行认证。后来衍生出第三种加密方式，结合了对称加密和非对称加密。首先以用户 B 的公钥加密，接着使用用户 A 的私钥做第二次加密，当用户 B 收到密文后，先以 A 的公钥进行解密，此举可确认信息是由 A 发送的，再使用 B 的私钥进行解密，如果能解密成功，就可确保信息传递的保密性，这就是所谓的“认证”，整个过程如图 7-6 所示。认证的机制看似完美，但是使用非对称密钥进行加解密运算时计算量非常大，对于大数据量的传输工作而言是个沉重的负担。

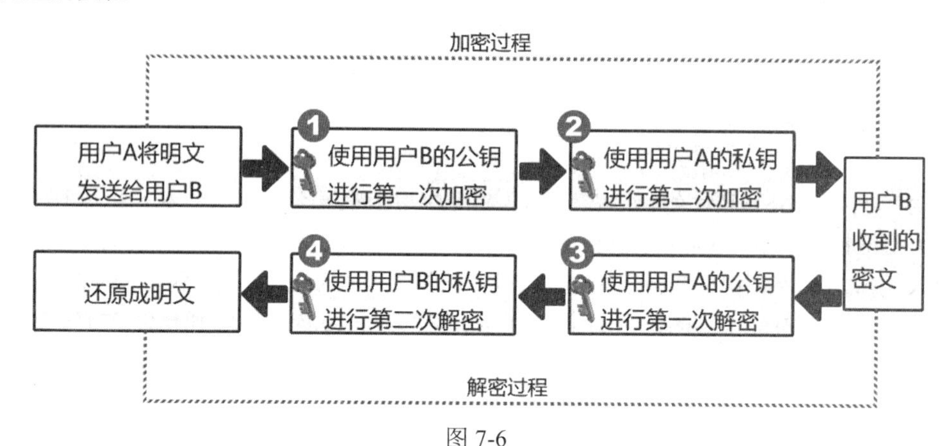

图 7-6

7.1.4 数字签名

在日常生活中，签名或盖章往往是个人或机构对某些承诺或文件承担法律责任的一种署名。在网络世界中，“数字签名”（Digital Signature）是属于个人或机构的一种“数字身份证”，可以用来对数据发送者的身份进行鉴别。

“数字签名”的工作方式是以公钥和哈希函数互相搭配使用的，用户 A 先将明文的 M 以哈希函数计算出哈希值 H，再用自己的私钥对哈希值 H 加密，加密后的内容即为“数字签名”。最后将明文与数字签名一起发送给用户 B。由于这个数字签名是以 A 的私钥加密的，且该私钥只有 A 才有，因此该数字签名可以代表 A 的身份。由于数字签名机制具有发送者不可否认的特性，因此能够用来确认文件发送者的身份，使其他人无法伪造发送者的身份。数字签名的过程如图 7-7 所示。

提　示

哈希函数（Hash Function）是一种保护数据完整性的方法，对要保护的数据进行运算，得到一个“哈希值”，接着将要保护的数据与它的哈希值一同传送。

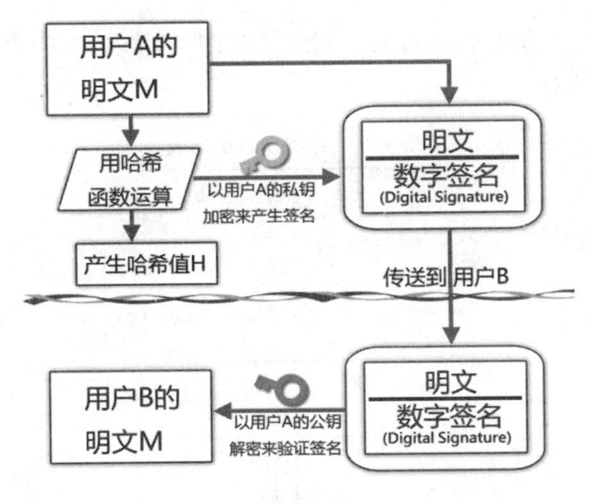

图 7-7

想要使用数字签名，必须先向认证中心（Certification Authority，CA）申请数字证书（Digital Certificate），它可以用来认证公钥为某人所有以及信息发送者的不可否认性。认证中心所签发的数字签名就包含在数字证书上。通常，每一家认证中心的申请过程都不完全相同，只要用户按照网页上的指引步骤操作即可顺利完成申请。

提　示

认证中心为一个具有公信力的第三者，主要负责证书的申请和注册、证书的签发和废止等管理服务。中国国内知名的证书管理中心如下：

中国金融认证中心：http://www.cfca.com.cn/。

北京数字认证股份有限公司：http://www.bjca.org.cn/。

7.2 哈希算法

哈希算法是使用哈希函数计算一个键值所对应的地址，进而建立哈希表，并依靠哈希函数来查找各键值存放在哈希表中的地址，查找的速度与数据多少无关，在没有碰撞和溢出的情况下，一次即可查找成功，这种方法还具有保密性高的优点，因为事先不知道哈希函数就无法查找。

选择哈希函数时，要特别注意不宜过于复杂，设计原则上至少必须符合计算速度快和碰撞频率尽量小两个特点。常见的哈希算法有除留余数法、平方取中法、折叠法和数字分析法。

7.2.1 除留余数法

最简单的哈希函数是将数据除以某一个常数后，取余数作为索引。例如，在一个有 13 个位置的数组中，只使用到 7 个地址，值分别是 12、65、70、99、33、67、48。我们可以把数组内的值除以 13，并以其余数作为数组的下标（索引）。可以用以下式子表示：

```
h(key) = key mod B
```

在这个例子中，我们所使用的 B 为 13，建立出来的哈希表如表 7-1 所示。一般而言，建议大家在选择 B 时最好是用质数。

表 7-1 所建立的哈希表

索 引	数 据
0	65
1	
2	67
3	
4	
5	70
6	
7	33
8	99
9	48
10	
11	
12	12

下面我们将用除留余数法作为哈希函数，将 323、458、25、340、28、969、77 存储在 11 个空间。

令哈希函数为 $h(\text{key}) = \text{key mod } B$，其中 B=11（是一个质数），这个函数的计算结果介于 0~10 之间（包括 0 和 10 这两个数），所以 $h(323)=4$、$h(458)=7$、$h(25)=3$、$h(340)=10$、$h(28)=6$、$h(969)=1$、$h(77)=0$，由此建立的哈希表如表 7-2 所示。

表 7-2 所建立的哈希表

索 引	数 据
0	77
1	969
2	
3	25
4	323
5	
6	28
7	458
8	
9	
10	340

7.2.2 平方取中法

平方取中法和除留余数法相当类似，就是先计算数据的平方，之后取中间的某段数字作为索引。下面我们采用平方取中法将数据存放在 100 个地址空间中，其操作步骤如下：

先将 12、65、70、99、33、67、51 取平方：

```
144、4225、4900、9801、1089、4489、2601
```

再取百位数和十位数作为键值：

```
14、22、90、80、08、48、60
```

上述 7 个数字的数列对应于原先的 7 个数（12、65、70、99、33、67、51）存放在 100 个地址空间的索引键值，即

$f(14) = 12$
$f(22) = 65$
$f(90) = 70$
$f(80) = 99$
$f(8) = 33$
$f(48) = 67$
$f(60) = 51$

若实际空间介于 0~9 之间（10 个空间），取百位数和十位数的值介于 0～99 之间（共有 100 个空间），则我们必须将平方取中法第一次所求得的键值再压缩 1/10 才可以将 100 个可能产生的值对应到 10 个空间，即将每一个键值除以 10 取整数（以 DIV 运算符作为取整数的除法），可以得到下列对应关系：

f(14 DIV 10)=12		f(1)=12
f(22 DIV 10)=65		f(2)=65
f(90 DIV 10)=70		f(9)=70
f(80 DIV 10)=99	→	f(8)=99
f(8 DIV 10) =33		f(0)=33
f(48 DIV 10)=67		f(4)=67
f(60 DIV 10)=51		f(6)=51

7.2.3　折叠法

折叠法是将数据转换成一串数字，之后将这串数字拆成几部分，再把它们加起来，计算出这个键值的桶地址（Bucket Address）。例如，有一个数据转换成数字后为 2365479125443，若以每 4 个数字为一个部分，则可拆为 2365、4791、2544、3，将这 4 组数字加起来后即为索引值。

```
  2365
  4791
  2544
+    3
  9703 →桶地址
```

在折叠法中有两种做法。

- 一种是像上例那样直接将每一部分相加所得的值作为桶地址，这种做法被称为“移动折叠法”。

- 另一种是将上述数字中的奇数位段或偶数位段反转后再相加，以取得其桶地址，这种改进后的做法被称为“边界折叠法 (Folding At The Boundaries)”。这种做法是为了降低碰撞 (降低碰撞是哈希法的原则之一)。下面以上面的数字为例进行说明。

  情况一：将偶数位段反转。2365479125443 被拆成 2365、4791、2544、3，它们分别处于第 1、2、3、4 位段。第 1、3 位段是奇数位段，第 2、4 位段是偶数位段。

```
  2365（第 1 位段是奇数位段，故不反转）
  1974（第 2 位段是偶数位段，故要反转）
  2544（第 3 位段是奇数位段，故不反转）
+    3（第 4 位段是偶数位段，故要反转）
  6886 →桶地址
```

  情况二：将奇数位段反转。

```
  5632（第 1 位段是奇数位段，故要反转）
  4791（第 2 位段是偶数位段，故不反转）
  4452（第 3 位段是奇数位段，故要反转）
+    3（第 4 位段是偶数位段，故不反转）
 14878 →桶地址
```

7.2.4 数字分析法

数字分析法适用于数据不会更改且为数字类型的静态表。在决定哈希函数时，先逐一检查数据的相对位置和分布情况，将重复性高的部分删除。例如，在图 7-8 中，左图的电话号码表是相当有规则性的，除了区码全部是 080 外（注意：此区号仅用于举例，表中的电话号码也不是真实的），中间 3 个数字的变化不大。假设地址空间的大小 m=999，我们必须从这些数字中提取适当的数字，即数字不要太集中，分布范围较为平均（或称随机度高），最后决定提取最后 4 个数字的末尾 3 个，故最后得到的哈希表如图 7-8 右图所示。

电话
080-772-2234
080-772-4525
080-774-2604
080-772-4651
080-774-2285
080-772-2101
080-774-2699
080-772-2694

索引	电话
234	080-772-2234
525	080-772-4525
604	080-774-2604
651	080-772-4651
285	080-774-2285
101	080-772-2101
699	080-774-2699
694	080-772-2694

图 7-8

大家可以发现哈希函数并没有一定的规则可寻，可能会使用其中的某一种方法，也可能会同时使用好几种方法，所以哈希函数常常被用来处理数据的加密和压缩。

7.3　碰撞与溢出处理

在哈希法中，当键对应的值（或标识符）要放入哈希表的某个桶（Bucket）中时，若该 Bucket 已经满了，则会发生溢出（Overflow）。哈希法的理想情况是所有数据经过哈希函数运算后都得到不同的值，不过现实情况是，即使要存入哈希表的记录中的所有关键字段的值都不相同，经过哈希函数的计算还是可能得到相同的地址，于是就发生了碰撞（Collision）问题。因此，如何在碰撞后处理溢出的问题就显得相当重要。下面介绍常见的处理算法。

7.3.1　线性探测法

线性探测法是当发生碰撞时，如果该索引对应的存储位置已有数据，就以线性的方式往后寻找空的存储位置，一旦找到空的位置，就把数据放进去。线性探测法通常把哈希的位置视为环状结构，如此一来，如果后面的位置已被填满而前面还有位置时，就可以将数据放到前面，如图 7-9 所示。

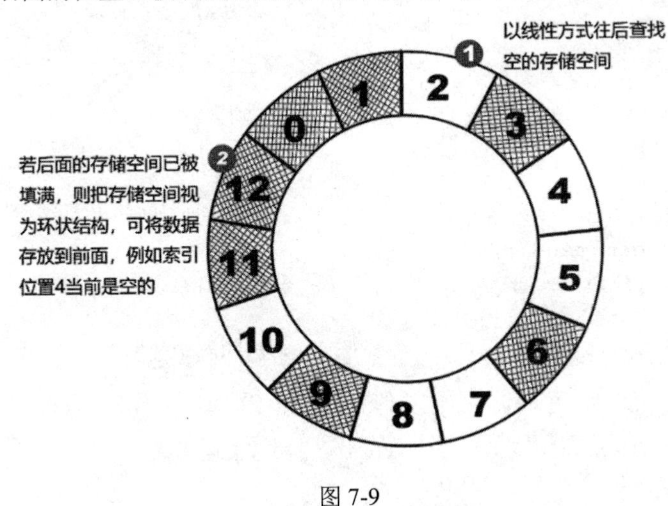

图 7-9

用 Python 语言编写的线性探测算法如下：

```
def create_table(num,index):          # 建立哈希表子程序
    tmp=num%INDEXBOX                  # 哈希函数 = 数据%INDEXBOX
    while True:
        if index[tmp]==-1:            # 如果数据对应的位置是空的
            index[tmp]=num            # 就直接存入数据
            break
        else:
            tmp=(tmp+1)%INDEXBOX      # 否则往后找位置存放
```

下面的 Python 范例程序通过调用除留余数法的哈希函数获取索引值，再以线性探测法来存储数据。

【范例程序：ch07_01.py】

```
01  import random
02
03  INDEXBOX=10                # 哈希表最大元素
04  MAXNUM=7                   # 最大数据个数
05
06  def print_data(data,max_number):          # 打印数组子程序
07      print('\t',end='')
08      for i in range(max_number):
09          print('[%2d] ' %data[i],end='')
10      print()
11
12  def create_table(num,index):              # 建立哈希表子程序
13      tmp=num%INDEXBOX                      # 哈希函数 = 数据%INDEXBOX
14      while True:
15          if index[tmp]==-1:                # 如果数据对应的位置是空的
16              index[tmp]=num                # 则直接存入数据
17              break
18          else:
19              tmp=(tmp+1)%INDEXBOX          # 否则往后找位置存放
20
21  # 主程序
22  index=[None]*INDEXBOX
23  data=[None]*MAXNUM
24
25  print('原始数组值：')
26  for i in range(MAXNUM):                   # 起始数据值
27      data[i]=random.randint(1,20)
28  for i in range(INDEXBOX):                 # 清除哈希表
29      index[i]=-1
30  print_data(data,MAXNUM)                   # 打印起始数据
31
32  print('哈希表的内容：')
33  for i in range(MAXNUM):                   # 建立哈希表
34      create_table(data[i],index)
35      print('  %2d =>' %data[i],end='')     # 打印单个元素的哈希表位置
36      print_data(index,INDEXBOX)
37
38  print('完成的哈希表：')
39  print_data(index,INDEXBOX)                # 打印最后完成的结果
```

【执行结果】 参考图 7-10。

```
原始数组值：
        [15] [ 2] [14] [19] [ 1] [ 8] [13]
哈希表的内容：
  15 => [-1] [-1] [-1] [-1] [-1] [15] [-1] [-1] [-1] [-1]
   2 => [-1] [-1] [ 2] [-1] [-1] [15] [-1] [-1] [-1] [-1]
  14 => [-1] [-1] [ 2] [-1] [14] [15] [-1] [-1] [-1] [-1]
  19 => [-1] [-1] [ 2] [-1] [14] [15] [-1] [-1] [-1] [19]
   1 => [-1] [ 1] [ 2] [-1] [14] [15] [-1] [-1] [-1] [19]
   8 => [-1] [ 1] [ 2] [-1] [14] [15] [-1] [-1] [ 8] [19]
  13 => [-1] [ 1] [ 2] [13] [14] [15] [-1] [-1] [ 8] [19]
完成的哈希表：
        [-1] [ 1] [ 2] [13] [14] [15] [-1] [-1] [ 8] [19]
```

图 7-10

7.3.2　平方探测法

线性探测法有一个缺点，就是相当类似的键值经常会聚集在一起，因此可以考虑以平方探测法来加以改善。在平方探测中，当溢出发生时，下一次查找的地址是$(f(x)+i^2) \bmod B$与$(f(x)-i^2) \bmod B$，即让数据值加或减i的平方，例如数据值为key、哈希函数为f:

第一次寻找：$f(\text{key})$

第二次寻找：$(f(\text{key})+1^2)\%B$

第三次寻找：$(f(\text{key})-1^2)\%B$

第四次寻找：$(f(\text{key})+2^2)\%B$

第五次寻找：$(f(\text{key})-2^2)\%B$

……

第n次寻找：$(f(\text{key})\pm((B-1)/2)^2)\%B$

其中，B必须为$4j+3$型的质数，且$1\leqslant i\leqslant(B-1)/2$。

7.3.3　再哈希法

再哈希就是一开始先设置一系列哈希函数，如果使用第一种哈希函数出现溢出，就改用第二种，如果第二种也出现溢出，就改用第三种，一直到没有发生溢出为止。例如，h_1为key%11，h_2为key*key，h_3为key*key%11，等等。

下面使用再哈希处理数据碰撞的问题：

```
681，467，633，511，100，164，472，438，445，366，118
```

其中，哈希函数为（此处m=13）：

- $f_1 = h(\text{key}) = \text{key} \bmod m$
- $f_2 = h(\text{key}) = (\text{key}+2) \bmod m$
- $f_3 = h(\text{key}) = (\text{key}+4) \bmod m$

说明如下：

（1）使用第一种哈希函数$h(\text{key})= \text{key} \bmod 13$，所得的哈希地址如下：

```
681 -> 5
467 -> 12
633 -> 9
511 -> 4
100 -> 9
164 -> 8
472 -> 4
438 -> 9
445 -> 3
366 -> 2
118 -> 1
```

（2）其中，100、472、438 都发生碰撞，再使用第二种哈希函数 $h(value+2) = (value+2) \bmod 13$，进行数据的地址安排：

```
100 -> h(100+2)=102 mod 13=11
472 -> h(472+2)=474 mod 13=6
438 -> h(438+2)=440 mod 13=11
```

（3）438 仍发生碰撞问题，故接着使用第三种哈希函数 $h(value+4)= (438+4) \bmod 13$，重新进行 438 地址的安排：

```
438 -> h(438+4)=442 mod 13=0
```

经过三次再哈希后，数据的地址安排如表 7-3 所示。

表 7-3 数据的地址安排

位 置	数 据
0	438
1	118
2	366
3	445
4	511
5	681
6	472
7	None
8	164
9	633
10	None
11	100
12	467

7.3.4 链表

将哈希表的所有空间建立 n 个链表，最初的默认值只有 n 个链表头。如果发生溢出就把相同地址的键值连接在链表头的后面，形成一个键表，直到所有的可用空间全部用完为止，如图 7-11 所示。

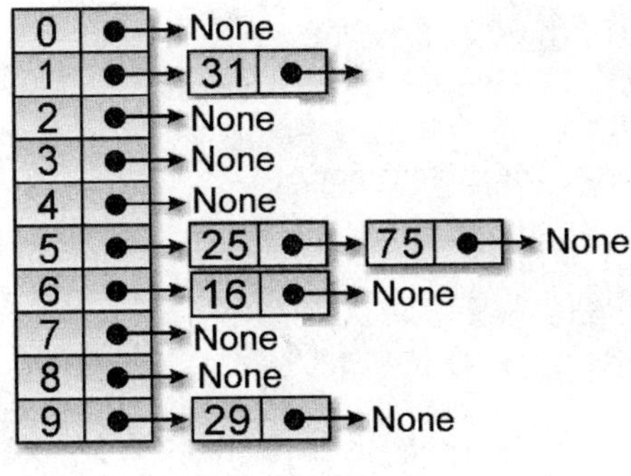

图 7-11

用 Python 语言描述的再哈希（使用链表）算法如下：

```
def create_table(val):        # 建立哈希表子程序
    global indextable
    newnode=Node(val)
    myhash=val%7              # 哈希函数除以 7 取余数

    current=indextable[myhash]

    if current.next==None:
        indextable[myhash].next=newnode
    else:
        while current.next!=None:
            current=current.next
    current.next=newnode      # 将节点加入链表
```

下面的 Python 范例程序使用链表来进行再哈希的处理。

【范例程序：ch07_02.py】

```
01  import random
02
03  INDEXBOX=7        # 哈希表元素个数
04  MAXNUM=13         # 数据个数
05
06  class Node:       # 声明链表结构
07      def __init__(self,val):
08          self.val=val
09          self.next=None
10
11  global indextable
12
13  indextable=[Node]*INDEXBOX  # 声明动态数组
14
15  def create_table(val):        # 建立哈希表子程序
16      global indextable
17      newnode=Node(val)
18      myhash=val%7              # 哈希函数除以7取余数
19
```

```
20      current=indextable[myhash]
21
22      if current.next==None:
23          indextable[myhash].next=newnode
24      else:
25          while current.next!=None:
26              current=current.next
27      current.next=newnode     # 将节点加入链表
28
29  def print_data(val):         # 打印哈希表子程序
30      global indextable
31      pos=0
32      head=indextable[val].next          # 起始指针
33      print('   %2d: \t' %val,end='')    # 索引地址
34      while head!=None:
35          print('[%2d]-' %head.val,end='')
36          pos+=1
37          if pos % 8==7:
38              print('\t')
39          head=head.next
40      print()
41
42
43  # 主程序
44
45  data=[0]*MAXNUM
46  index=[0]*INDEXBOX
47
48  for i in range(INDEXBOX):  # 清除哈希表
49      indextable[i]=Node(-1)
50
51  print('原始数据：')
52  for i in range(MAXNUM):
53      data[i]=random.randint(1,30)     # 随机数建立原始数据
54      print('[%2d] ' %data[i],end='') # 并打印出来
55      if i%8==7:
56          print('\n')
57
58  print('\n哈希表：')
59  for i in range(MAXNUM):
60      create_table(data[i])  # 建立哈希表
61
62  for i in range(INDEXBOX):
63      print_data(i)          # 打印哈希表
64  print()
```

【执行结果】 参考图 7-12。

```
原始数据：
[10] [27] [19] [16] [ 8] [20] [ 6] [13]

[14] [10] [ 1] [ 7] [28]
哈希表：
    0:   [14]-[ 7]-[28]-
    1:   [ 8]-[ 1]-
    2:   [16]-
    3:   [10]-[10]-
    4:
    5:   [19]-
    6:   [27]-[20]-[ 6]-[13]-
```

图 7-12

在前一个范例程序 ch07_02.py 中已经把原始数据值存放在哈希表中，如果要查找一个数据，就需将它先经过哈希函数的处理后直接到索引值对应的链表中查找，如果没有找到，就表示数据不存在。如此一来可大幅减少读取数据和进行数据对比的次数，甚至可能通过第一次的读取和对比就能找到想要找的数据。下面的 Python 范例程序加入了查找的功能，并打印出对比的次数。

【范例程序：ch07_03.py】

```
01  import random
02
03  INDEXBOX=7         # 哈希表元素个数
04  MAXNUM=13          # 数据个数
05
06  class Node:        # 声明链表结构
07      def __init__(self,val):
08          self.val=val
09          self.next=None
10
11  global indextable
12  indextable=[Node]*INDEXBOX  # 声明动态数组
13
14  def create_table(val):       # 建立哈希表子程序
15      global indextable
16      newnode=Node(val)
17      myhash=val%7             # 哈希函数除以7取余数
18
19      current=indextable[myhash]
20
21      if current.next==None:
22          indextable[myhash].next=newnode
23      else:
24          while current.next!=None:
25              current=current.next
26      current.next=newnode     # 将节点加入链表
27
28  def print_data(val):         # 打印哈希表子程序
29      global indextable
```

```
30      pos=0
31      head=indextable[val].next          # 起始指针
32      print('   %2d: \t' %val,end='')    # 索引地址
33      while head!=None:
34          print('[%2d]-' %head.val,end='')
35          pos+=1
36          if pos % 8==7:
37              print('\t')
38          head=head.next
39      print()
40
41  def findnum(num):      # 哈希查找子程序
42      i=0
43      myhash =num%7
44      ptr=indextable[myhash].next
45      while ptr!=None:
46          i+=1
47          if ptr.val==num:
48              return i
49          else:
50              ptr=ptr.next
51      return 0
52
53
54
55  # 主程序
56
57  data=[0]*MAXNUM
58  index=[0]*INDEXBOX
59
60
61  for i in range(INDEXBOX):  # 清除哈希表
62      indextable[i]=Node(-1)
63
64  print('原始数据：')
65  for i in range(MAXNUM):
66      data[i]=random.randint(1,30)    # 随机数建立原始数据
67      print('[%2d] ' %data[i],end='') # 并打印出来
68      if i%8==7:
69          print()
70
71  for i in range(MAXNUM):
72      create_table(data[i])  # 建立哈希表
73  print()
74
75  while True:
76      num=int(input('请输入查找数据(1-30)，结束请输入-1：'))
77      if num==-1:
78          break
```

```
79      i=findnum(num)
80      if i==0:
81          print('#####没有找到 %d #####' %num)
82      else:
83          print('找到 %d，共找了 %d 次!' %(num,i))
84
85
86  print('\n哈希表：')
87  for i in range(INDEXBOX):
88      print_data(i)          # 打印哈希表
89  print()
```

【执行结果】　参考图 7-13。

```
原始数据：
[24] [24] [11] [ 6] [26] [13] [28] [22]
[10] [25] [ 8] [20] [ 9]

请输入查找数据(1-30)，结束请输入-1：15
#####没有找到 15 #####

请输入查找数据(1-30)，结束请输入-1：21
#####没有找到 21 #####

请输入查找数据(1-30)，结束请输入-1：28
找到 28，共找了 1 次!

请输入查找数据(1-30)，结束请输入-1：16
#####没有找到 16 #####

请输入查找数据(1-30)，结束请输入-1：-1

哈希表：
    0:   [28]-
    1:   [22]-[ 8]-
    2:   [ 9]-
    3:   [24]-[24]-[10]-
    4:   [11]-[25]-
    5:   [26]-
    6:   [ 6]-[13]-[20]-
```

图 7-13

7.4 课后习题

1. 信息安全必须具备哪 4 种特性？试简要说明。
2. 简述“加密”与“解密”。
3. 说明“对称密钥加密”与“非对称密钥加密”的差异。
4. 简要介绍 RSA 算法。
5. 简要说明数字签名。

6. 用哈希法将 101、186、16、315、202、572、463 存放在 0,1,…,6 这 7 个位置。若要存入 1000 开始的 11 个位置，则应该如何存放？

7. 什么是哈希函数？试以除留余数法和折叠法并以 7 位电话号码作为数据进行说明。

8. 试简述哈希查找与一般查找技巧有什么不同。

9. 什么是完美哈希？在哪种情况下可以使用？

10. 采用哪一种哈希函数可以把整数集合{74, 53, 66, 12, 90, 31, 18, 77, 85, 29} 存入数组空间为 10 的哈希表不发生碰撞？

第 8 章

堆栈与队列相关算法

堆栈结构在计算机领域中的应用相当广泛，常用于计算机程序的运行，例如递归调用、子程序的调用。在日常生活中的应用也随处可以看到，例如大楼的电梯（见图 8-1）、货架上的商品等，其原理都类似于堆栈这样的数据结构。

图 8-1

队列在计算机领域中的应用相当广泛，例如计算机的模拟（Simulation）、CPU 的作业调度（Job Scheduling）、外围设备联机并发处理系统的应用以及图遍历的广度优先搜索法（BFS）。

堆栈与队列都是抽象数据类型。本章将为大家介绍相关的算法，首先介绍堆栈在 Python 程序设计中的两种设计方式：数组结构与链表结构。

8.1 以数组来实现堆栈

以数组结构来实现堆栈的优点是设计的算法都相当简单。不过，如果堆栈本身的大小是变动的，而数组大小只能事先规划和声明好，那么数组规划太大会浪费空间，规划太小则不够用，这是以数组来实现堆栈的缺点。

用 Python 语言以数组来实现堆栈操作的相关算法如下：

```
# 判断是否为空堆栈
def isEmpty():
    if top==-1:
        return True
    else:
        return False

# 将指定的数据存入堆栈
def push(data):
    global top
    global MAXSTACK
    global stack
    if top>=MAXSTACK-1:
        print('堆栈已满,无法再加入')
    else:
        top +=1
        stack[top]=data # 将数据存入堆栈

# 从堆栈取出数据*/
def pop():
    global top
    global stack
    if isEmpty():
        print('堆栈是空的')
    else:
        print('弹出的元素为: %d' % stack[top])
        top=top-1
```

使用数组结构来设计一个 Python 程序，用循环来控制元素压入堆栈或弹出堆栈，并仿真堆栈的各种操作，此堆栈最多可容纳 100 个元素，其中必须包括压入（push）与弹出（pop）函数，并在最后输出堆栈内的所有元素。

【范例程序：ch08_01.py】

```
01  MAXSTACK=100 # 定义堆栈的最大容量
02  global stack
03  stack=[None]*MAXSTACK  # 堆栈的数组声明
04  top=-1 # 堆栈的顶端
05
06  # 判断是否为空堆栈
07  def isEmpty():
08      if top==-1:
09          return True
10      else:
11          return False
12
13  # 将指定的数据压入堆栈
14  def push(data):
15      global top
16      global MAXSTACK
```

```
17     global stack
18     if top>=MAXSTACK-1:
19        print('堆栈已满,无法再加入')
20     else:
21        top +=1
22        stack[top]=data # 将数据压入堆栈
23
24  # 从堆栈弹出数据
25  def pop():
26     global top
27     global stack
28     if isEmpty():
29        print('堆栈是空')
30     else:
31        print('弹出的元素为: %d' % stack[top])
32        top=top-1
33
34  # 主程序
35  i=2
36  count=0
37  while True:
38     i=int(input('要压入堆栈,请输入1,要弹出则输入0,停止操作则输入-1: '))
39     if i==-1:
40        break
41     elif i==1:
42        value=int(input('请输入元素值:'))
43        push(value)
44     elif i==0:
45        pop()
46
47  print('==============================')
48  if top <0:
49     print('\n 堆栈是空的')
50  else:
51     i=top
52     while i>=0:
53        print('堆栈弹出的顺序为:%d' %(stack[i]))
54        count +=1
55        i =i-1
56     print
57
58  print('==============================')
```

【执行结果】 参考图8-2。

```
要压入堆栈,请输入1,要弹出则输入0,停止操作则输入-1: 1

请输入元素值:5

要压入堆栈,请输入1,要弹出则输入0,停止操作则输入-1: 1

请输入元素值:6

要压入堆栈,请输入1,要弹出则输入0,停止操作则输入-1: 1

请输入元素值:7

要压入堆栈,请输入1,要弹出则输入0,停止操作则输入-1: 0
弹出的元素为: 7

要压入堆栈,请输入1,要弹出则输入0,停止操作则输入-1: -1
============================
堆栈弹出的顺序为:6
堆栈弹出的顺序为:5
============================
```

图 8-2

8.2 以链表来实现堆栈

虽然以数组结构来制作堆栈的好处是制作与设计的算法都相当简单，但是如果堆栈本身是变动的，那么数组大小无法事先规划声明。这时往往需要考虑使用最大可能性的数组空间，造成内存空间的浪费。用链表来制作堆栈的优点是随时可以动态改变链表的长度，缺点是设计时算法较为复杂。

用 Python 语言描述的相关算法如下：

```
class Node:  # 堆栈链表节点的声明
    def __init__(self):
        self.data=0        # 堆栈数据的声明
        self.next=None     # 堆栈中用来指向下一个节点

top=None

def isEmpty():
    global top
    if(top==None):
        return 1
    else:
        return 0

# 将指定的数据压入堆栈
def push(data):
    global top
    new_add_node=Node()
    new_add_node.data=data   # 将传入的值指定为节点的内容
    new_add_node.next=top    # 将新节点指向堆栈的顶端
```

```
        top=new_add_node          # 新节点成为堆栈的顶端

    # 从堆栈弹出数据
    def pop():
        global top
        if isEmpty():
            print('===当前为空堆栈===')
            return -1
        else:
            ptr=top             # 指向堆栈的顶端
            top=top.next        # 将堆栈顶端的指针指向下一个节点
            temp=ptr.data       # 弹出堆栈的数据
            return temp         # 将从堆栈弹出的数据返回给主程序
```

下面的 Python 范例程序以链表来实现堆栈的操作，并使用循环来控制将元素压入堆栈或弹出堆栈，其中必须包括压入（push）与弹出（pop）函数，并在最后输出堆栈内的所有元素。

【范例程序：ch08_02.py】

```
01  class Node:                  # 堆栈链节点的声明
02      def __init__(self):
03          self.data=0          # 堆栈数据的声明
04          self.next=None       # 堆栈中用来指向下一个节点
05
06  top=None
07
08  def isEmpty():
09      global top
10      if(top==None):
11          return 1
12      else:
13          return 0
14
15  # 将指定的数据压入堆栈
16  def push(data):
17      global top
18      new_add_node=Node()
19      new_add_node.data=data  # 将传入的值指定为节点的内容
20      new_add_node.next=top   # 将新节点指向堆栈的顶端
21      top=new_add_node        # 新节点成为堆栈的顶端
22
23
24  # 从堆栈弹出数据
25  def pop():
26      global top
27      if isEmpty():
28          print('===目前为空堆栈===')
29          return -1
30      else:
31          ptr=top                   # 指向堆栈的顶端
```

```
32          top=top.next           # 将堆栈顶端的指针指向下一个节点
33          temp=ptr.data          # 弹出堆栈的数据
34          return temp            # 将从堆栈弹出的数据返回给主程序
35
36  # 主程序
37  while True:
38      i=int(input('要压入堆栈,请输入1,要弹出则输入0,停止操作则输入-1: '))
39      if i==-1:
40          break
41      elif i==1:
42          value=int(input('请输入元素值:'))
43          push(value)
44      elif i==0:
45          print('弹出的元素为%d' %pop())
46
47  print('============================')
48  while(not isEmpty()):         # 将数据陆续从顶端弹出
49      print('堆栈弹出的顺序为:%d' %pop())
50  print('============================')
```

【执行结果】 参考图 8-3。

```
要压入堆栈,请输入1,要弹出则输入0,停止操作则输入-1: 1

请输入元素值:8

要压入堆栈,请输入1,要弹出则输入0,停止操作则输入-1: 1

请输入元素值:6

要压入堆栈,请输入1,要弹出则输入0,停止操作则输入-1: 1

请输入元素值:7

要压入堆栈,请输入1,要弹出则输入0,停止操作则输入-1: 0
弹出的元素为7

要压入堆栈,请输入1,要弹出则输入0,停止操作则输入-1: -1
============================
堆栈弹出的顺序为:6
堆栈弹出的顺序为:8
============================
```

图 8-3

8.3 汉诺塔问题的求解算法

法国数学家 Lucas 在 1883 年介绍了一个十分经典的汉诺塔（Tower of Hanoi）智力游戏，是使用递归法与堆栈概念来解决问题的典型范例（见图 8-4），内容是说在古印度神庙中有 3 根木桩，天神希望和尚们把某些数量大小不同的圆盘从第一根木桩全部移动到第三根木桩。

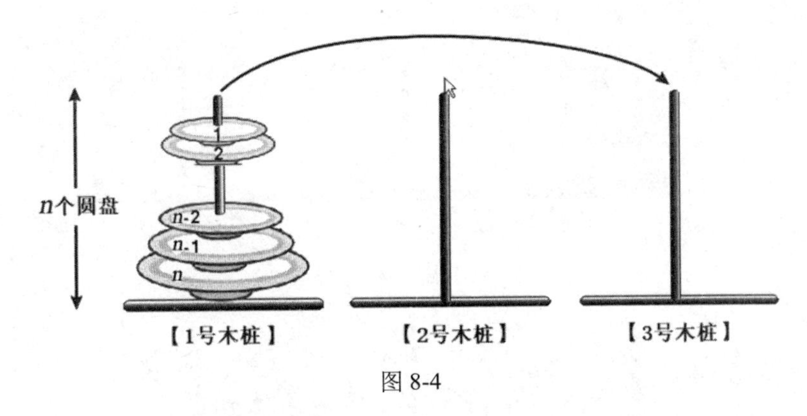

图 8-4

从更精确的角度来说，汉诺塔问题可以这样描述：假设有 1 号、2 号、3 号共 3 根木桩和 n 个大小均不相同的圆盘（Disc），从小到大编号为 $1,2,3,\cdots,n$，编号越大，直径越大。开始的时候，n 个圆盘都套在 1 号木桩上，现在希望能找到以 2 号木桩为中间桥梁将 1 号木桩上的圆盘全部移到 3 号木桩上次数最少的方法。在搬动时必须遵守以下规则：

（1）直径较小的圆盘永远只能置于直径较大的圆盘上。

（2）圆盘可任意从任何一个木桩移到其他木桩上。

（3）每一次只能移动一个圆盘，而且只能从最上面的开始移动。

现在我们考虑 n=1~3 的情况，以图示方式示范求解汉诺塔问题的步骤。

1. 1 个圆盘（见图 8-5）

直接把圆盘从 1 号木桩移动到 3 号木桩。

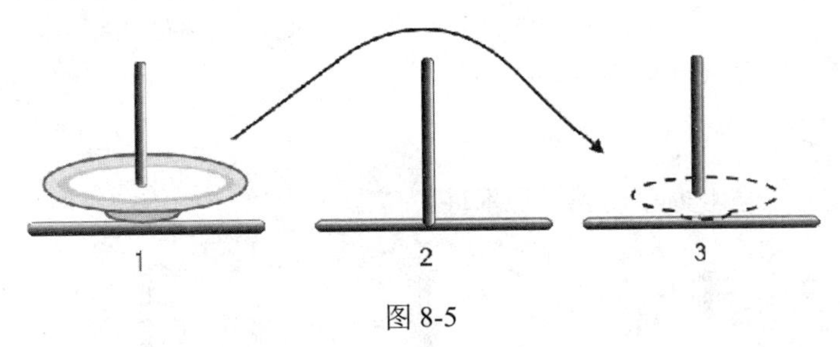

图 8-5

2. 2 个圆盘（见图 8-6~图 8-9）

① 将 1 号圆盘从 1 号木桩移动到 2 号木桩。

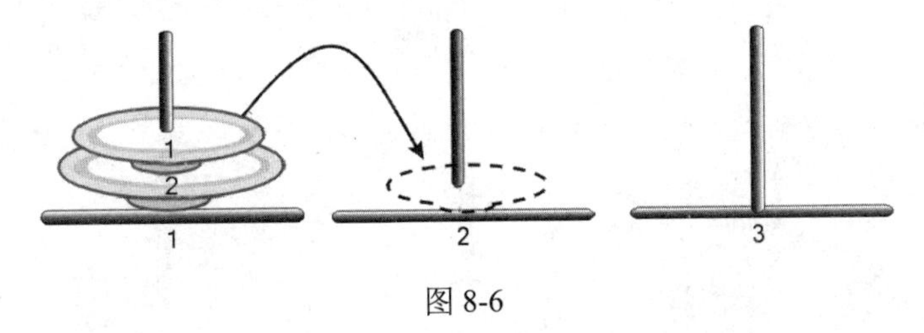

图 8-6

② 将 2 号圆盘从 1 号木桩移动到 3 号木桩。

③ 将 1 号圆盘从 2 号木桩移动到 3 号木桩。

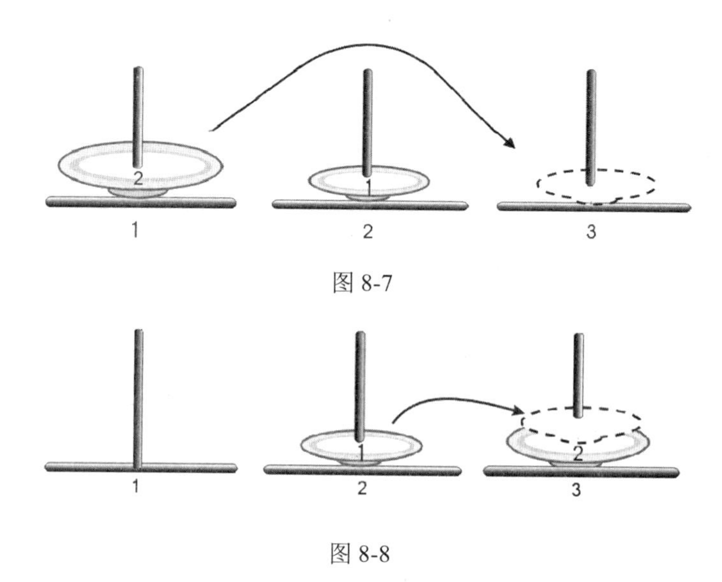

图 8-7

图 8-8

④ 完成。

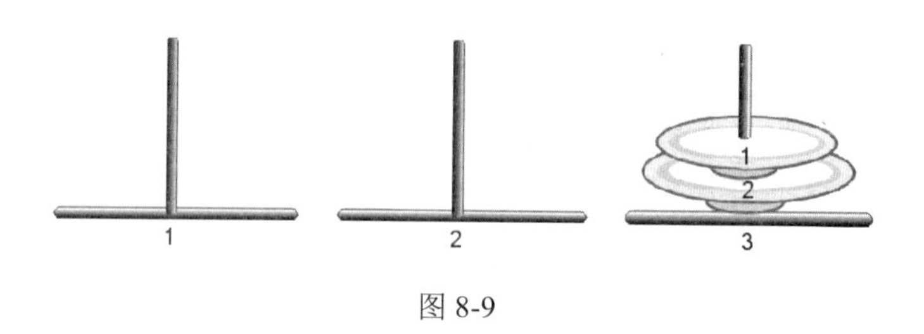

图 8-9

结论：移动了 $2^2-1=3$ 次，圆盘移动的次序为 1,2,1（此处为圆盘次序）。

步骤：1→2,1→3,2→3（此处为木桩次序）。

3．3 个圆盘（见图 8-10~图 8-17）

① 将 1 号圆盘从 1 号木桩移动到 3 号木桩。

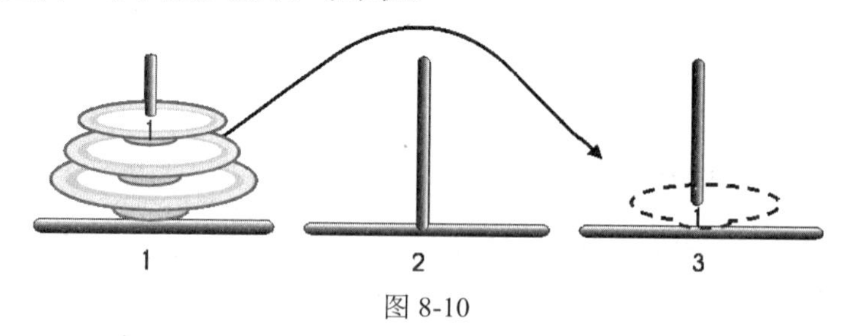

图 8-10

② 将 2 号圆盘从 1 号木桩移动到 2 号木桩。

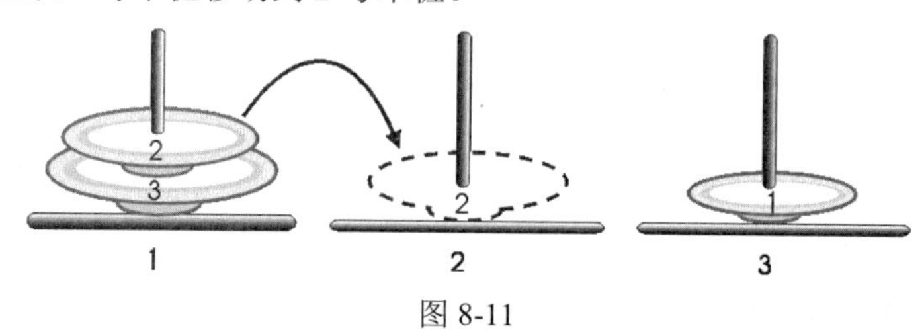

图 8-11

③ 将 1 号圆盘从 3 号木桩移动到 2 号木桩。

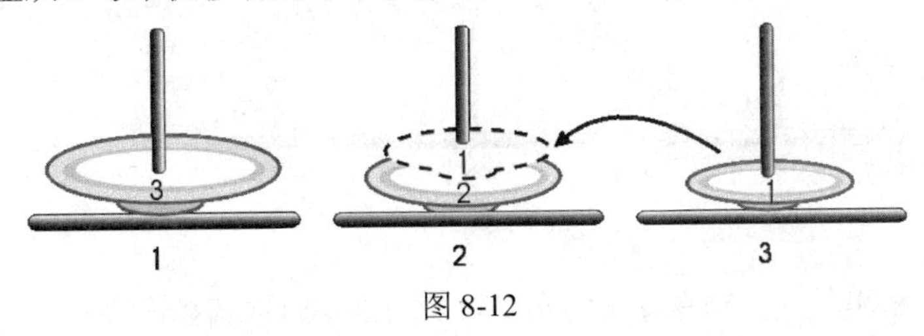

图 8-12

④ 将 3 号圆盘从 1 号木桩移动到 3 号木桩。

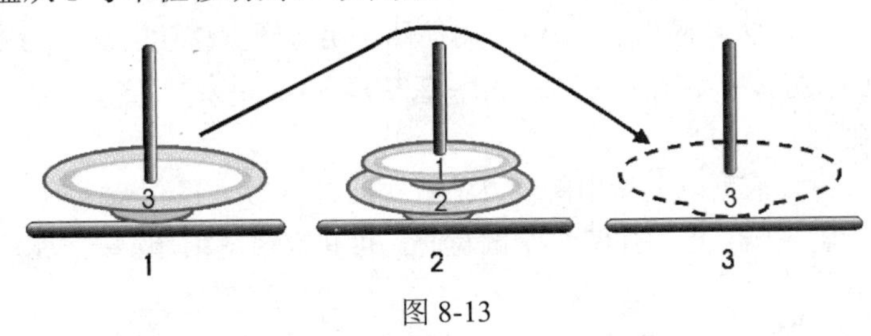

图 8-13

⑤ 将 1 号圆盘从 2 号木桩移动到 1 号木桩。

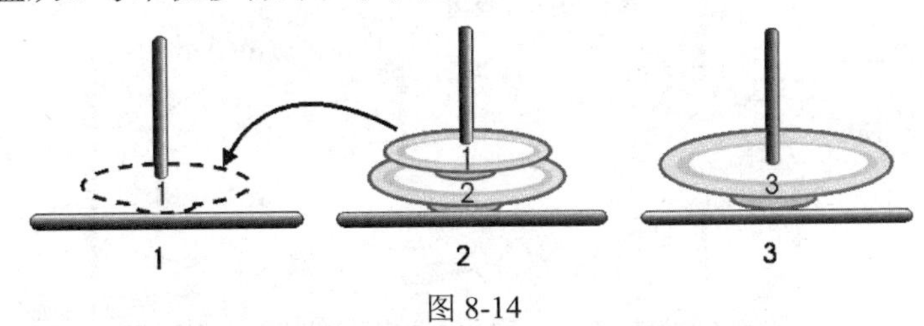

图 8-14

⑥ 将 2 号圆盘从 2 号木桩移动到 3 号木桩。

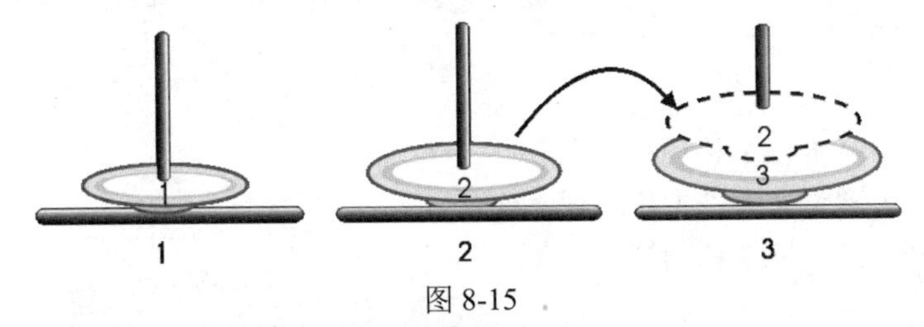

图 8-15

⑦ 将 1 号圆盘从 1 号木桩移动到 3 号木桩。

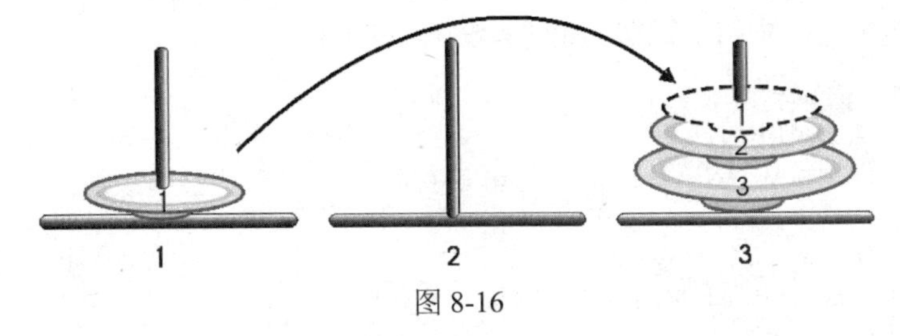

图 8-16

⑧ 完成。

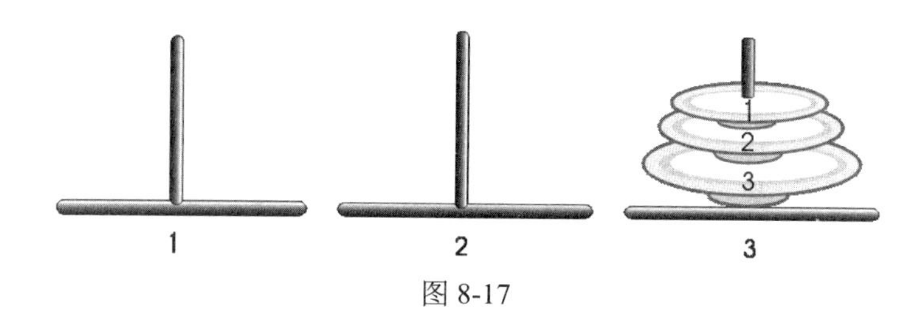

图 8-17

结论：移动了 $2^3-1=7$ 次，圆盘移动的次序为 1,2,1,3,1,2,1（圆盘次序）。

步骤：1→3,1→2,3→2,1→3,2→1,2→3,1→3（木桩次序）。

当有 4 个圆盘时，我们实际操作后（在此不用插图说明），圆盘移动的次序为 1,2,1,3,1,2,1,4,1,2,1,3,1,2,1，而移动木桩的顺序为 1→2,1→3,2→3,1→2,3→1,3→2,1→2,1→3,2→3,2→1,3→1,2→3,1→2,1→3,2→3，移动次数为 $2^4-1=15$。

当 n 的值不大时，大家可以逐步用图解办法解决问题；当 n 的值较大时，就十分伤脑筋了。事实上，我们可以得出一个结论：当有 n 个圆盘时，可将汉诺塔问题归纳成以下 3 个步骤（参考图 8-18）。

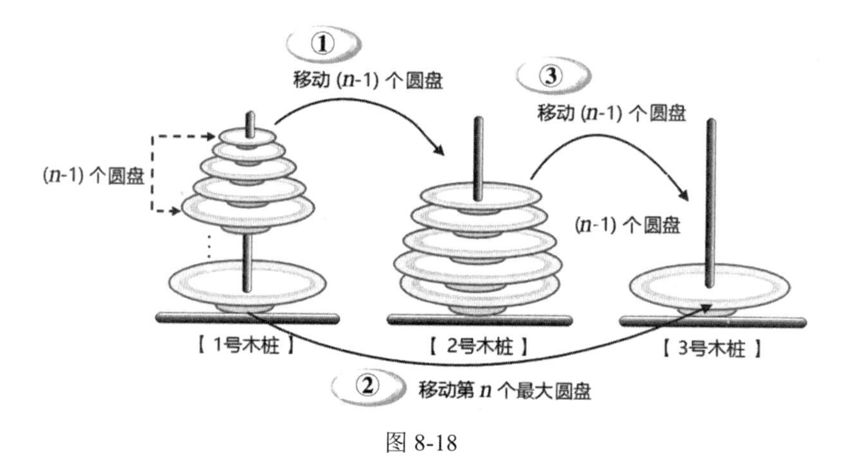

图 8-18

① 将 $n-1$ 个圆盘从木桩 1 移动到木桩 2。

② 将第 n 个最大圆盘从木桩 1 移动到木桩 3。

③ 将 $n-1$ 个圆盘从木桩 2 移动到木桩 3。

根据上面的分析和图解，大家应该可以发现汉诺塔问题非常适合用递归方式与堆栈数据结构来求解。因为汉诺塔问题满足了递归的两大特性：①有反复执行的过程；②有退出递归的出口。

以下是以递归方式来描述的汉诺塔递归函数（算法）：

```
def hanoi(n, p1, p2, p3):
    if n==1: # 递归出口
        print('圆盘从 %d 移到 %d' %(p1, p3))
    else:
        hanoi(n-1, p1, p3, p2)
        print('圆盘从 %d 移到 %d' %(p1, p3))
        hanoi(n-1, p2, p1, p3)
```

下面是求解汉诺塔问题的 Python 范例程序，其中包含了递归函数（算法）。

【范例程序：ch08_03.py】

```
01  def hanoi(n, p1, p2, p3):
02      if n==1: # 递归出口
03          print('圆盘从 %d 移到 %d' %(p1, p3))
04      else:
05          hanoi(n-1, p1, p3, p2)
06          print('圆盘从 %d 移到 %d' %(p1, p3))
07          hanoi(n-1, p2, p1, p3)
08
09  j=int(input('请输入要移动圆盘的数量：'))
10  hanoi(j,1, 2, 3)
```

【执行结果】　参考图 8-19。

```
请输入要移动圆盘的数量：4
圆盘从 1 移到 2
圆盘从 1 移到 3
圆盘从 2 移到 3
圆盘从 1 移到 2
圆盘从 3 移到 1
圆盘从 3 移到 2
圆盘从 1 移到 2
圆盘从 1 移到 3
圆盘从 2 移到 3
圆盘从 2 移到 1
圆盘从 3 移到 1
圆盘从 2 移到 3
圆盘从 1 移到 2
圆盘从 1 移到 3
圆盘从 2 移到 3
```

图 8-19

8.4　八皇后问题的求解算法

八皇后问题也是一种常见的堆栈应用实例。在国际象棋中的皇后可以在没有限定一步走几格的前提下对棋盘中的其他棋子直吃、横吃和对角斜吃（左斜吃或右斜吃均可）。现在要放入多个皇后到棋盘上，相互之间不能吃掉对方。后放入的新皇后必须考虑所放位置的直线方向、横线方向或对角线方向是否已被放置了旧皇后，否则会被先放入的旧皇后吃掉。

利用这种概念，我们可以将其应用在 4×4 的棋盘，就称为四皇后问题；应用在 8×8 的棋盘，就称为八皇后问题；应用在 $N \times N$ 的棋盘，就称为 N 皇后问题。要解决 N 皇后问题（在此我们以八皇后为例），首先在棋盘中放入一个新皇后，且不会被先前放置的旧皇后吃掉，就将这个新皇后的位置压入堆栈。

如果放置新皇后的该行（或该列）的 8 个位置都没有办法放置新皇后（放入任何一个位置都会被先前放置的旧皇后给吃掉），就必须从堆栈中弹出前一个皇后的位置，并在该行（或该列）中重新寻找一个新的位置，再将该位置压入堆栈中，这种方式就是一种回溯（Backtracking）算法的应用。

N 皇后问题的解答就是结合堆栈和回溯两种数据结构，以逐行（或逐列）寻找新皇后合适位置（如果找不到，则回溯到前一行寻找前一个皇后的另一个新位置，以此类推）的方式来寻找 *N* 皇后问题的其中一组解答。

图 8-20 和图 8-21 所示分别是四皇后和八皇后在堆栈存放的内容以及对应棋盘的其中一组解。

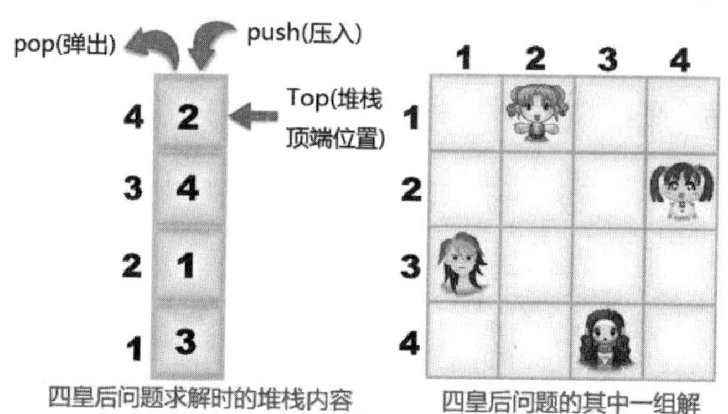

图 8-20

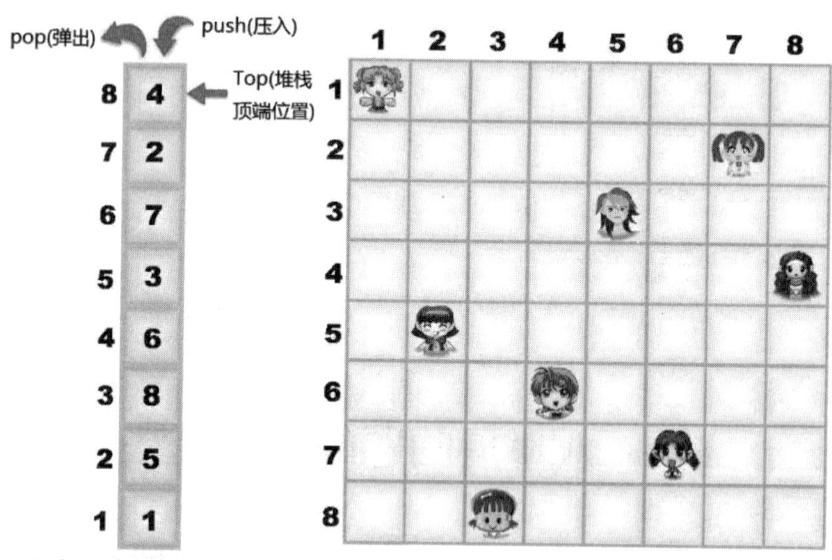

图 8-21

下面是求解八皇后问题的 Python 范例程序。

【范例程序：ch08_04.py】

```
01  global queen
02  global number
03  EIGHT=8 # 定义堆栈的最大容量
04  queen=[None]*8 # 存放8个皇后的行位置
05
```

```
06 number=0        # 计算总共有几组解的总数
07 # 决定皇后存放的位置
08 # 输出所需要的结果
09 def print_table():
10     global number
11     x=y=0
12     number+=1
13     print('')
14     print('八皇后问题的第%d组解\t' %number)
15     for x in range(EIGHT):
16         for y in range(EIGHT):
17             if x==queen[y]:
18                 print('<q>',end='')
19             else:
20                 print('<->',end='')
21         print('\t')
22     input('\n..按下任意键继续..\n')
23
24 # 测试在(row,col)上的皇后是否遭受攻击
25 # 若遭受攻击则返回值为1，否则返回0
26 def attack(row,col):
27     global queen
28     i=0
29     atk=0
30     offset_row=offset_col=0
31     while (atk!=1)and i<col:
32         offset_col=abs(i-col)
33         offset_row=abs(queen[i]-row)
34         # 判断两皇后是否在同一行或在同一对角线上
35         if queen[i]==row or offset_row==offset_col:
36             atk=1
37         i=i+1
38     return atk
39
40 def decide_position(value):
41     global queen
42     i=0
43     while i<EIGHT:
44         if attack(i,value)!=1:
45             queen[value]=i
46             if value==7:
47                 print_table()
48             else:
49                 decide_position(value+1)
50         i=i+1
51
52 # 主程序
53 decide_position(0)
```

【执行结果】 参考图 8-22。

```
八皇后问题的第1组解
<q><-><-><-><-><-><-><->
<-><-><-><-><-><-><q><->
<-><-><-><-><q><-><-><->
<-><-><-><-><-><-><-><q>
<-><q><-><-><-><-><-><->
<-><-><-><q><-><-><-><->
<-><-><-><-><-><q><-><->
<-><-><q><-><-><-><-><->


..按下任意键继续..


八皇后问题的第2组解
<q><-><-><-><-><-><-><->
<-><-><-><-><-><-><q><->
<-><-><-><q><-><-><-><->
<-><-><-><-><-><q><-><->
<-><-><-><-><-><-><-><q>
<-><q><-><-><-><-><-><->
<-><-><-><-><q><-><-><->
<-><-><q><-><-><-><-><->


..按下任意键继续..
```

图 8-22

8.5 用数组来实现队列

用数组结构（在 Python 语言中是用 List 列表来实现数组数据结构的）来实现队列的优点是算法相当简单，不过与堆栈不同的是需要拥有加入与删除两种基本操作，而且要使用 front 与 rear 两个指针来分别指向队列的前端与末尾，缺点是数组大小无法根据队列的实际需要来动态申请，只能声明固定的大小。现在我们声明一个有限容量的数组，并以下列图解来一一说明：

```
MAXSIZE=4
queue=[0]*MAXSIZE  # 队列大小为 4
front=-1
rear=-1
```

① 开始时，我们将 front 与 rear 都预设为–1，当 front = rear 时为空队列。

事件说明	front	rear	Q(0)	Q(1)	Q(2)	Q(3)
空队列 Q	–1	–1				

② 加入 dataA，front = –1，rear = 0，每加入一个元素，将 rear 值加 1。

加入 dataA	–1	0	dataA			

③ 加入 dataB、dataC，front = –1，rear = 2。

加入 dataB、dataC	–1	2	data	dataB	dataC	

④ 取出 dataA，front = 0，rear = 2，每取出一个元素，将 front 值加 1。

取出 dataA	0	2		dataB	dataC	

⑤ 加入 dataD，front = 0，rear = 3，此时 rear = MAX_SIZE–1，表示队列已满。

加入 dataD	0	3		dataB	dataC	dataD

⑥ 取出 dataB，front = 1，rear = 3。

取出 dataB	1	3			dataC	dataD

以上队列操作的过程可以用 Python 语言以数组操作队列的算法编写：

```
MAX_SIZE=100 # 队列的最大容量
queue=[0]*MAX_SIZE
front=-1
rear=-1        # 队列为空时，front=-1，rear=-1

def enqueue(item):        # 将新数据加入 Q 的末尾，返回新队列
    global rear
    global MAX_SIZE
    global queue
    if rear==MAX_SIZE-1:
        print('队列已满！')
    else:
        rear+=1
        queue[rear]=item  # 将新数据加到队列的末尾

def dequeue(item):        # 删除队列前端的数据，返回新队列
    global rear
    global MAX_SIZE
    global front
    global queue
    if front==rear:
        print('队列已空！')
    else:
        front+=1
        item=queue[front] # 删除队列前端的数据

def FRONT_VALUE(Queue):  # 返回队列前端的值
    global rear
    global front
    global queue
    if front==rear:
        print('这是空队列')
    else:
        print(queue[front]) # 返回队列前端的值
```

下面的 Python 范例程序实现了队列的操作，若要把数据加入队列时输入 a，若要从队列中取出数据时输入 d，随后就会打印输出队列前端的值，要结束程序输入 e 即可。

【范例程序：ch08_05.py】

```
01  import sys
02
03  MAX=10           # 定义队列的大小
04  queue=[0]*MAX
05  front=rear=-1
06  choice=''
07  while rear<MAX-1 and choice !='e':
08      choice=input('[a]表示加入一个数值，[d]表示取出一个数值，[e]表示跳出此程序：')
09      if choice=='a':
10          val=int(input('[请输入数值]：'))
11          rear+=1
12          queue[rear]=val
13      elif choice=='d':
14          if rear>front:
15              front+=1
16              print('[取出数值为]：[%d]' %(queue[front]))
17              queue[front]=0
18          else:
19              print('[队列已经空了]')
20              sys.exit(0)
21      else:
22          print()
23
24  print('------------------------------------------')
25  print('[输出队列中的所有元素]:')
26
27  if rear==MAX-1:
28      print('[队列已满]')
29  elif front>=rear:
30      print('没有')
31      print('[队列已空]')
32  else:
33      while rear>front:
34          front+=1
35          print('[%d] ' %queue[front],end='')
36      print()
37      print('------------------------------------------')
38  print()
```

【执行结果】 参考图 8-23。

```
[a]表示加入一个数值，[d]表示取出一个数值，[e]表示跳出此程序: a

[请输入数值]: 12

[a]表示加入一个数值，[d]表示取出一个数值，[e]表示跳出此程序: a

[请输入数值]: 8

[a]表示加入一个数值，[d]表示取出一个数值，[e]表示跳出此程序: a

[请输入数值]: 10

[a]表示加入一个数值，[d]表示取出一个数值，[e]表示跳出此程序: e

----------------------------------------
[输出队列中的所有元素]:
[12] [8] [10]
----------------------------------------
```

图 8-23

8.6 用链表来实现队列

队列除了能以数组的方式来实现外，也可以用链表来实现。在声明队列的类中，除了和队列类中相关的方法外，还必须有指向队列前端和队列末尾的指针，即 front 和 rear。例如，我们以学生姓名和成绩的结构数据来建立队列的节点，加上 front 与 rear 指针，这个类的声明如下：

```
class student:
    def __init__(self):
        self.name=' '*20
        self.score=0
        self.next=None

front=student()
rear=student()
front=None
rear=None
```

在队列中加入新节点，等于加到此队列的末端；在队列中删除节点，就是将此队列最前端的节点删除。用 Python 语言编写的队列加入与删除操作如下：

```
def enqueue(name, score):         # 将数据加入队列
    global front
    global rear
    new_data=student()            # 分配内存给新元素
    new_data.name=name            # 给新元素赋值
    new_data.score = score
    if rear==None:                # 如果 rear 为 None，就表示这是第一个元素
        front = new_data
    else:
        rear.next = new_data      # 将新元素连接到队列末尾
```

```
        rear = new_data                # 将 rear 指向新元素，这是新的队列末尾
        new_data.next = None           # 新元素之后无其他元素

    def dequeue(): # 取出队列中的数据
        global front
        global rear
        if front == None:
            print('队列已空！')
        else:
            print('姓名：%s\t 成绩：%d ...取出' %(front.name, front.score))
            front = front.next             # 将队列前端移到下一个元素
```

下面的 Python 范例程序使用链表结构来实现队列的操作，链表中元素节点仍为学生姓名及成绩的结构数据。本程序还包含队列数据的加入、取出与遍历的操作：

```
class student:
    def __init__(self):
        self.name=' '*20
        self.score=0
        self.next=None
```

【范例程序：ch08_06.py】

```
01  class student:
02      def __init__(self):
03          self.name=' '*20
04          self.score=0
05          self.next=None
06
07  front=student()
08  rear=student()
09  front=None
10  rear=None
11
12  def enqueue(name, score):          # 把数据加入队列
13      global front
14      global rear
15      new_data=student()             # 分配内存给新元素
16      new_data.name=name             # 给新元素赋值
17      new_data.score = score
18      if rear==None:                 # 如果rear为None，就表示这是第一个元素
19          front = new_data
20      else:
21          rear.next = new_data       # 将新元素连接到队列末尾
22
23      rear = new_data                # 将rear指向新元素，这是新的队列末尾
24      new_data.next = None           # 新元素之后无其他元素
25
26  def dequeue():                     # 取出队列中的数据
27      global front
```

```
28      global rear
29      if front == None:
30          print('队列已空！')
31      else:
32          print('姓名：%s\t成绩：%d ...取出' %(front.name, front.score))
33          front = front.next          # 将队列前端移到下一个元素
34
35  def show():                         # 显示队列中的数据
36      global front
37      global rear
38      ptr = front
39      if ptr == None:
40          print('队列已空！')
41      else:
42          while ptr !=None:          # 从front到rear遍历队列
43              print('姓名：%s\t成绩：%d' %(ptr.name, ptr.score))
44              ptr = ptr.next
45
46  select=0
47  while True:
48      select=int(input('(1)加入 (2)取出 (3)显示 (4)离开 => '))
49      if select==4:
50          break
51      if select==1:
52          name=input('姓名：')
53          score=int(input('成绩：'))
54          enqueue(name, score)
55      elif select==2:
56          dequeue()
57      else:
58          show()
```

【执行结果】　参考图 8-24。

```
(1)加入 (2)取出 (3)显示 (4)离开 => 1

姓名：Daniel

成绩：98

(1)加入 (2)取出 (3)显示 (4)离开 => 1

姓名：Julia

成绩：92

(1)加入 (2)取出 (3)显示 (4)离开 => 3
姓名：Daniel        成绩：98
姓名：Julia         成绩：92

(1)加入 (2)取出 (3)显示 (4)离开 => 4
```

图 8-24

8.7 双向队列

双向队列（Double Ended Queues，DEQue）为一个有序线性表，加入与删除操作可在队列的任意一端进行，如图 8-25 所示。

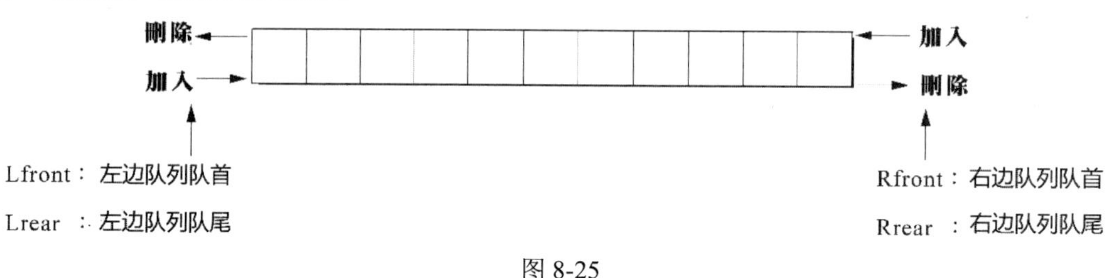

图 8-25

具体来说，双向队列就是允许队列两端中的任意一端都具备删除或加入功能，而且无论是哪一端的队列，队首与队尾指针都是朝队列中央移动的。通常，在一般的应用上双向队列可以区分为两种：一种是数据只能从一端加入，但可从两端取出；另一种是可从两端加入，但从一端取出。下面我们将讨论第一种输入限制的双向队列，Python 语言的节点声明、加入与删除算法如下：

```
class Node:
    def __init__(self):
        self.data=0
        self.next=None

front=Node()
rear=Node()
front=None
rear=None

# 方法 enqueue:队列数据的加入
def enqueue(value):
    global front
    global rear
    node=Node()                  # 建立节点
    node.data=value
    node.next=None
    #检查是否为空队列
    if rear==None:
        front=node               # 新建立的节点成为第 1 个节点
    else:
        rear.next=node           # 将节点加入到队列的末尾
    rear=node                    # 将队列的末尾指针指向新加入的节点

# 方法 dequeue:队列数据的取出
def dequeue(action):
    global front
    global rear
```

```
    # 从队列前端取出数据
    if not(front==None) and action==1:
        if front==rear:
            rear=None
        value=front.data          # 将队列数据从前端取出
        front=front.next          # 将队列的前端指针指向下一个
        return value
    # 从队列末尾取出数据
    elif not(rear==None) and action==2:
        startNode=front           # 先记下前端的指针值
        value=rear.data           # 取出队列当前末尾的数据
        # 查找队列末尾节点的前一个节点
        tempNode=front
        while front.next!=rear and front.next!=None:
            front=front.next
            tempNode=front
        front=startNode           # 记录从队列末尾取出数据后的队列前端指针
        rear=tempNode             # 记录从队列末尾取出数据后的队列末尾指针
        # 当队列中仅剩下最后一个节点时，取出数据后便将 front 和 rear 指向 None
        if front.next==None or rear.next==None:
            front=None
            rear=None
        return value
    else:
        return -1
```

下面的 Python 范例程序使用链表结构来实现一个输入限制的双向队列，只能从队列的一端加入数据，但可以分别从队列的前端和末尾取出数据。

【范例程序：ch08_07.py】

```
01  class Node:
02      def __init__(self):
03          self.data=0
04          self.next=None
05
06  front=Node()
07  rear=Node()
08  front=None
09  rear=None
10
11  # 方法enqueue:队列数据的加入
12  def enqueue(value):
13      global front
14      global rear
15      node=Node()                 # 建立节点
16      node.data=value
17      node.next=None
18      # 检查是否为空队列
19      if rear==None:
20          front=node              # 新建立的节点成为第1个节点
```

```
21      else:
22          rear.next=node          # 将节点加入到队列的末尾
23      rear=node                   # 将队列的末尾指针指向新加入的节点
24
25  # 方法dequeue:队列数据的取出
26  def dequeue(action):
27      global front
28      global rear
29      # 从队列前端取出数据
30      if not(front==None) and action==1:
31          if front==rear:
32              rear=None
33          value=front.data          # 将队列数据从前端取出
34          front=front.next          # 将队列的前端指针指向下一个
35          return value
36      # 从队列末尾取出数据
37      elif not(rear==None) and action==2:
38          startNode=front           # 先记下队列前端的指针值
39          value=rear.data           # 取出队列当前末尾的数据
40          # 查找队列末尾节点的前一个节点
41          tempNode=front
42          while front.next!=rear and front.next!=None:
43              front=front.next
44              tempNode=front
45          front=startNode           # 记录从队列末尾取出数据后的队列前端指针
46          rear=tempNode             # 记录从队列末尾取出数据后的队列末尾指针
47          # 当队列中仅剩下最后一个节点时，
48          # 取出数据后便将front和rear指向None
49          if front.next==None or rear.next==None:
50              front=None
51              rear=None
52          return value
53      else:
54          return -1
55
56  print('用链表来实现双向队列')
57  print('====================================')
58
59  ch='a'
60  while True:
61      ch=input('加入请按 a,取出请按 d,结束请按 e:')
62      if ch =='e':
63          break
64      elif ch=='a':
65          item=int(input('加入的元素值:'))
66          enqueue(item)
67      elif ch=='d':
68          temp=dequeue(1)
69          print('从双向队列前端按序取出的元素数据值为: %d' %temp)
```

```
70          temp=dequeue(2)
71          print('从双向队列末尾按序取出的元素数据值为：%d' %temp)
72      else:
73          Break
```

【执行结果】 参考图 8-26。

```
用链表来实现双向队列
====================================

加入请按 a,取出请按 d,结束请按 e:a

加入的元素值:98

加入请按 a,取出请按 d,结束请按 e:a

加入的元素值:86

加入请按 a,取出请按 d,结束请按 e:d
从双向队列前端按序取出的元素数据值为：98
从双向队列末尾按序取出的元素数据值为：86

加入请按 a,取出请按 d,结束请按 e:e
```

图 8-26

8.8 优先队列

优先队列（Priority Queue）为一种不必遵守队列先进先出（FIFO）特性的有序线性表，其中的每一个元素都赋予一个优先级（Priority），加入元素时可任意，有最高优先级（Highest Priority Out First，HPOF）的最先输出。

例如，医院急诊室中一般以最严重的病患优先诊治，与进入医院挂号的顺序无关；在计算机 CPU 的作业调度中，优先级调度（Priority Scheduling，PS）就是一种按进程优先级"调度算法"（Scheduling Algorithm）进行的调度，会使用到优先队列，就好比优先级高的用户会比一般用户拥有较高的权利一样。

假设有 4 个进程 P1、P2、P3 和 P4 在很短的时间内先后到达等待队列，每个进程所运行的时间如表 8-1 所示。

表 8-1 进程队列

进程名称	各进程所需的运行时间
P1	30
P2	40
P3	20
P4	10

在此设置 P1、P2、P3、P4 的优先次序值分别为 2、8、6、4（此处假设数值越小优先级越低，数值越大优先级越高）。

以 PS 方法调度所绘出的甘特图如图 8-27 所示。

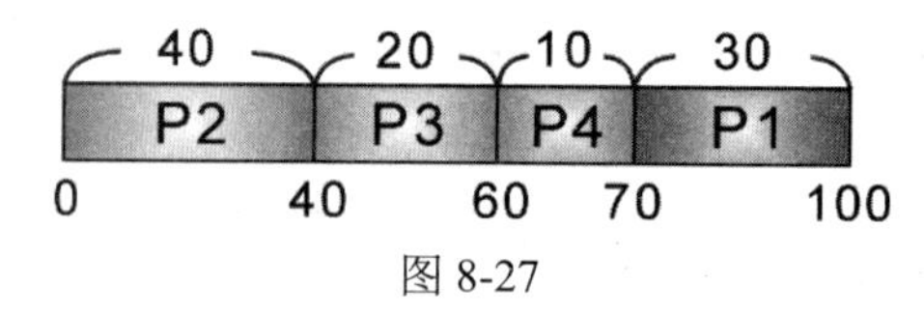

图 8-27

在此特别提醒大家，当各个元素按输入先后次序为优先级时是一般的队列，以输入先后次序的倒序作为优先级时为一个堆栈。

8.9 课后习题

1. 至少列举 3 种常见的堆栈应用。
2. 回答下列问题：

（1）解释堆栈的含义。

（2）Top(push(i,s))的结果是什么？

（3）pop(push(i,s))的结果是什么？

3. 在汉诺塔问题中，移动 n 个圆盘所需的最小移动次数是多少？试说明之。
4. 什么是优先队列？试说明之。
5. 回答以下问题：

（1）下列哪一个不是队列的应用？

（A）操作系统的作业调度　　（B）输入/输出的工作缓冲

（C）汉诺塔的解决方法　　（D）高速公路的收费站收费

（2）下列哪些数据结构是线性表？

（A）堆栈　（B）队列　（C）双向队列　（D）数组　（E）树

6. 假设我们利用双向队列按序输入 1、2、3、4、5、6、7，是否能够得到 5174236 的输出序列？
7. 试说明队列应具备的基本特性。
8. 至少列举 3 种常见的队列应用。

第 9 章

树结构相关算法

树结构（见图 9-1）是一种日常生活中应用相当广泛的非线性结构。树结构及其算法在程序中的建立与应用大多使用链表来处理，因为链表的指针用来处理树相当方便，只需改变指标即可。此外，也可以使用数组这样的连续内存来表示二叉树。使用数组或链表各有利弊，本章将介绍常见的相关算法。

由于二叉树的应用相当广泛，因此衍生了许多特殊的二叉树结构。

1. 满二叉树（Fully Binary Tree）

如果二叉树的高度为 h，树的节点数为 2^h-1，$h \geqslant 0$，则称此树为“满二叉树”，如图 9-2 所示。

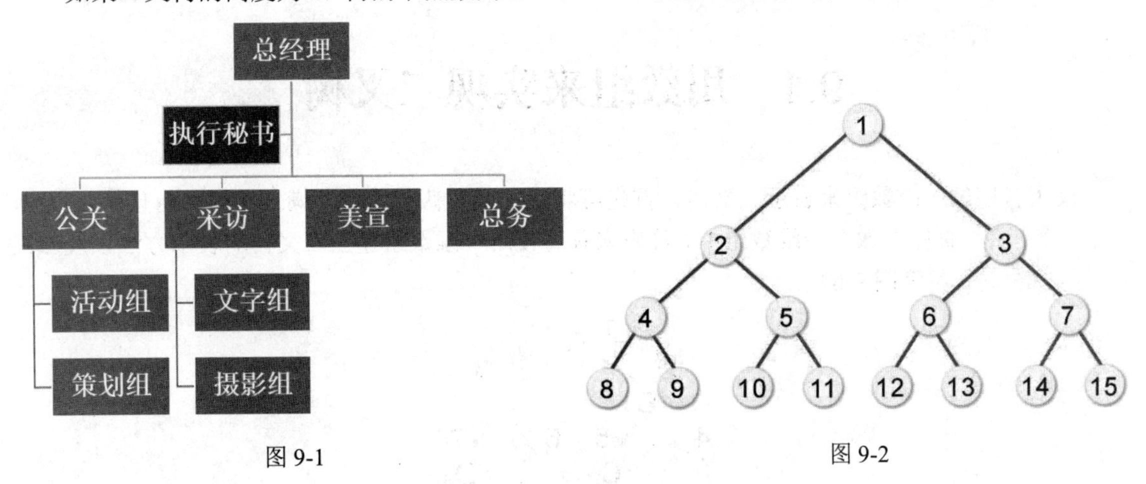

图 9-1　　图 9-2

2. 完全二叉树（Complete Binary Tree）

如果二叉树的高度为 h，所含的节点数小于 2^h-1，那么其节点的编号方式如同高度为 h 的满二叉树一样，从左到右、从上到下的顺序一一对应，则称此树为“完全二叉树”，如图 9-3 所示。

对于完全二叉树而言，假设有 N 个节点，那么此二叉树的层数 h 为 $\log_2(N+1)$。

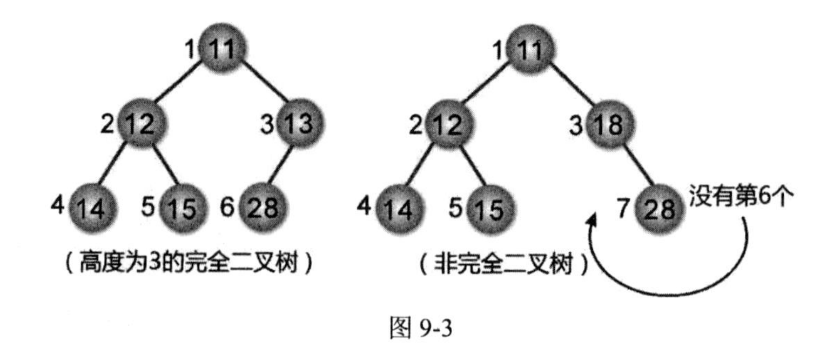

图 9-3

3. 斜二叉树（Skewed Binary Tree）

当一个二叉树完全没有右节点或左节点时，就称之为“左斜二叉树”或“右斜二叉树”，如图 9-4 所示。

4. 严格二叉树（Strictly Binary Tree）

二叉树中的每一个非终端节点均有非空的左右子树，就称之为“严格二叉树”，如图 9-5 所示。

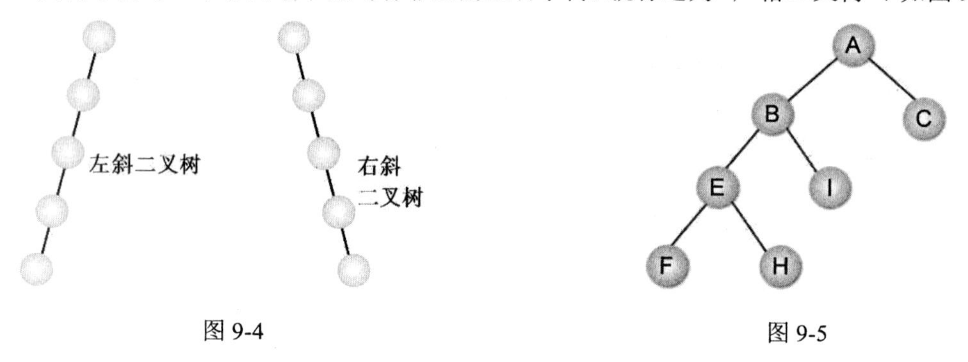

图 9-4　　图 9-5

9.1 用数组来实现二叉树

使用有序的一维数组来表示二叉树，首先可将此二叉树假想成一棵满二叉树，而且第 k 层具有 2^{k-1} 个节点，按序存放在一维数组中。首先来看看使用一维数组建立二叉树的表示方法以及数组索引值的设置（参考图 9-6）。

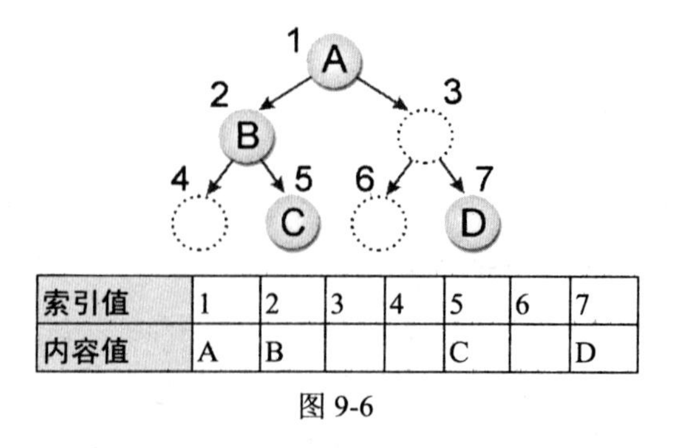

索引值	1	2	3	4	5	6	7
内容值	A	B			C		D

图 9-6

从图 9-6 可以看出此一维数组中的索引值有以下关系：

① 左子树索引值是父节点索引值乘 2。

② 右子树索引值是父节点索引值乘 2 加 1。

接着看一下如何以一维数组建立二叉树的实例，实际上就是建立一棵二叉查找树。这是一种很好的排序应用模式，因为在建立二叉树的同时数据就经过了初步的比较判断，并按照二叉树的建立规则来存放数据。二叉查找树具有以下特点：

① 可以是空集合，若不是空集合，则节点上一定要有一个键值。

② 每一个树根的值需大于左子树的值。

③ 每一个树根的值需小于右子树的值。

④ 左、右子树也是二叉查找树。

⑤ 树的每个节点值都不相同。

现在用一组数据（32, 25, 16, 35, 27）来建立一棵二叉查找树，具体过程如图 9-7 所示。

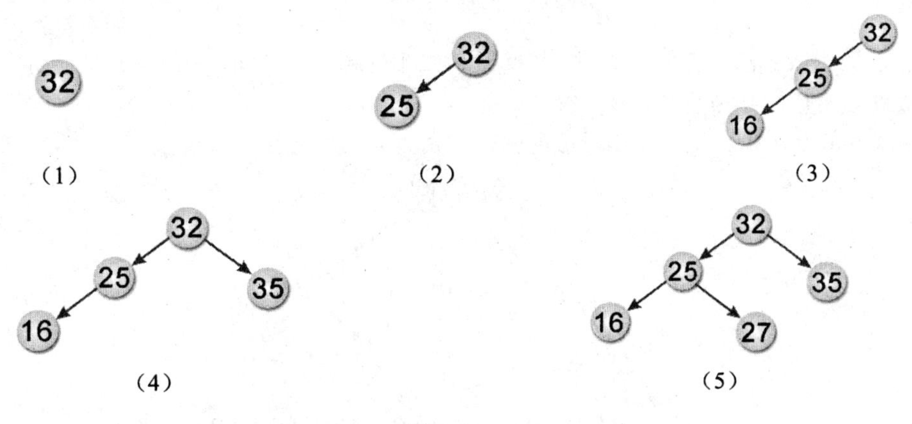

图 9-7

在下面的 Python 范例程序中按序输入一棵二叉树节点的数据，分别是 0、6、3、5、4、7、8、9、2，并建立一棵二叉查找树，最后输出存储此二叉树的一维数组。

【范例程序：ch09_01.py】

```
01  def Btree_create(btree,data,length):
02      for i in range(1,length):
03          level=1
04          while btree[level]!=0:
05              if data[i]>btree[level]: # 如果数组内的值大于树根，则往右子树比较
06                  level=level*2+1
07              else:                    # 如果数组内的值小于或等于树根，则往左子树比较
08                  level=level*2
09          btree[level]=data[i]         # 把数组值放入二叉树
10
11  length=9
12  data=[0,6,3,5,4,7,8,9,2]             # 原始数组
13  btree=[0]*16                         # 存放二叉树数组
14  print('原始数组内容：')
15  for i in range(length):
```

```
16      print('[%2d] ' %data[i],end='')
17  print('')
18  Btree_create(btree,data,9)
19  print('二叉树内容：')
20  for i in range(1,16):
21      print('[%2d] ' %btree[i],end='')
22  print()
```

【执行结果】 参考图 9-8。

```
原始数组内容：
[ 0] [ 6] [ 3] [ 5] [ 4] [ 7] [ 8] [ 9] [ 2]
二叉树内容：
[ 6] [ 3] [ 7] [ 2] [ 5] [ 0] [ 8] [ 0] [ 0] [ 4] [ 0] [ 0] [ 0] [ 0] [ 9]
```

图 9-8

通常以数组表示法来存储二叉树，越接近满二叉树越节省空间，歪斜树则最浪费空间。另外，要增删数据较麻烦，必须重新建立二叉树。

图 9-9 是此数组值在二叉树中存放的情形。

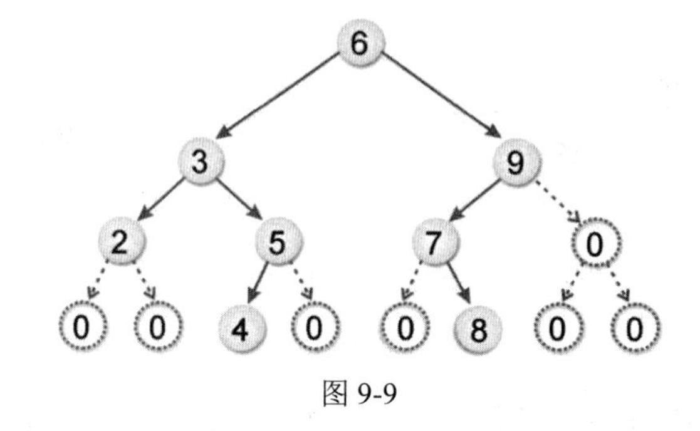

图 9-9

9.2 用链表来实现二叉树

所谓链表实现二叉树，就是使用链表来存储二叉树。使用链表来表示二叉树的优点是对于节点的增加与删除非常容易，缺点是很难找到父节点，除非在每一个节点多增加一个父字段。在前面的例子中，节点所存放的数据类型为整数。如果使用 Python 语言，二叉树的类声明可写成如下方式：

```
class tree:
    def __init__(self):
        self.data=0
        self.left=None
        self.right=None
```

图 9-10 所示即为用链表实现二叉树的示意图。

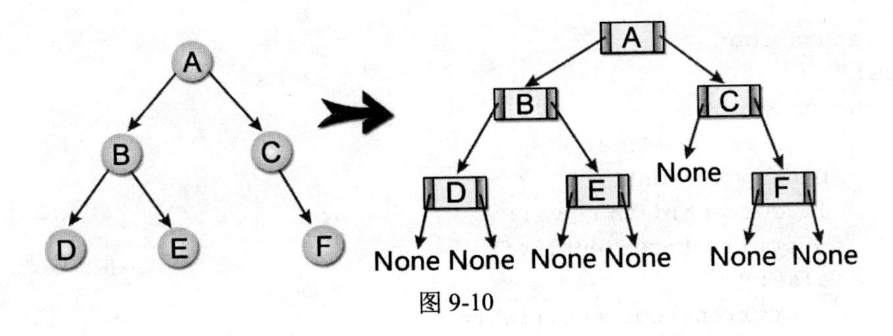

图 9-10

以链表方式建立二叉树的 Python 算法如下：

```
def create_tree(root,val):    # 建立二叉树的函数
    newnode=tree()
    newnode.data=val
    newnode.left=None
    newnode.right=None
    if root==None:
        root=newnode
        return root
    else:
        current=root
        while current!=None:
            backup=current
            if current.data > val:
                current=current.left
            else:
                current=current.right
        if backup.data >val:
            backup.left=newnode
        else:
            backup.right=newnode
    return root
```

下面的 Python 范例程序按序输入一棵二叉树的数据，分别是 5、6、24、8、12、3、17、1、9，并使用链表来建立二叉树。最后输出其左子树与右子树。

【范例程序：ch09_02.py】

```
01  class tree:
02      def __init__(self):
03          self.data=0
04          self.left=None
05          self.right=None
06
07  def create_tree(root,val):    # 建立二叉树的函数
08      newnode=tree()
09      newnode.data=val
10      newnode.left=None
11      newnode.right=None
12      if root==None:
13          root=newnode
```

```
14          return root
15      else:
16          current=root
17          while current!=None:
18              backup=current
19              if current.data > val:
20                  current=current.left
21              else:
22                  current=current.right
23          if backup.data >val:
24              backup.left=newnode
25          else:
26              backup.right=newnode
27      return root
28
29  data=[5,6,24,8,12,3,17,1,9]
30  ptr=None
31  root=None
32  for i in range(9):
33      ptr=create_tree(ptr,data[i]) # 建立二叉树
34  print('左子树:')
35  root=ptr.left
36  while root!=None:
37      print('%d' %root.data)
38      root=root.left
39  print('--------------------------------')
40  print('右子树:')
41  root=ptr.right
42  while root!=None:
43      print('%d' %root.data)
44      root=root.right
45  print()
```

【执行结果】 参考图 9-11。

```
左子树:
3
1
-------------------------------
右子树:
6
24
```

图 9-11

9.3 二叉树遍历

我们知道线性数组或链表都只能单向从头至尾遍历或反向遍历。所谓二叉树的遍历（Binary

Tree Traversal），最简单的说法就是“访问树中所有的节点各一次”，并且在遍历后将树中的数据转化为线性关系。以图 9-12 所示的一个简单的二叉树节点来说，每个节点都可分为左、右两个分支，可以有 ABC、ACB、BAC、BCA、CAB 和 CBA 这 6 种遍历方法。

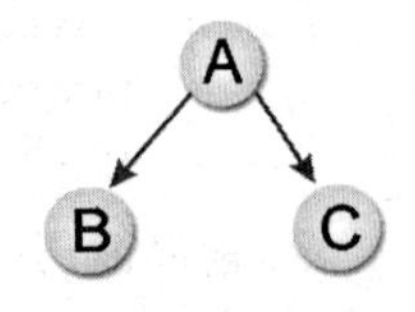

图 9-12

如果是按照二叉树特性一律从左向右，就只有 3 种遍历方式，分别是 BAC、ABC、BCA。这 3 种方式的命名与规则如下：

① 中序遍历（Inorder，BAC）：左子树→树根→右子树。
② 前序遍历（Preorder，ABC）：树根→左子树→右子树。
③ 后序遍历（Postorder，BCA）：左子树→右子树→树根。

对于这 3 种遍历方式，大家只需要记住树根的位置就不会把前序、中序和后序搞混了。例如，中序法是树根在中间，前序法是树根在前面，后序法是树根在后面，遍历方式都是先左子树后右子树。下面针对这 3 种方式做更加详尽的介绍。

1. 中序遍历

中序遍历（Inorder Traversal）是“左中右”的遍历顺序，也就是从树的左侧逐步向下方移动，直到无法移动再访问此节点，并向右移动一个节点。如果无法再向右移动，就可以返回上层的父节点，并重复左、中、右的步骤进行。

① 遍历左子树。
② 遍历树根。
③ 遍历右子树。

图 9-13 所示的中序遍历为 FDHGIBEAC。
中序遍历的递归算法如下：

```
def inorder(ptr):        # 中序遍历子程序
    if ptr!=None:
        inorder(ptr.left)
        print('[%2d] ' %ptr.data, end='')
        inorder(ptr.right)
```

2. 后序遍历

后序遍历（Postorder Traversal）是“左右中”的遍历顺序，即先遍历左子树，再遍历右子树，最后遍历（或访问）根节点，反复执行此步骤。

① 遍历左子树。
② 遍历右子树。
③ 遍历树根。

图 9-14 所示的后序遍历为 FHIGDEBCA。
后序遍历的递归算法如下：

```
def postorder(ptr):  # 后序遍历
    if ptr!=None:
```

```
        postorder(ptr.left)
        postorder(ptr.right)
        print('[%2d] ' %ptr.data, end='')
```

3. 前序遍历

前序遍历（Preorder Traversal）是“中左右”的遍历顺序，也就是先从根节点遍历，再往左方移动，当无法继续时再向右方移动，接着重复执行此步骤。

① 遍历树根。

② 遍历左子树。

③ 遍历右子树。

图 9-15 所示的前序遍历为 ABDFGHIEC。

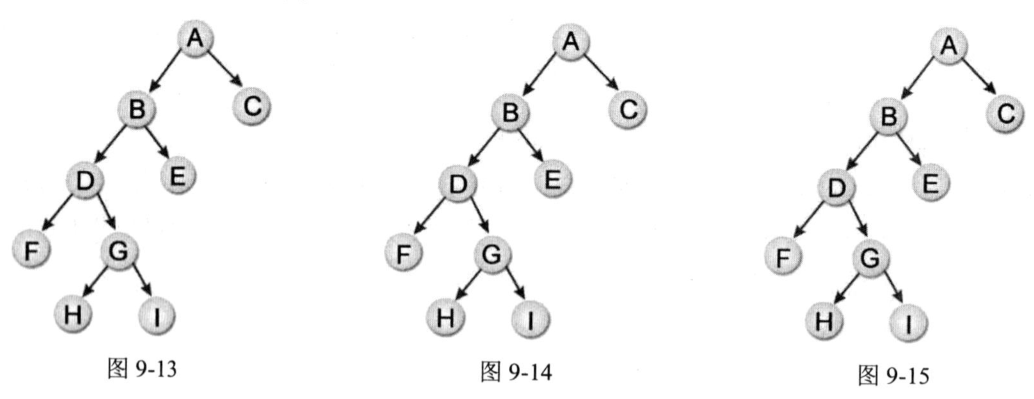

图 9-13　　图 9-14　　图 9-15

前序遍历的递归算法如下：

```
def preorder(ptr):   # 前序遍历
    if ptr!=None:
        print('[%2d] ' %ptr.data, end='')
        preorder(ptr.left)
        preorder(ptr.right)
```

下面我们来看一个范例：图 9-16 所示的二叉树中序、前序及后序遍历的结果分别是什么？

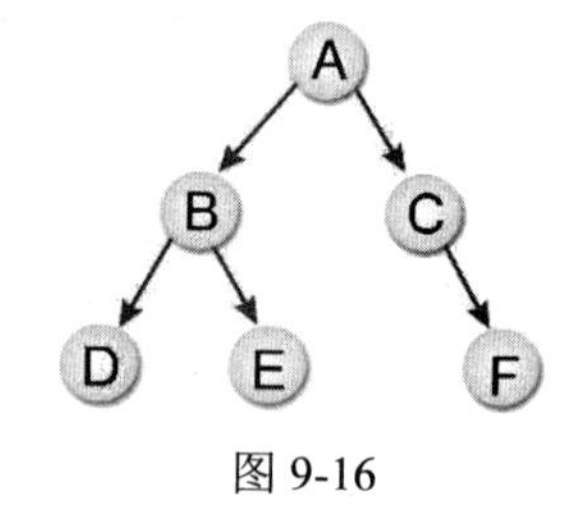

图 9-16

答：中序：DBEACF。

　　前序：ABDECF。

　　后序：DEBFCA。

下面的 Python 范例程序按序输入一棵二叉树节点的数据，分别是 5、6、24、8、12、3、17、1、9，利用链表来建立二叉树，最后进行中序遍历，即可轻松完成从小到大的排序。

【范例程序：ch09_03.py】

```
01  class tree:
02      def __init__(self):
03          self.data=0
04          self.left=None
```

```
05          self.right=None
06
07  def inorder(ptr):      # 中序遍历子程序
08      if ptr!=None:
09          inorder(ptr.left)
10          print('[%2d] ' %ptr.data, end='')
11          inorder(ptr.right)
12
13  def create_tree(root,val):    # 建立二叉树的函数
14      newnode=tree()
15      newnode.data=val
16      newnode.left=None
17      newnode.right=None
18      if root==None:
19          root=newnode
20          return root
21      else:
22          current=root
23          while current!=None:
24              backup=current
25              if current.data > val:
26                  current=current.left
27              else:
28                  current=current.right
29          if backup.data >val:
30              backup.left=newnode
31          else:
32              backup.right=newnode
33      return root
34
35  # 主程序
36  data=[5,6,24,8,12,3,17,1,9]
37  ptr=None
38  root=None
39  for i in range(9):
40      ptr=create_tree(ptr,data[i])        # 建立二叉树
41  print('====================')
42  print('排序完成的结果：')
43  inorder(ptr)    # 中序遍历
44  print('')
```

【执行结果】 参考图 9-17。

```
====================
排序完成的结果：
[ 1] [ 3] [ 5] [ 6] [ 8] [ 9] [12] [17] [24]
```

图 9-17

9.4 二叉查找树

我们先来讨论如何在所建立的二叉树中查找单个节点的数据。二叉树在建立的过程中是根据左子树 < 树根 < 右子树的原则建立的，因此只需从树根出发比较键值，如果比树根大就往右，否则往左而下，直到相等就找到了要查找的值，如果查找到 None，即无法再前进，就代表查找不到此值。

二叉树查找的 Python 语言算法：

```
def search(ptr,val):    # 查找二叉树中某个值的子程序
    while True:
        if ptr==None:    # 没找到就返回 None
            return None
        if ptr.data==val:        # 节点值等于查找值
            return ptr
        elif ptr.data > val:     # 节点值大于查找值
            ptr=ptr.left
        else:
            ptr=ptr.right
```

下面的 Python 范例程序实现二叉树的查找。首先建立一棵二叉查找树，并输入要查找的值。如果节点中有相等的值，就显示出查找的次数；如果找不到这个值，就显示相关信息。二叉树节点的数据按序依次为 7、1、4、2、8、13、12、11、15、9、5。

【范例程序：ch09_04.py】

```
01  class tree:
02      def __init__(self):
03          self.data=0
04          self.left=None
05          self.right=None
06
07  def create_tree(root,val):  # 建立二叉树的函数
08      newnode=tree()
09      newnode.data=val
10      newnode.left=None
11      newnode.right=None
12      if root==None:
13          root=newnode
14          return root
15      else:
16          current=root
17          while current!=None:
18              backup=current
19              if current.data > val:
```

```
20                current=current.left
21            else:
22                current=current.right
23        if backup.data >val:
24            backup.left=newnode
25        else:
26            backup.right=newnode
27    return root
28
29 def search(ptr,val):          # 查找二叉树中某个值的子程序
30    i=1
31    while True:
32        if ptr==None:        # 没找到就返回None
33            return None
34        if ptr.data==val:        # 节点值等于查找值
35            print('共查找 %3d 次' %i)
36            return ptr
37        elif ptr.data > val:    # 节点值大于查找值
38            ptr=ptr.left
39        else:
40            ptr=ptr.right
41        i+=1
42
43 # 主程序
44 arr=[7,1,4,2,8,13,12,11,15,9,5]
45 ptr=None
46 print('[原始数组内容]')
47 for i in range(11):
48     ptr=create_tree(ptr,arr[i])      # 建立二叉树
49     print('[%2d] ' %arr[i],end='')
50 print()
51 data=int(input('请输入查找值: '))
52 if search(ptr,data) !=None :         # 在二叉树中查找
53     print('您要找的值 [%3d] 找到了!' %data)
54 else:
55     print('您要找的值没找到!')
```

【执行结果】 参考图9-18。

```
[原始数组内容]
[ 7] [ 1] [ 4] [ 2] [ 8] [13] [12] [11] [15] [ 9] [ 5]

请输入查找值: 8
共查找    2 次
您要找的值 [   8] 找到了!
```

图9-18

9.5 二叉树节点的插入

二叉树节点插入的情况和查找相似，重点是插入后仍要保持二叉查找树的特性。如果插入的节点已经在二叉树中，就没有插入的必要了。如果插入的值不在二叉树中，就会出现查找失败的情况，相当于找到了要插入的位置。Python 程序代码如下所示：

```
if search(ptr,data)!=None:   # 在二叉树中查找
    print('二叉树中有此节点了！')
else:
    ptr=create_tree(ptr,data)
    inorder(ptr)
```

下面的 Python 范例程序实现二叉树的查找和插入，首先建立一棵二叉查找树，二叉树的节点数据按序为 7、1、4、2、8、13、12、11、15、9、5，然后输入一个键值，如果不在此二叉树中，就将其加入二叉树中。

【范例程序：ch09_05.py】

```
01  class tree:
02      def __init__(self):
03          self.data=0
04          self.left=None
05          self.right=None
06
07  def create_tree(root,val):           # 建立二叉树的函数
08      newnode=tree()
09      newnode.data=val
10      newnode.left=None
11      newnode.right=None
12      if root==None:
13          root=newnode
14          return root
15      else:
16          current=root
17          while current!=None:
18              backup=current
19              if current.data > val:
20                  current=current.left
21              else:
22                  current=current.right
23          if backup.data >val:
24              backup.left=newnode
25          else:
26              backup.right=newnode
27      return root
28
29  def search(ptr,val):                # 在二叉树中查找某个值的子程序
```

```
30      while True:
31          if ptr==None:                # 没找到就返回None
32              return None
33          if ptr.data==val:            # 节点值等于查找值
34              return ptr
35          elif ptr.data > val:         # 节点值大于查找值
36              ptr=ptr.left
37          else:
38              ptr=ptr.right
39
40  def inorder(ptr):                    # 中序遍历子程序
41      if ptr!=None:
42          inorder(ptr.left)
43          print('[%2d] ' %ptr.data, end='')
44          inorder(ptr.right)
45
46  # 主程序
47  arr=[7,1,4,2,8,13,12,11,15,9,5]
48  ptr=None
49  print('[原始数组内容]')
50
51  for i in range(11):
52      ptr=create_tree(ptr,arr[i])          # 建立二叉树
53      print('[%2d] ' %arr[i],end='')
54  print()
55  data=int(input('请输入要查找的键值：'))
56  if search(ptr,data)!=None:               # 在二叉树中查找
57      print('二叉树中有此节点了！')
58  else:
59      ptr=create_tree(ptr,data)
60      inorder(ptr)
```

【执行结果】

第一次执行输入二叉树已有的键值，执行结果参考图 9-19。

```
[原始数组内容]
[ 7] [ 1] [ 4] [ 2] [ 8] [13] [12] [11] [15] [ 9] [ 5]

请输入要查找的键值：12
二叉树中有此节点了！
```

图 9-19

第二次执行输入二叉树没有的键值，该新键值会插入到二叉树中，执行结果参考图 9-20。

```
[原始数组内容]
[ 7] [ 1] [ 4] [ 2] [ 8] [13] [12] [11] [15] [ 9] [ 5]

请输入要查找的键值：6
[ 1] [ 2] [ 4] [ 5] [ 6] [ 7] [ 8] [ 9] [11] [12] [13] [15]
```

图 9-20

9.6 二叉树节点的删除

二叉树节点的删除操作稍微复杂一点，可分为以下 3 种情况。

① 删除的节点为树叶，只要将其相连的父节点指向 None 即可。

② 删除的节点只有一棵子树。例如，删除节点 1，就将其右指针字段放到父节点的左指针字段，如图 9-21 所示。

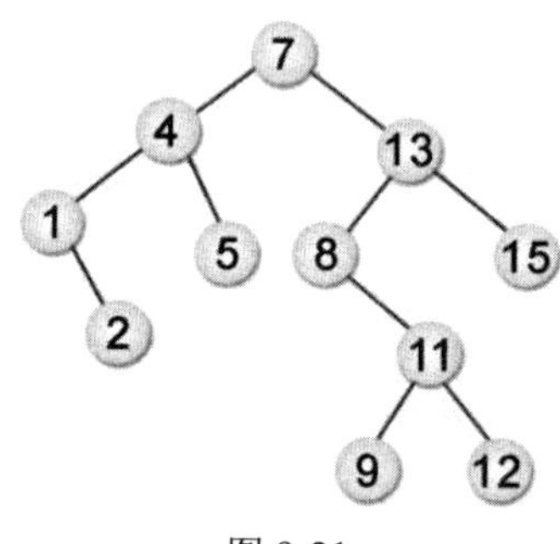

图 9-21

③ 删除的节点有两棵子树。在图 9-21 中，要删除节点 4，方式有两种，虽然结果不同，但都符合二叉树特性。

- 找出中序立即先行者（Inorder Immediate Predecessor），就是将要删除节点的左子树中最大者向上提，在此即为图 9-21 中的节点 2。简单来说，就是在该节点的左子树中往右寻找，直到右指针为 None，这个节点就是中序立即先行者。
- 找出中序立即后继者（Inorder Immediate Successor），就是把要删除节点的右子树中最小者向上提，在此即为图 9-21 中的节点 5。简单来说，就是在该节点的右子树中往左寻找，直到左指针为 None，这个节点就是中序立即后继者。

下面我们来看一个范例，将数据（32, 24, 57, 28, 10, 43, 72, 62）按中序方式存入可放 10 个节点的数组内，试绘图并说明节点在数组中的相关位置。然后插入数据 30，试绘图并写出其相关操作与位置的变化。接着删除数据 32，试绘图并写出其相关操作与位置的变化。

① 建立如图 9-22 所示的二叉树。

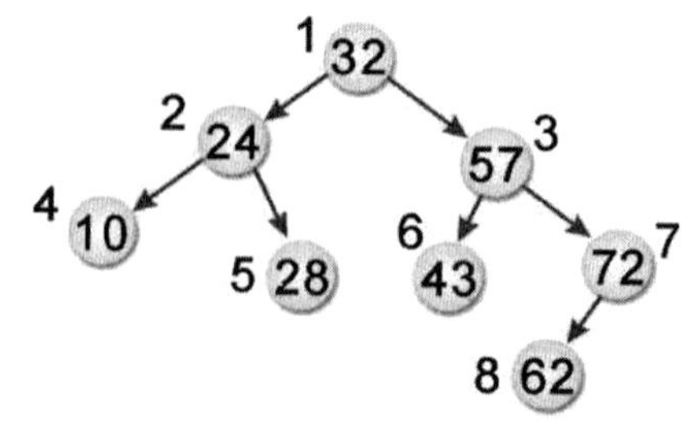

图 9-22

root	left	data	right
1	2	32	3
2	4	24	5
3	6	57	7
4	0	10	0
5	0	28	0
6	0	43	0
7	8	72	0
8	0	62	0
9			
10			

② 插入数据 30，结果如图 9-23 所示。

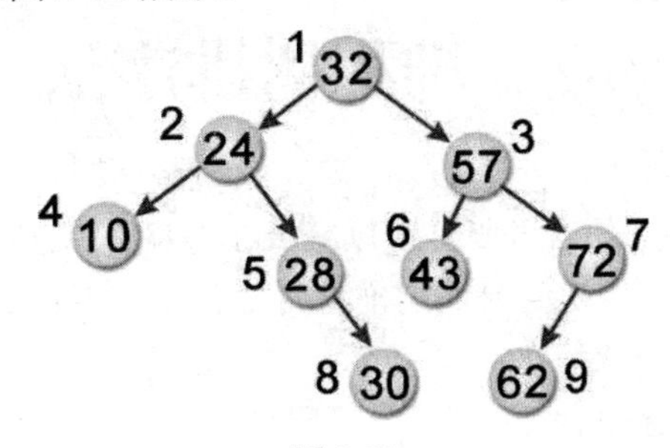

图 9-23

root	left	data	right
1	2	32	3
2	4	24	5
3	6	57	7
4	0	10	0
5	0	28	8
6	0	43	0
7	9	72	0
8	0	30	0
9	0	62	0
10			

③ 删除数据 32，结果如图 9-24 所示。

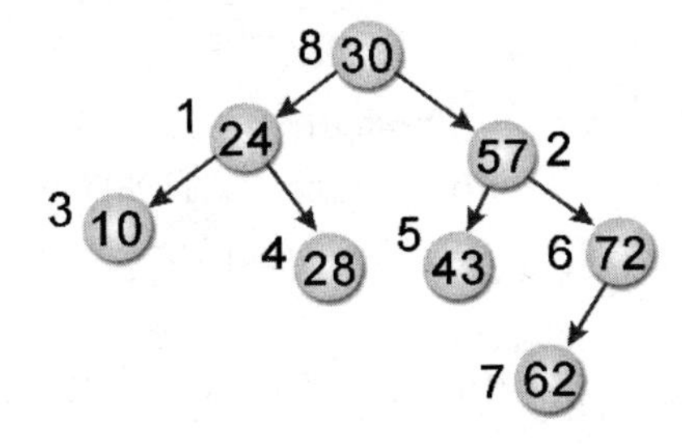

图 9-24

root	left	data	right
1	3	24	4
2	5	57	6
3	0	10	0
4	0	28	0
5	0	43	0
6	7	72	0
7	0	62	0
8	1	30	2
9			
10			

9.7 堆积树排序法

堆积树排序法是选择排序法的改进版，可以减少在选择排序法中的比较次数，进而减少排序时间。堆积排序法用到了二叉树的技巧，是利用堆积树来完成排序的。堆积树是一种特殊的二叉树，可分为最大堆积树和最小堆积树两种。

最大堆积树满足以下 3 个条件：

① 它是一棵完全二叉树。
② 所有节点的值都大于或等于它左、右子节点的值。
③ 树根是堆积树中最大的。

最小堆积树具备以下 3 个条件：

① 它是一棵完全二叉树。
② 所有节点的值都小于或等于它左、右子节点的值。
③ 树根是堆积树中最小的。

在开始讨论堆积排序法之前，大家必须先了解如何将二叉树转换成堆积树（Heap Tree）。下面以实例来进行说明，用二叉树表示数列 32、17、16、24、35、87、65、4、12，如图 9-25 所示。

如果将该二叉树转换成堆积树（Heap Tree），就可以用数组来存储二叉树所有节点的值，即 $A[0]$=32、$A[1]$=17、$A[2]$=16、$A[3]$=24、$A[4]$=35、$A[5]$=87、$A[6]$=65、$A[7]$=4、$A[8]$=12。

① $A[0]$=32 为树根，若 $A[1]$大于父节点，则必须互换。此处因 $A[1]=17 < A[0]=32$，故不交换。

② 因 $A[2]=16 < A[0]$，故不交换，如图 9-26 所示。

③ 参照图 9-26，因 $A[3]=24 > A[1]=17$，故交换，结果如图 9-27 所示。

④ 参照图 9-27，因 $A[4]=35 > A[1]=24$，故交换；再与 $A[0]$=32 比较，因 $A[1]=35 > A[0]=32$，故交换，结果如图 9-28 所示。

⑤ 参照图 9-28，因 $A[5]=87 > A[2]=16$，故交换；再与 $A[0]$=35 比较，因 $A[2]=87 > A[0]=35$，故交换，结果如图 9-29 所示。

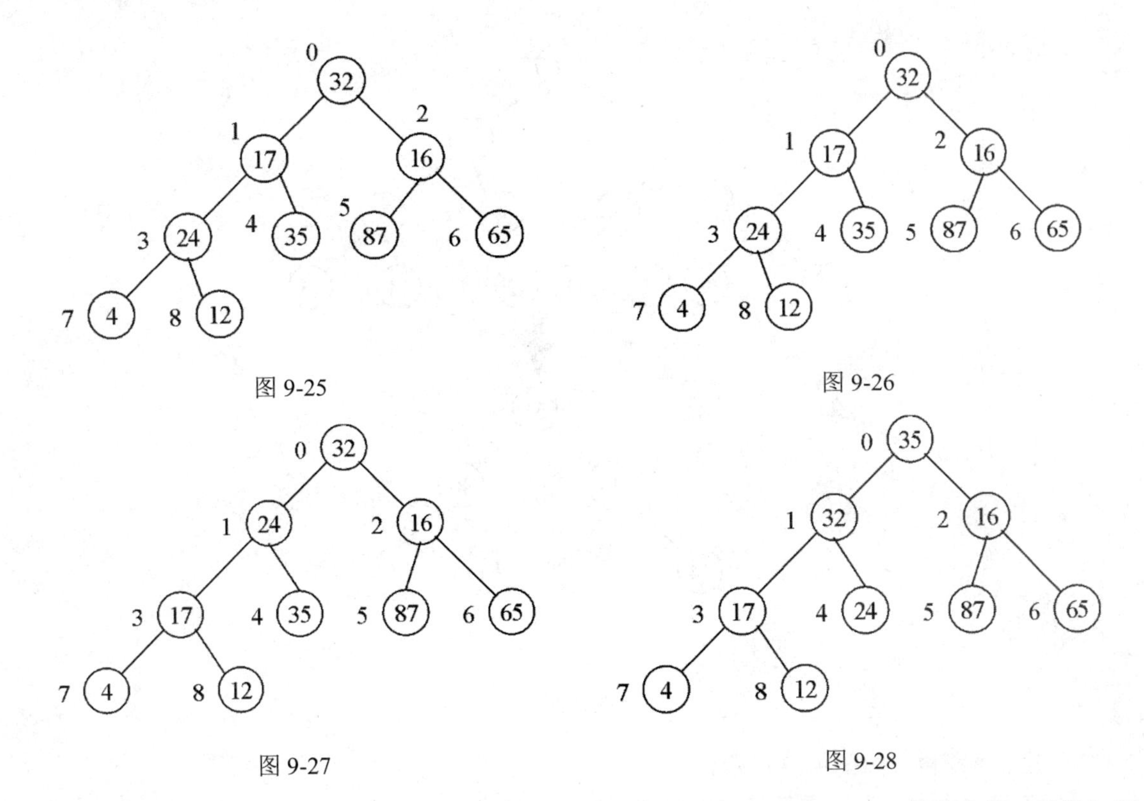

图 9-25　　图 9-26

图 9-27　　图 9-28

⑥ 参照图 9-29，因 $A[6]=65>A[2]=35$，故交换；因 $A[2]=65<A[0]=87$，故不交换，结果如图 9-30 所示。

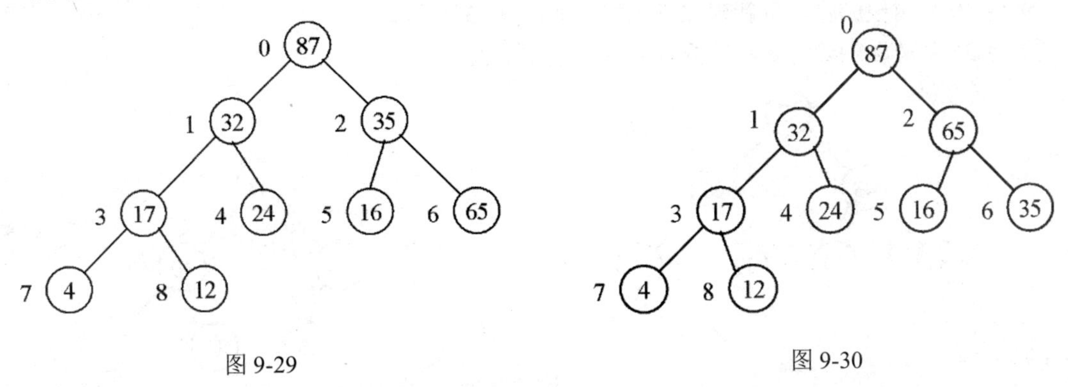

图 9-29　　图 9-30

⑦ 因 $A[7]=4<A[3]=17$，故不交换。

⑧ 因 $A[8]=12<A[3]=17$，故不交换，即图 9-30 所示的树就是最终的堆积树。

刚才示范从二叉树的树根开始从上往下逐一按堆积树的建立原则来改变各节点值，最终得到一棵最大堆积树。大家可能已经发现，堆积树并非唯一的，例如可以从数组最后一个元素（例如此例中的 $A[8]$）从下往上逐一比较来建立最大堆积树。如果想从小到大排序，就必须建立最小堆积树，方法和建立最大堆积树类似，在此不另外说明。

下面我们利用堆积排序法对 34、19、40、14、57、17、4、43 进行排序。

① 按图 9-31 中的数字顺序建立完全二叉树。

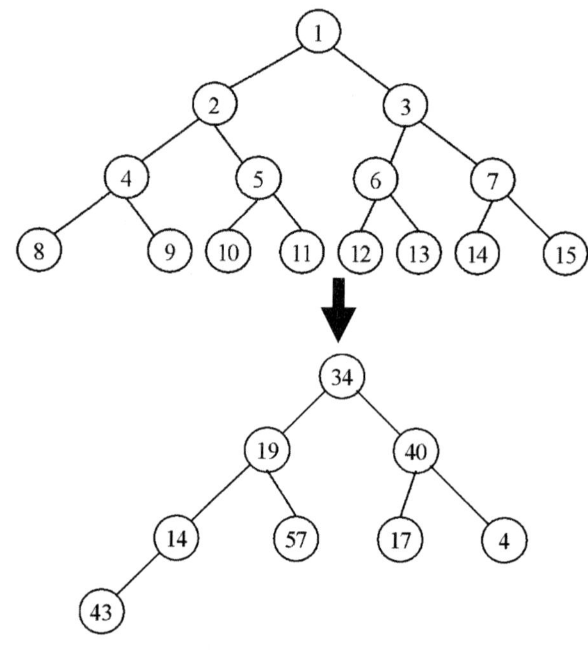

图 9-31

② 建立堆积树，如图 9-32 所示。

③ 将 57 从树根删除，重新建立堆积树，如图 9-33 所示。

④ 将 43 从树根删除，重新建立堆积树，如图 9-34 所示。

⑤ 将 40 从树根删除，重新建立堆积树，如图 9-35 所示。

⑥ 将 34 从树根删除，重新建立堆积树，如图 9-36 所示。

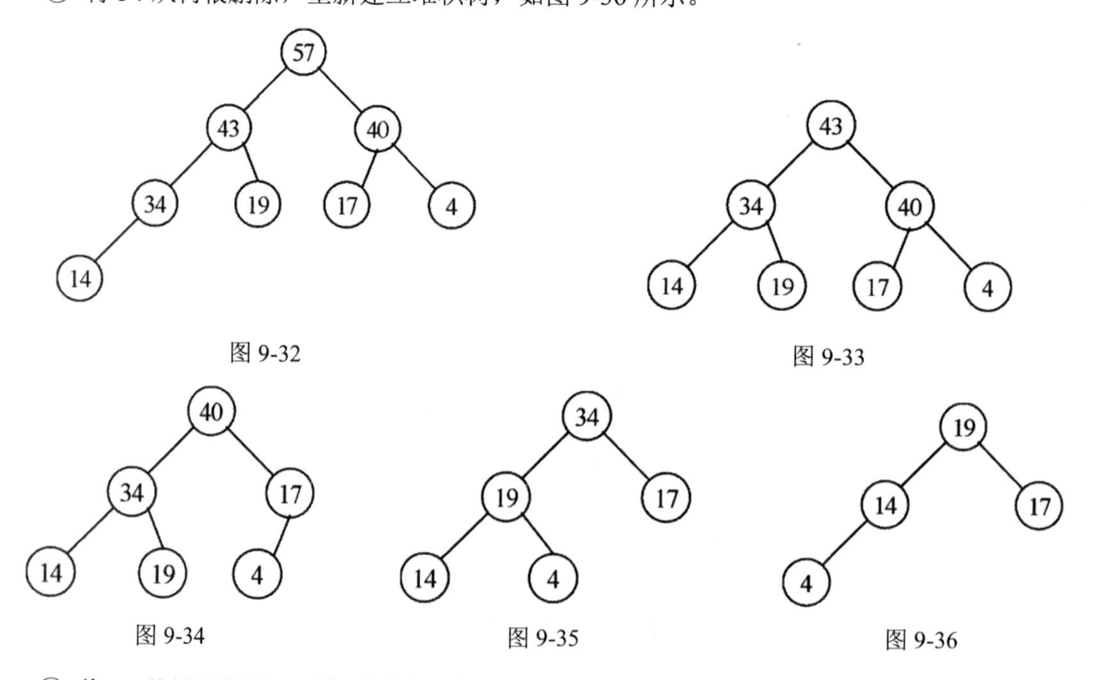

图 9-32

图 9-33

图 9-34

图 9-35

图 9-36

⑦ 将 19 从树根删除，重新建立堆积树，如图 9-37 所示。

⑧ 将 17 从树根删除，重新建立堆积树，如图 9-38 所示。

⑨ 将 14 从树根删除，重新建立堆积树，如图 9-39 所示。

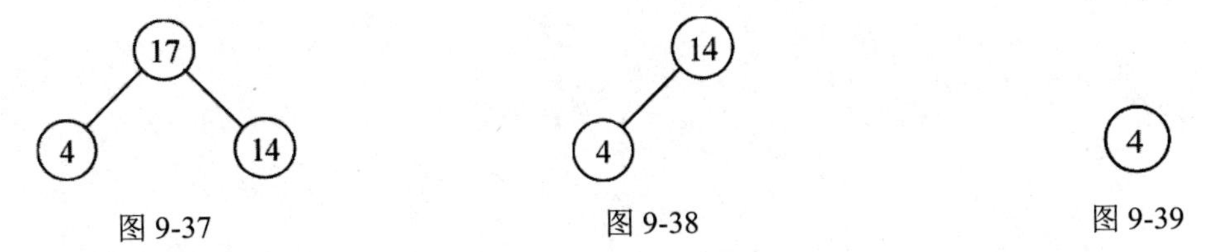

图 9-37　　图 9-38　　图 9-39

⑩ 将 4 从树根删除，得到的排序结果为 57、43、40、34、19、17、14、4。

下面的 Python 范例程序使用堆积树排序法对一个数列进行排序。

【范例程序：ch09_06.py】

```
01  def heap(data,size):
02      for i in range(int(size/2),0,-1):          # 建立堆积树节点
03          ad_heap(data,i,size-1)
04      print()
05      print('堆积的内容：',end='')
06      for i in range(1,size):                    # 原始堆积树的内容
07          print('[%2d] ' %data[i],end='')
08      print('\n')
09      for i in range(size-2,0,-1):               # 堆积排序
10          data[i+1],data[1]=data[1],data[i+1]    # 头尾节点交换
11          ad_heap(data,1,i)                      # 处理剩余节点
12          print('处理过程为：',end='')
13          for j in range(1,size):
14              print('[%2d] ' %data[j],end='')
15          print()
16
17  def ad_heap(data,i,size):
18      j=2*i
19      tmp=data[i]
20      post=0
21      while j<=size and post==0:
22          if j<size:
23              if data[j]<data[j+1]:              # 找出最大节点
24                  j+=1
25          if tmp>=data[j]:                       # 若树根较大，结束比较过程
26              post=1
27          else:
28              data[int(j/2)]=data[j]             # 若树根较小，则继续比较
29              j=2*j
30      data[int(j/2)]=tmp                         # 指定树根为父节点
31
32  def main():
33      data=[0,5,6,4,8,3,2,7,1]                   # 原始数组的内容
34      size=9
35      print('原始数组为：',end='')
```

```
36     for i in range(1,size):
37         print('[%2d] ' %data[i],end='')
38     heap(data,size)     # 建立堆积树
39     print('排序结果为：',end='')
40     for i in range(1,size):
41         print('[%2d] ' %data[i],end='')
42 
43 main()
```

【执行结果】 参考图 9-40。

```
原始数组为：[ 5] [ 6] [ 4] [ 8] [ 3] [ 2] [ 7] [ 1]
堆积的内容：[ 8] [ 6] [ 7] [ 5] [ 3] [ 2] [ 4] [ 1]

处理过程为：[ 7] [ 6] [ 4] [ 5] [ 3] [ 2] [ 1] [ 8]
处理过程为：[ 6] [ 5] [ 4] [ 1] [ 3] [ 2] [ 7] [ 8]
处理过程为：[ 5] [ 3] [ 4] [ 1] [ 2] [ 6] [ 7] [ 8]
处理过程为：[ 4] [ 3] [ 2] [ 1] [ 5] [ 6] [ 7] [ 8]
处理过程为：[ 3] [ 1] [ 2] [ 4] [ 5] [ 6] [ 7] [ 8]
处理过程为：[ 2] [ 1] [ 3] [ 4] [ 5] [ 6] [ 7] [ 8]
处理过程为：[ 1] [ 2] [ 3] [ 4] [ 5] [ 6] [ 7] [ 8]
排序结果为：[ 1] [ 2] [ 3] [ 4] [ 5] [ 6] [ 7] [ 8]
```

图 9-40

9.8 扩充二叉树

在任何一棵二叉树中，若具有 n 个节点，则有 $n-1$ 个非空链接和 $n+1$ 个空链接。在每一个空链接中加上一个特定节点，就称为外节点，其余的节点称为内节点，此种树称为“扩充二叉树”（Extension Binary Tree）。另外，外径长等于所有外节点到树根距离的总和，内径长等于所有内节点到树根距离的总和。下面以图 9-41 来说明扩充二叉树的绘制过程。图 9-42 为图 9-41（a）的扩充二叉树，图 9-43 为图 9-41（b）的扩充二叉树。

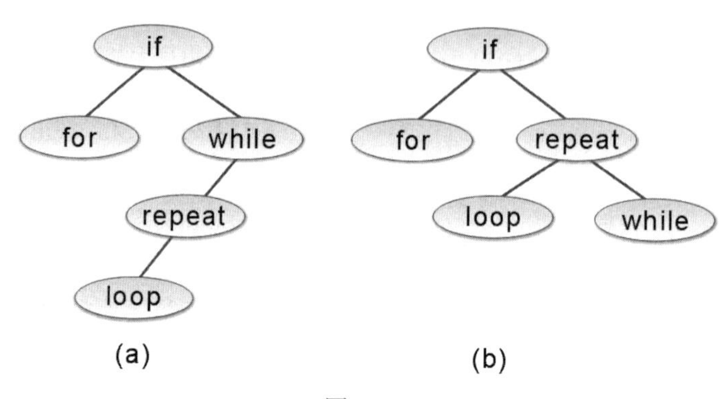

图 9-41

□：代表外节点

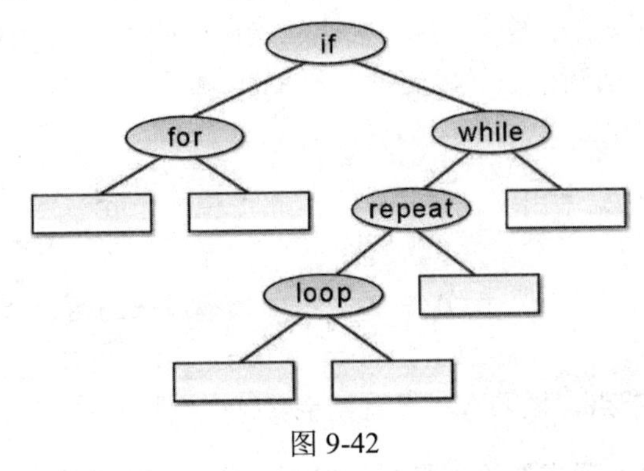

图 9-42

在图 9-42 中，外径长为（2+2+4+4+3+2）=17，内径长为（1+1+2+3）=7。

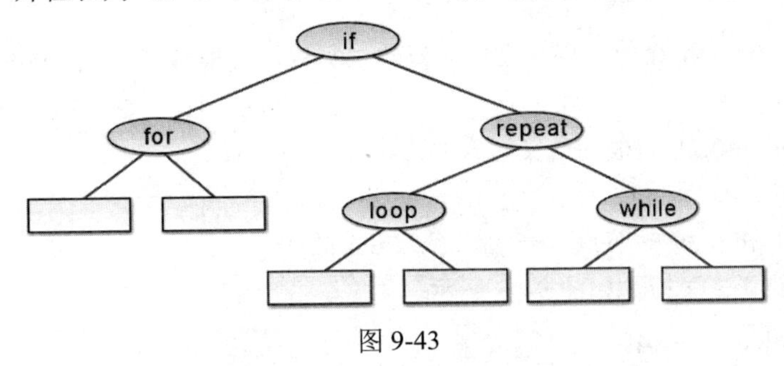

图 9-43

在图 9-43 中，外径长为（2+2+3+3+3+3）=16，内径长为（1+1+2+2）=6。

如果每个外节点有加权值（查找概率等），则外径长必须考虑相关加权值，或称为加权外径长。下面将讨论具有加权值的扩充二叉树，如图 9-44 和图 9-45 所示。

对图 9-44 来说，加权外径长为 $2\times3+4\times3+5\times2+15\times1=43$。对图 9-45 来说，加权外径长为 $2\times2+4\times2+5\times2+15\times2=52$。

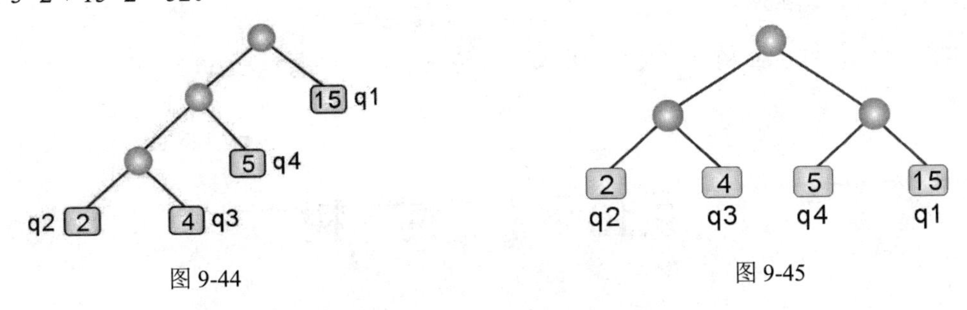

图 9-44　　　　图 9-45

9.9 哈夫曼树

哈夫曼树可以根据数据出现的频率来构建二叉树，经常应用于处理数据压缩。例如，数据的存储和传输是数据处理的两个重要领域，两者都和数据量的大小息息相关，而哈夫曼树正好可以用于数据压缩的算法。

简单来说，如果有 n 个权值（$q_1, q_2, \cdots, q_n$），且构成一个有 n 个节点的二叉树，每个节点的外节点权值为 q_i，则加权外径长最小的就称为“优化二叉树”或“哈夫曼树”（Huffman Tree，也称为霍夫曼树）。对图 9-41 中的两棵二叉树而言，图（a）就是二者的优化二叉树。接下来我们将说明对一个含权值的链表求优化二叉树的步骤：

① 产生两个节点，对数据中出现过的每一个元素产生一个叶节点，并赋予叶节点该元素的出现频率。

② 令 N 为 T_1 和 T_2 的父节点，T_1 和 T_2 是 T 中出现频率最低的两个节点，令 N 节点的出现频率等于 T_1 和 T_2 出现频率的总和。

③ 去掉步骤②的两个节点，插入 N，再重复步骤①。

我们将利用上述步骤来实现求取哈夫曼树的过程。假设有 5 个字母 B、D、A、C、E，出现频率分别为 0.09、0.12、0.19、0.21、0.39。

① 取出最小的 0.09 和 0.12，合并成一棵新的二叉树，其根节点的频率为 0.21，如图 9-46 所示。

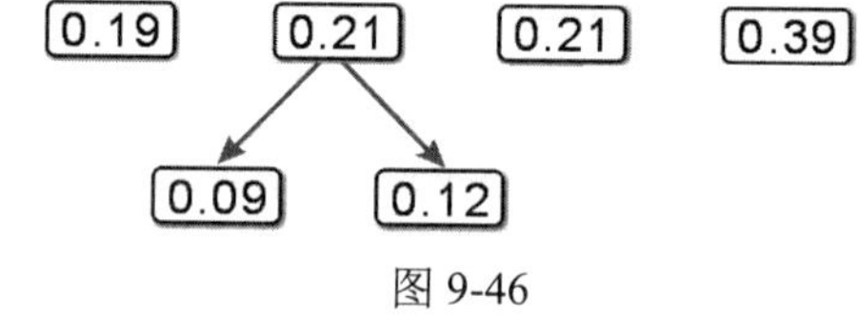

图 9-46

② 再取出 0.19 和 0.21 为根的二叉树合并后，得到 0.40 为根的新二叉树，如图 9-47 所示。

③ 再取出 0.21 和 0.39 的节点，产生频率为 0.6 的新节点，得到右边的新二叉树，如图 9-48 所示。

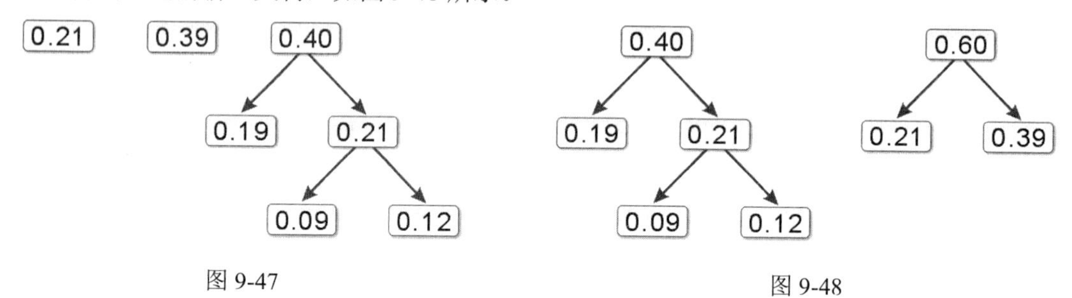

图 9-47

图 9-48

最后取出 0.40 和 0.60 两个二叉树的根节点，将它们合并成频率为 1.0 的节点，至此哈夫曼树完成。

9.10 平 衡 树

二叉查找树的缺点是无法永远保持在最佳状态，在加入的数据部分已排序的情况下极有可能产生斜二叉树，从而使树的高度增加，导致查找效率降低。因此，一般的二叉查找树不适用于数据经常变动（加入或删除）的情况。为了能够尽量降低所需要的时间，在查找的时候能够很快找到所要的键值，树的高度越小越好。

平衡树（Balanced Binary Tree）又称为 AVL 树（是由 Adelson-Velskii 和 Landis 两个人所发明的），它本身也是一棵二叉查找树，见图 9-49（a）。在 AVL 树中，每次在插入或删除数据后，若有必要都会对二叉树做一些高度的调整，从而让二叉查找树的高度随时维持平衡。图 9-49（b）是一棵非 AVL 树。

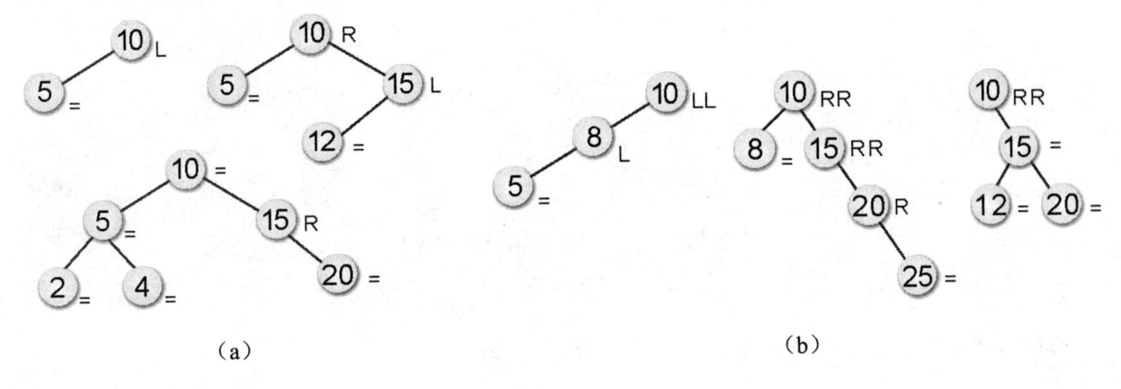

图 9-49

T 是一个非空的二叉树，T_l 和 T_r 分别是它的左、右子树，若符合下列两个条件，则称 T 是一个高度平衡树：

- T_l 和 T_r 也是高度平衡树。
- $|h_l-h_r|\leqslant 1$，其中 h_l 和 h_r 分别为 T_l 和 T_r 的高度，也就是说所有内部节点的左、右子树高度相差必定小于或等于 1。

要调整一棵二叉查找树成为一棵平衡树，最重要的是找出“不平衡点”，然后按照以下 4 种不同旋转形式（见图 9-50~图 9-53）重新调整其左、右子树的长度（假设离新插入的节点最近的一个具有±2 的平衡因子节点为 A，下一层为 B，再下一层为 C）：

- 左左型（LL 型），如图 9-50 所示。
- 左右型（LR 型），如图 9-51 所示。

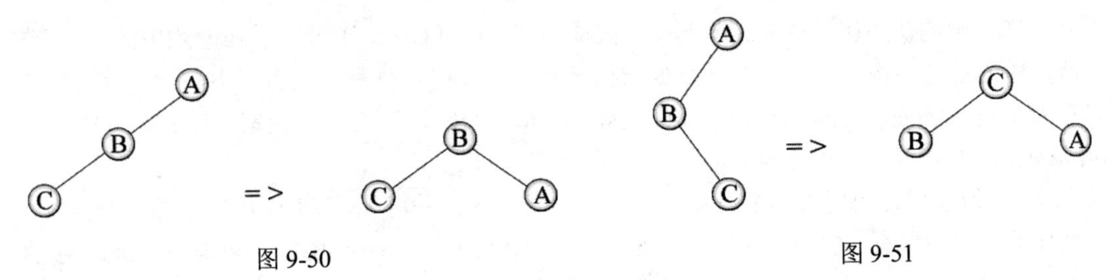

图 9-50　　　　图 9-51

- 右右型（RR 型），如图 9-52 所示。
- 右左型（RL 型），如图 9-53 所示。

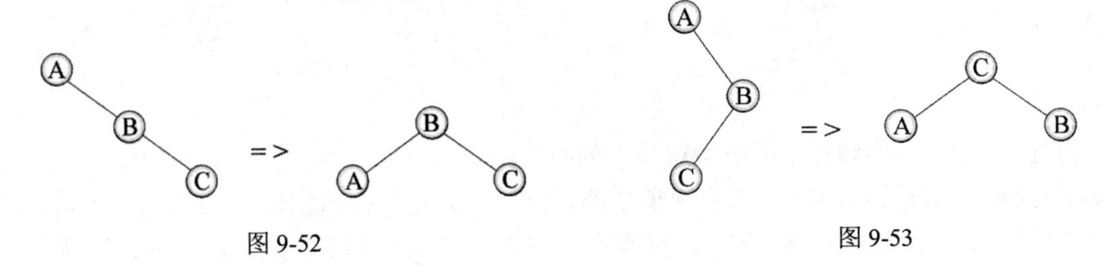

图 9-52　　　　图 9-53

下面我们来实现一个范例。图 9-54 所示为一棵二叉树，是平衡的，要加入节点 12，之后就不平衡了，需要重新调整成平衡树，但是不可破坏原有的次序结构。

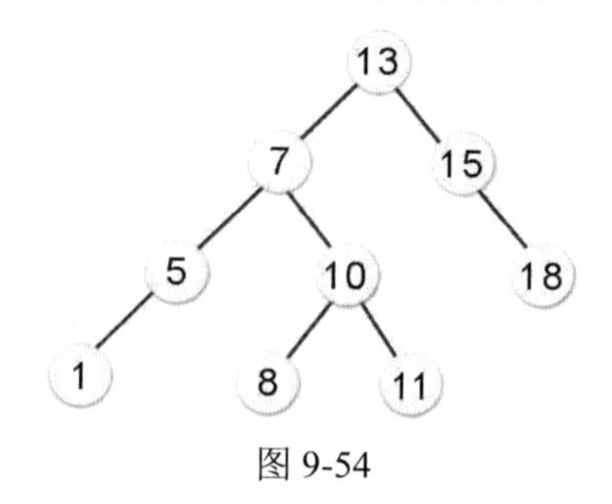

图 9-54

加入节点 12 后进行调整，结果如图 9-55 所示。

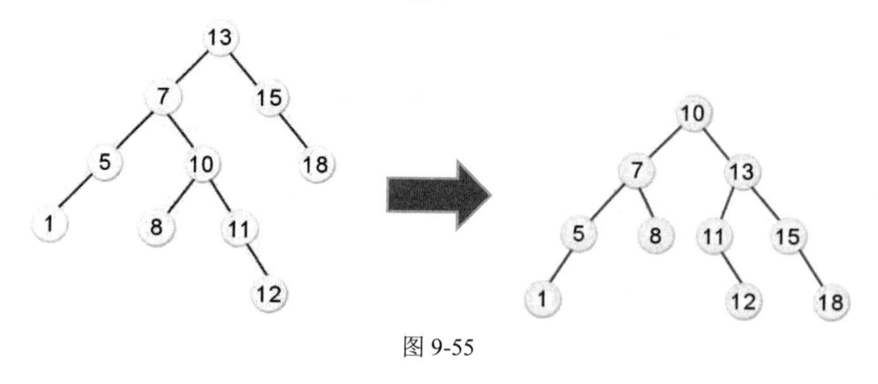

图 9-55

9.11 博 弈 树

符合博弈法则的决策树（Decision Tree）被称为博弈树（Game Tree）。在游戏中的人工智能经常以博弈树的数据结构来实现。对于数据结构而言，博弈树本身是人工智能中的一个重要概念。在信息管理系统（Management Information System，MIS）中，决策树是决策支持系统（Decision Support System，DSS）执行的基础。

简单来说，博弈树使用树结构的方法来讨论一个问题的各种可能性。下面用典型的“8 枚金币”问题来阐述博弈树的概念。假设有 8 枚金币 a、b、c、d、e、f、g、h，其中有一枚金币是伪造的（伪造金币的特征是重量稍轻或偏重），那么如何使用博弈树的方法来找出这枚伪造的金币呢？以 L 表示伪造的金币轻于真品，以 H 表示伪造的金币重于真品。第一次比较时，从 8 枚金币中任意挑选 6 枚（比如 a、b、c、d、e、f），分成 2 组来比较重量，则会出现下列 3 种情况：

```
(a+b+c)>(d+e+f)
(a+b+c)=(d+e+f)
(a+b+c)<(d+e+f)
```

我们可以按照以上步骤画出如图 9-56 所示的博弈树。

如果我们要设计的游戏属于“棋类”或“纸牌类”，那么所采用的技巧在于进行游戏时机器“决策”的能力，简单地说就是该下哪一步棋或者该出哪一张牌。因为游戏时可能发生的情况很多，例如象棋游戏的人工智能必须在所有可能的情况中选择一步对自己最有利的棋，这时博弈树就可以派上用场了。

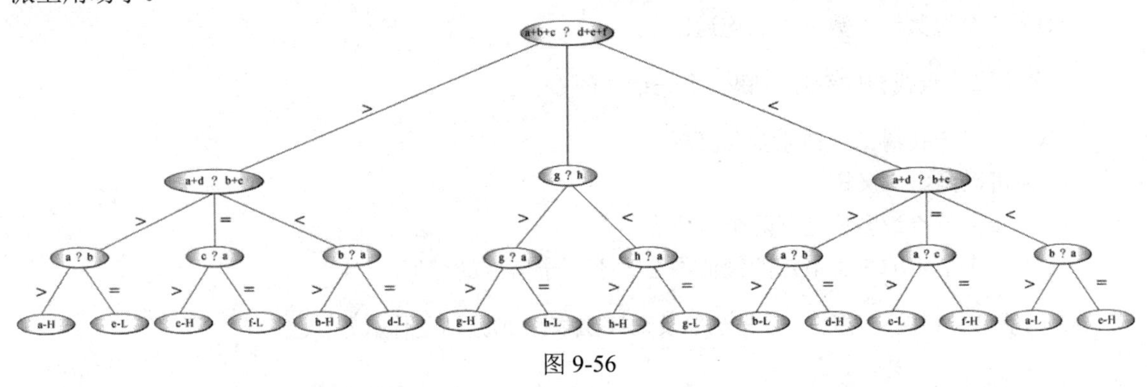

图 9-56

通常此类游戏人工智能的实现技巧是先找出所有可走的棋（或可出的牌），然后逐一判断走这步棋（或出这张牌）的优劣程度如何，或者替这步棋打个分数，然后选择走得分最高的那步棋。

一个常被用来讨论博弈型人工智能的简单例子是“井”字棋游戏，因为它可能发生的情况不多，我们大概只要花十分钟便能分析完所有可能的情况，并且找出最佳的玩法。例如，图 9-57 表示在某种情况下 X 方的博弈树。

图 9-57 是“井”字棋游戏的部分博弈树，下一步是 X 方下棋，很明显 X 方绝对不能选择第二层的第二种下法，因为 X 方必败无疑。这个博弈决策形成树结构，所以称为“博弈树”，而树结构正是数据结构所讨论的范围，这说明数据结构也是人工智能的基础。博弈决策形成人工智能的基础是查找，即在所有可能的情况下找出可能获胜的下法。

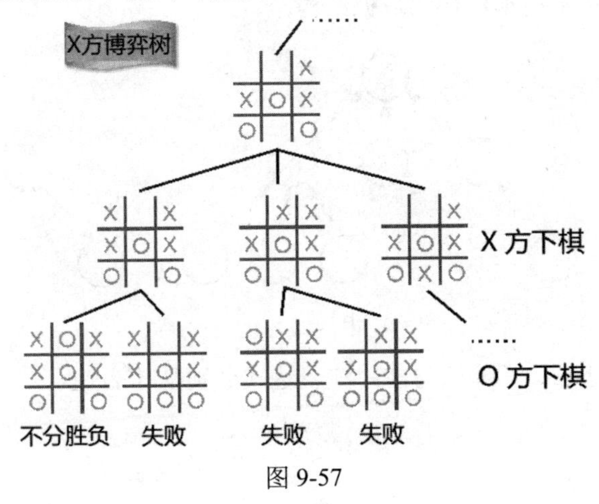

图 9-57

9.12 课后习题

1. 说明二叉查找树的特点。
2. 下列哪一种不是树？

（A）一个节点

（B）环形链表
（C）一个没有回路的连通图
（D）一个边数比点数少 1 的连通图

3. 关于二叉查找树的叙述，哪一个是错误的？

（A）二叉查找树是一棵完全二叉树
（B）可以是斜二叉树
（C）一个节点最多只能有两个子节点
（D）一个节点的左子节点的键值不会大于右子节点的键值

4. 以下二叉树的中序法、后序法以及前序法表达式分别是什么？

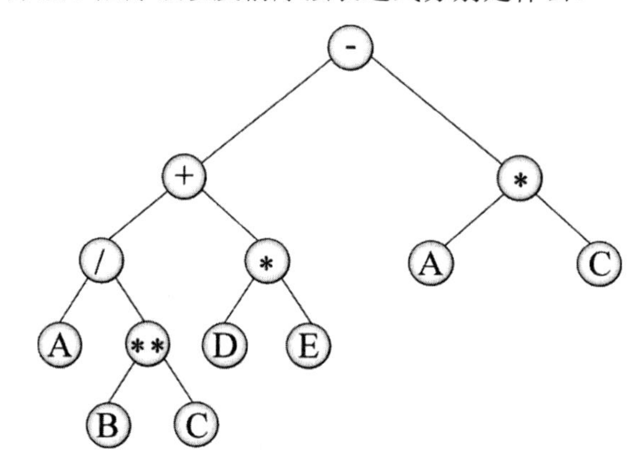

5. 试以链表来描述以下树形结构的数据结构。

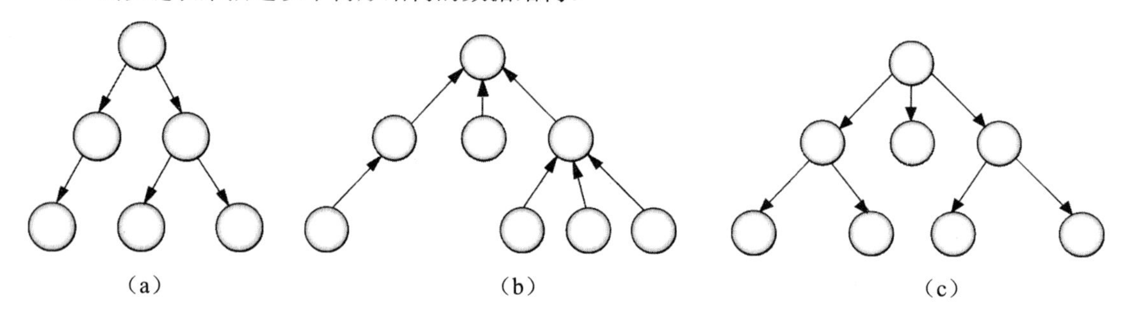

6. 以下二叉树的中序法、后序法与前序法表达式分别是什么？

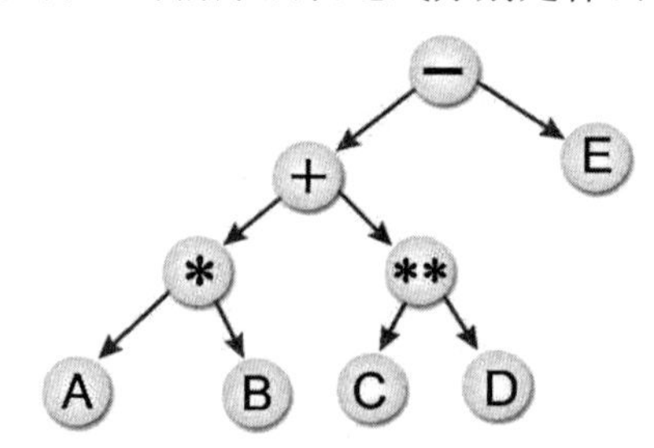

7. 尝试将 A–B*(–C+–3.5) 表达式转化为二叉运算树，并求出此算术表达式的前序与后序表示法。

第 10 章

图结构相关算法

图除了被应用在数据结构中最短路径搜索、拓扑排序外，还能应用在系统分析中以时间为评审标准的性能评审技术（Performance Evaluation and Review Technique，PERT）或者“IC 电路设计”“交通网络规划”（见图 10-1）等关于图的应用中。例如，如何计算网络上两个节点之间最短距离的问题就变成图的数据结构要处理的问题，采用 Dijkstra 这种图算法就能快速找出两个节点之间的最短路径。如果没有 Dijkstra 算法，那么现代网络的运行效率必将大大降低。

图 10-1

10.1 图的简介

我们在第 3 章已经简单介绍过图论，为了本章学习的连贯性，下面再来说说图论。图论（Graph Theory）是数学的一个分支，也是计算机专业课程《离散数学》的主要组成部分。它以图为研究对象，图论中的图是由若干给定的点（代表事物）及连接两点的线（表示两个事物间的某种特定关系）所构成的图形。

1736 年数学的泰斗瑞士数学家欧拉（Euler）为了解决“哥尼斯堡”问题提出了一种数据结构理论，即著名的“七桥问题”。因为关于图论的文字记载最早出现在欧拉 1736 年的论著中，所以即使他所考虑的原始问题有很强的实际背景——“七桥问题”，数学界也把图论的起源时间认定为 1736 年。

在第 3 章我们已经介绍过“七桥问题”，就是有 7 座横跨 4 个城市的大桥，问题是“是否有人在只经过每一座桥梁一次的情况下，把所有地方都走过一次而且回到原点”。图 10-2 所示为“七桥问题”的示意图。其中，A、B、C、D 代表 4 座城市，而 a、b、c、d、e、f、g 代表连接这些城市的 7 座大桥。

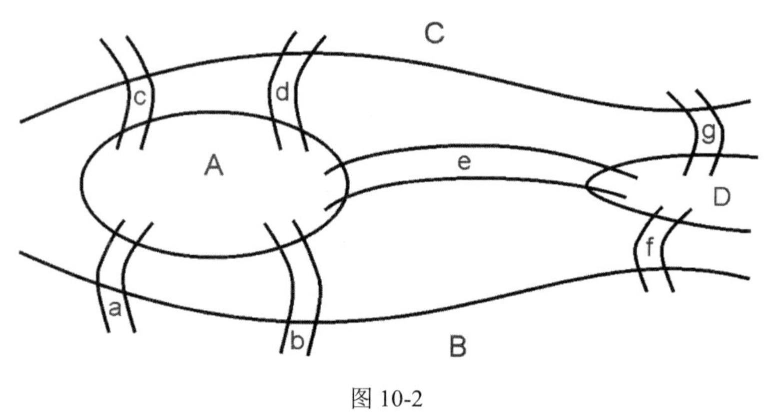

图 10-2

10.1.1 欧拉环与欧拉链

欧拉当时使用图结构对这个问题进行抽象。他以图的顶点表示城市，以顶点的连线（图的边）表示桥梁，以图 10-3 所示的简图来表示“七桥问题”。

在第 3 章中我们已经知道，欧拉得出一个结论：“当所有顶点的度数都为偶数时，才能从某顶点出发，经过每条边一次，再回到起点”。把连接顶点的边数定义为顶点的度数。也就是说，在图 10-3 中，每个顶点的度数都是奇数，所以图 10-3 所示的这种情况，要只经过每一座桥梁一次来把所有 4 个城市都走过一次而且可以回到出发的城市是做不到的。这个理论就是有名的欧拉环（Eulerian Cycle）理论。

如我们在第 3 章图论简介中看到的，如果条件改成从某顶点出发，经过每条边一次，不一定要回到起点，即只允许其中两个顶点的度数是奇数，其余则必须全部为偶数，符合这样的结果就称为欧拉链（Eulerian Chain），如图 10-4 所示。

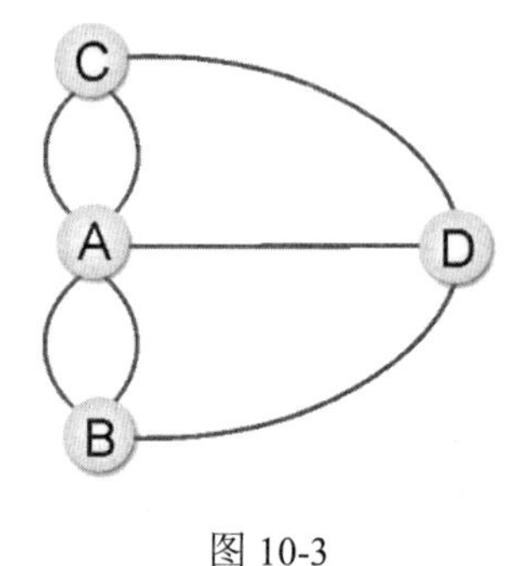

图 10-3

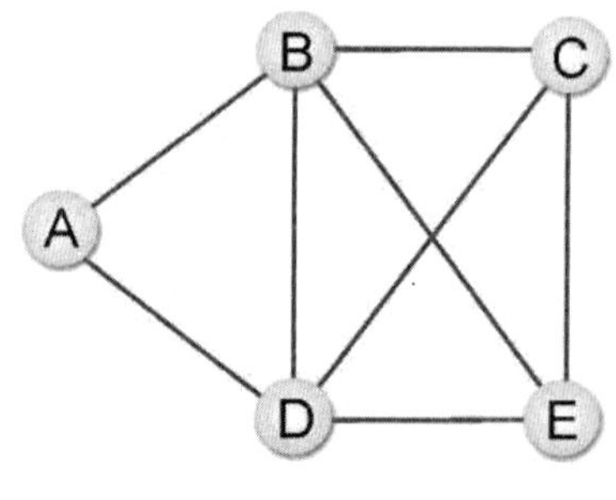

图 10-4

10.1.2 无向图及其重要术语

在第 3 章我们介绍了图的定义。通常用 $G=(V, E)$ 来表示图，其中 V 是图的所有顶点组成的集合，而 E 是图的所有边组成的集合。

无向图（Graph）的任何边都没有方向，(V_1,V_2) 与 (V_2,V_1) 代表的是相同的边，如图 10-5 所示。

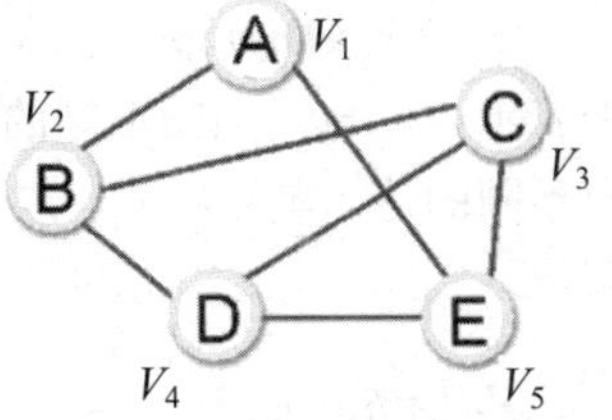

图 10-5

$V=\{A,B,C,D,E\}$

$E=\{(A,B),(A,E),(B,C),(B,D),(C,D),(C,E),(D,E)\}$

接下来介绍无向图的重要术语。

- 完全图：在“无向图”中，N 个顶点正好有 $N(N-1)/2$ 条边，就称为“完全图”，如图 10-6 所示。
- 路径（Path）：对于从顶点 V_i 到顶点 V_j 的一条路径，是指由所经过顶点组成的连续数列。在图 10-6 中，A 到 E 的路径有{(A, B)、(B, E)}及{((A, B)、(B, C)、(C, D)、(D, E))等。
- 简单路径（Simple Path）：除了起点和终点可能相同外，其他经过的顶点都不相同。在图 10-6 中，{(A, B)、(B, C)、(C, A)、(A, E)}不是一条简单路径。
- 路径长度（Path Length）：路径上所包含边的数目。在图 10-6 中，{(A, B)、(B, C) 、(C, D)、(D, E)}是一条路径，长度为 4，且为一条简单路径。
- 回路（Cycle）：起点和终点为同一个点的简单路径。在图 10-6 中，{(A, B), (B, D), (D, E), (E, C), (C, A)}的起点和终点都是 A，所以这条路径是一个回路。
- 关联（Incident）：如果 V_i 与 V_j 相邻，就称 (V_i, V_j) 这条边关联于顶点 V_i 及顶点 V_j。在图 10-6 中，关联于顶点 B 的边有(A, B)、(B, D)、(B, E)、(B, C)。
- 子图（Subgraph）：当我们称 G' 为 G 的子图时，必定存在 $V(G') \subseteq V(G)$ 与 $E(G') \subseteq E(G)$，比如图 10-7 就是图 10-6 的子图。
- 相邻（Adjacent）：如果 (V_i, V_j) 是 $E(G)$ 中的一条边，就称 V_i 与 V_j 相邻。
- 连通分支（Connected Component）：在无向图中，相连在一起的最大子图（Subgraph）。例如，图 10-8 中就有 2 个连通分支。

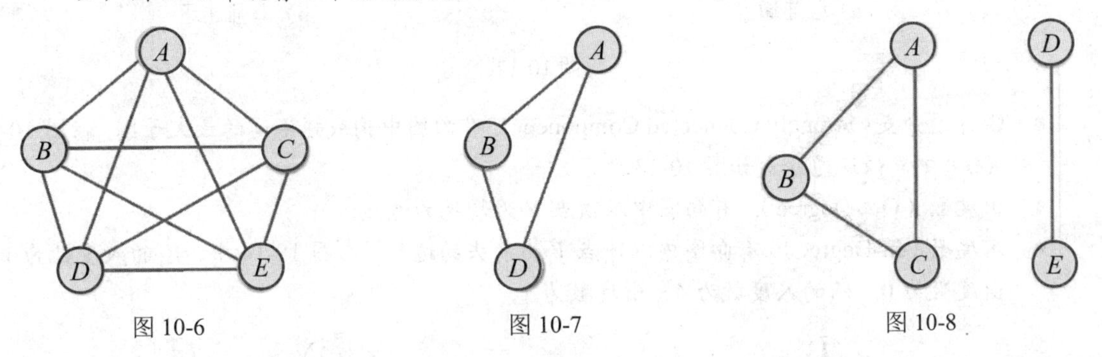

图 10-6　图 10-7　图 10-8

- 度数：在无向图中，一个顶点所拥有边的总数。在图 10-6 中，每个顶点的度数都为 4。

10.1.3 有向图及其重要术语

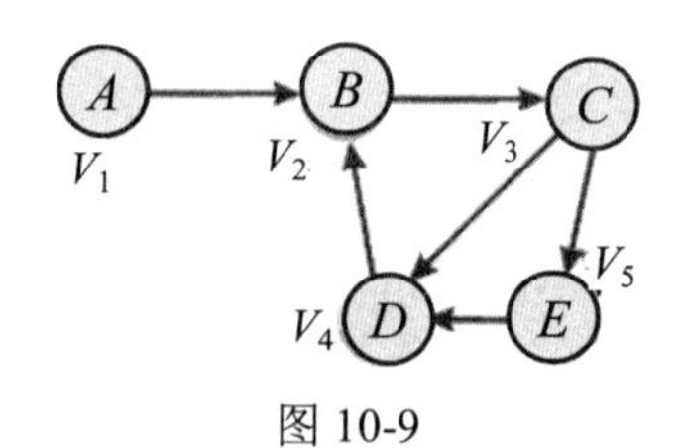

图 10-9

有向图（Digraph）的每一条边都有方向，可使用有序对$< V_i, V_j >$来表示边。与无向图不同的是，$< V_1, V_2 >$与$<V_2, V_1>$用于表示两个方向不同的边，其中$< V_1, V_2 >$是指 V_1 为尾端、V_2 为头部，如图 10-9 所示。

$V=\{A,B,C,D,E\}$

$E=\{<A,B>,< B,C >,< C,D >,< C,E >,<E,D>,<D,B>\}$

接下来介绍有向图的相关定义。

- 完全图(Complete Graph)：具有 n 个顶点且恰好有 $n\times(n-1)$条边的有向图，如图 10-10 所示。
- 路径(Path)：有向图中从顶点 V_p 到顶点 V_q 的路径是指一串由顶点所组成的连续有向序列。
- 强连通（Strongly Connected）：在有向图中，如果每个成对顶点 V_i、V_j 都有直接路径（V_i 和 V_j 不是同一个点），同时有另一条路径从 V_j 到 V_i，就称此图为强连通，如图 10-11 所示。在图 10-12 中，图（a）是强连通，图（b）则不是强连通。

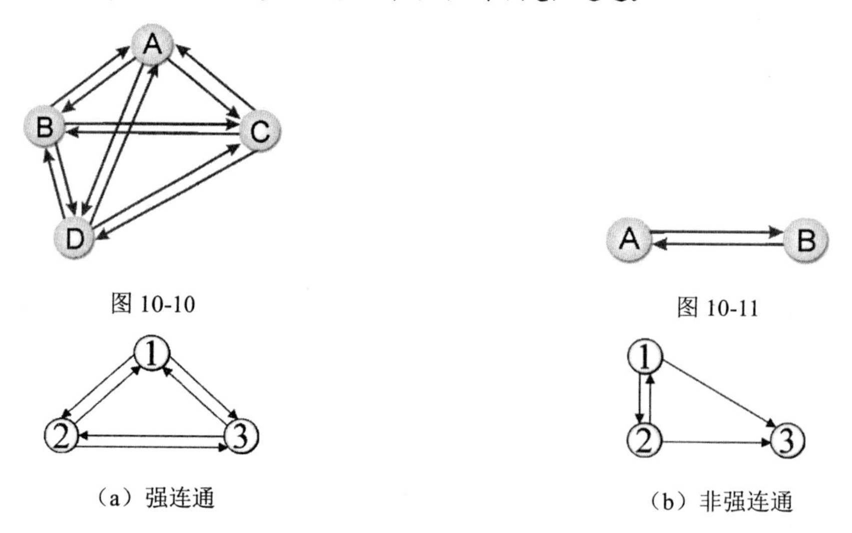

图 10-10

图 10-11

（a）强连通

（b）非强连通

图 10-12

- 强连通分支(Strongly Connected Component)：有向图中构成强连通的最大子图。在图 10-12（b）中，强连通分支如图 10-13 所示。
- 出度数（Out-Degree）：有向图中以顶点 V 为箭尾的边数。
- 入度数（In-Degree）：有向图中以顶点 V 为箭头的边数。在图 10-14 中，V_4 的入度数为 1，出度数为 0；V_2 的入度数为 4，出度数为 1。

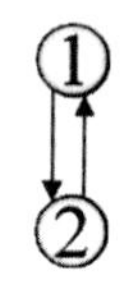

图 10-13

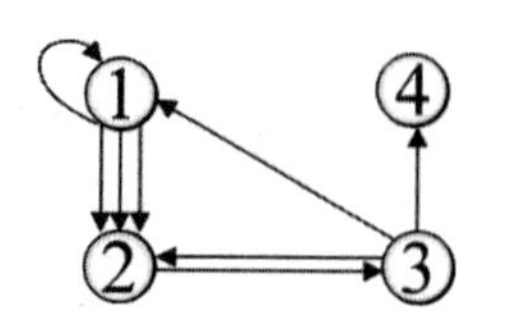

图 10-14

提　示

图结构（或称为图形结构）中任意两个顶点之间只能有一条边，如果两个顶点间相同的边有 2 条以上（含 2 条），就称它为多重图（Multigraph），如图 10-15 所示。以图的严格定义来说，多重图应该不能算作图论中的一种图。

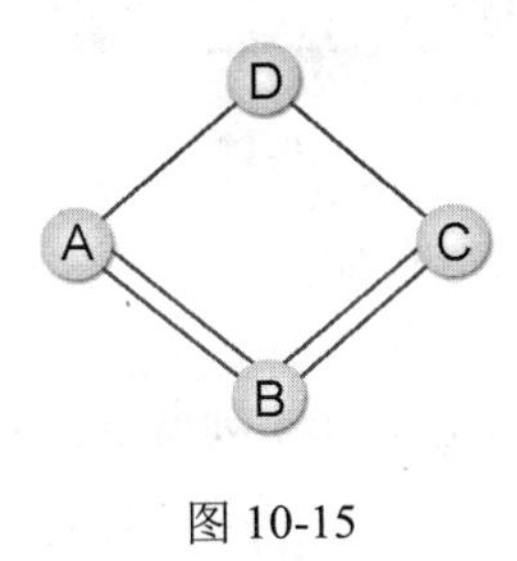

图 10-15

10.2　图的数据表示法

学习了图的各种定义与概念之后，有关图的数据表示法就显得非常重要了。常用来表达图的数据结构的方法很多，本节将介绍 4 种表示法。

10.2.1　邻接矩阵法

若图 A 有 n 个顶点，则以 $n \times n$ 的二维矩阵列来表示。此矩阵的定义如下：

对于一个图 $G = (V, E)$，假设有 n 个顶点，$n \geqslant 1$，则可以将 n 个顶点的图使用一个 $n \times n$ 的二维矩阵来表示。其中，若 $A(i, j) = 1$，则表示图中有一条边(V_i, V_j)存在；反之，$A(i, j) = 0$，则不存在边(V_i, V_j)。

相关特性说明如下：

（1）对无向图而言，邻接矩阵一定是对称的，而且对角线一定为 0。有向图则不一定如此。

（2）在无向图中，任一节点 i 的度数为$\sum_{j=1}^{n} A(i,j)$，也就是第 i 行所有元素之和。在有向图中，节点 i 的出度数为$\sum_{j=1}^{n} A(i,j)$，也就是第 i 行所有元素的和；入度数为$\sum_{i=1}^{n} A(i,j)$，就是第 j 列所有元素的和。

（3）用邻接矩阵法表示图共需要 n^2 个单位空间，由于无向图的邻接矩阵一定要具有对称关系，因此扣除对角线全部为零外，存储上三角形或下三角形的数据即可，仅需 $n(n-1)/2$ 的单位空间。

下面来看一个范例：用邻接矩阵表示如图 10-16 所示的无向图。

因图 10-16 中共有 5 个顶点，故使用 5×5 的二维数组来存储数据。在该图中，先找和顶点 1 相邻的顶点有哪些，把和顶点 1 相邻的顶点坐标填入 1。

在邻接矩阵中填写与顶点 1 相邻的顶点 2 和顶点 5，如图 10-17 所示。以此类推其他顶点，填写完毕的邻接矩阵如图 10-18 所示。

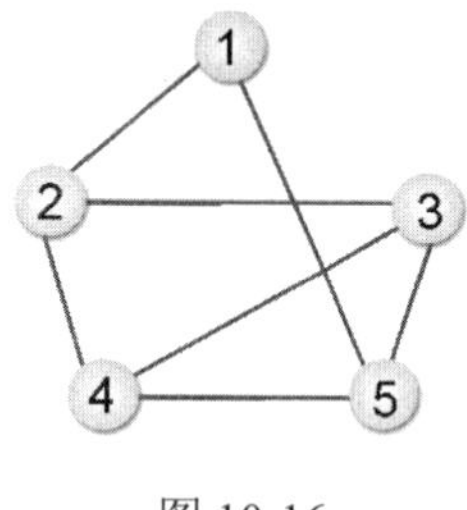

图 10-16

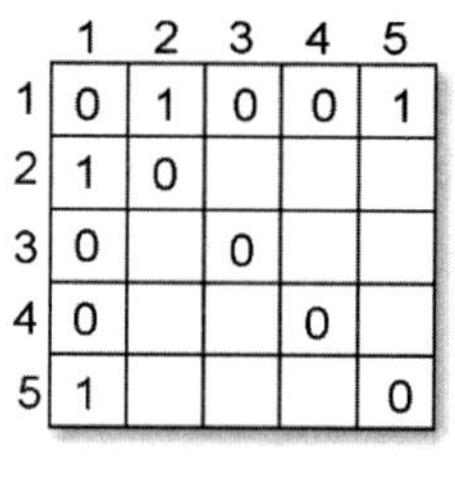

	1	2	3	4	5
1	0	1	0	0	1
2	1	0			
3	0		0		
4	0			0	
5	1				0

图 10-17

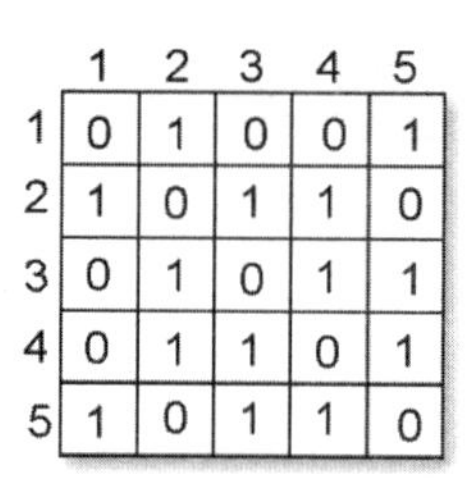

	1	2	3	4	5
1	0	1	0	0	1
2	1	0	1	1	0
3	0	1	0	1	1
4	0	1	1	0	1
5	1	0	1	1	0

图 10-18

对于有向图，邻接矩阵不一定是对称矩阵。其中，节点 i 的出度数为 $\sum_{j=1}^{n} A(i,j)$，也就是第 i 行所有元素 1 的和；入度数为 $\sum_{i=1}^{n} A(i,j)$，也就是第 j 列所有元素 1 的和。图 10-19 所示的是一个有向图及其邻接矩阵。

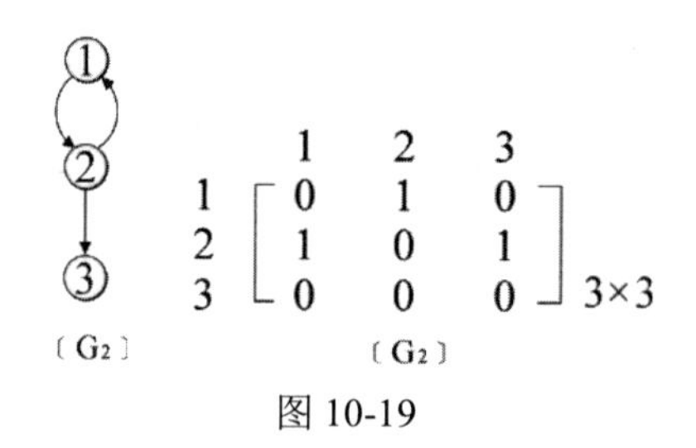

$$\begin{array}{c c} & \begin{array}{ccc} 1 & 2 & 3 \end{array} \\ \begin{array}{c} 1 \\ 2 \\ 3 \end{array} & \begin{bmatrix} 0 & 1 & 0 \\ 1 & 0 & 1 \\ 0 & 0 & 0 \end{bmatrix}_{3\times 3} \end{array}$$

图 10-19

用 Python 语言描述的无向图/有向图的 6×6 邻接矩阵的算法如下：

```
for i in range(10):      # 读取图的数据
    for j in range(2):   # 填入 arr 矩阵
        for k in range(6):
            tmpi=data[i][0]         # tmpi 为起始顶点
            tmpj=data[i][1]         # tmpj 为终止顶点
            arr[tmpi][tmpj]=1       # 有边的点填入 1

print('无向图形矩阵：')
for i in range(1,6):
    for j in range(1,6):
        print('[%d]  ' %arr[i][j],end='')  # 打印矩阵内容
    print()
```

假设有一个无向图，各边的起点值和终点值如下：

```
data=[[1,2],[2,1],[1,5],[5,1],[2,3],[3,2],[2,4],[4,2], [3,4],[4,3]]
```

试输出此图的邻接矩阵。

【范例程序：ch10_01.py】

```
01  arr=[[0]*6 for row in range(6)]          # 声明矩阵arr
02  # 图各边的起点值和终点值
03  data=[[1,2],[2,1],[1,5],[5,1], \
04        [2,3],[3,2],[2,4],[4,2], \
05        [3,4],[4,3]]
06  for i in range(10):                  # 读取图的数据
```

```
07      for j in range(2):            # 填入arr矩阵
08          for k in range(6):
09              tmpi=data[i][0]       # tmpi为起始顶点
10              tmpj=data[i][1]       # tmpj为终止顶点
11              arr[tmpi][tmpj]=1     # 有边的点填入1
12
13  print('无向图矩阵：')
14  for i in range(1,6):
15      for j in range(1,6):
16          print('[%d] ' %arr[i][j],end='')  # 打印矩阵内容
17      print()
```

【执行结果】　参考图 10-20。

```
无向图矩阵：
[0] [1] [0] [0] [1]
[1] [0] [1] [1] [0]
[0] [1] [0] [1] [0]
[0] [1] [1] [0] [0]
[1] [0] [0] [0] [0]
```

图 10-20

假设有一个有向图，各边的起点值和终点值如下：

data=[[1,2],[2,1],[2,3],[2,4],[4,3],[4,1]]

试输出此图的邻接矩阵。

```
01  arr=[[0]*6 for row in range(6)]  # 声明矩阵arr
02
03  data=[[1,2],[2,1],[2,3],[2,4],[4,3],[4,1]]  # 图各边的起点值和终点值
04  for i in range(6):              # 读取图的数据
05      for j in range(6):          # 填入arr矩阵
06          tmpi=data[i][0]         # tmpi为起始顶点
07          tmpj=data[i][1]         # tmpj为终止顶点
08          arr[tmpi][tmpj]=1       # 有边的点填入1
09
10  print('有向图矩阵：')
11  for i in range(1,6):
12      for j in range(1,6):
13          print('[%d] ' %arr[i][j],end='')  # 打印矩阵内容
14      print()
```

【执行结果】　参考图 10-21。

```
有向图矩阵：
[0] [1] [0] [0] [0]
[1] [0] [1] [1] [0]
[0] [0] [0] [0] [0]
[1] [0] [1] [0] [0]
[0] [0] [0] [0] [0]
```

图 10-21

10.2.2 邻接链表法

前面所介绍的邻接矩阵法的优点是借着矩阵的运算有许多针对图的特别应用。要在图中加入新边时，这个表示法的插入与删除操作非常简单。不过，稀疏矩阵空间比较浪费，并且计算所有顶点的度数时，其时间复杂度为 $O(n^2)$。

可以考虑更有效的方法——邻接链表法（Adjacency List）。这种表示法就是将一个 n 行的邻接矩阵表示成 n 个链表，比邻接矩阵节省空间，并且计算所有顶点的度数时，其时间复杂度为 $O(n+e)$，缺点是若有新边加入或从图中删除边时则要修改相关的链接，较为麻烦费时。

将图的 n 个顶点作为 n 个链表头，每个链表中的节点表示它们和链表头节点之间有边相连。

用 Python 语言描述的节点声明如下：

```
class list_node:
   def __init__(self):
self.val=0
self.next=None
```

在无向图中，因为对称的关系，若有 n 个顶点、m 个边，则形成 n 个链表头、$2m$ 个节点。在有向图中，则有 n 个链表头、m 个顶点，因此在邻接表中求所有顶点度数所需的时间复杂度为 $O(n+m)$。下面使用邻接链表来表示图 10-22 中所示的无向图（a）和有向图（b）。

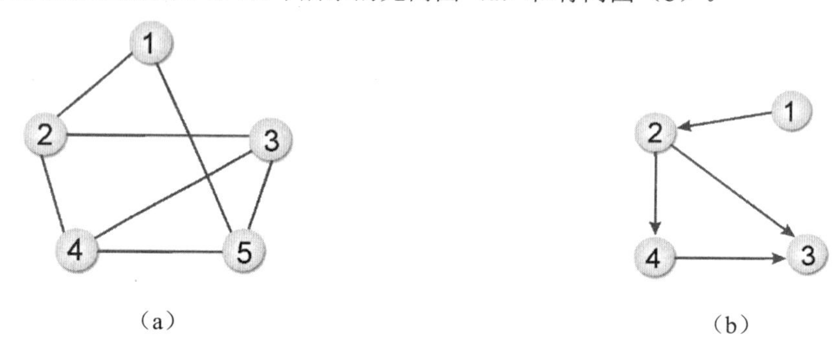

图 10-22

图 10-22（a）中有 5 个顶点，所以使用 5 个链表头。V_1 链表代表顶点 1，与顶点 1 相邻的顶点有 2 和 5，以此类推，得到的邻接链表如图 10-23 所示。

在图 10-22（b）中，有 4 个顶点，因而有 4 个链表头。V_1 链表代表顶点 1，与顶点 1 相邻的顶点有 2，以此类推，最终得到的邻接链表如图 10-24 所示。

使用数组存储图的边并建立邻接表，然后输出邻接节点的内容。

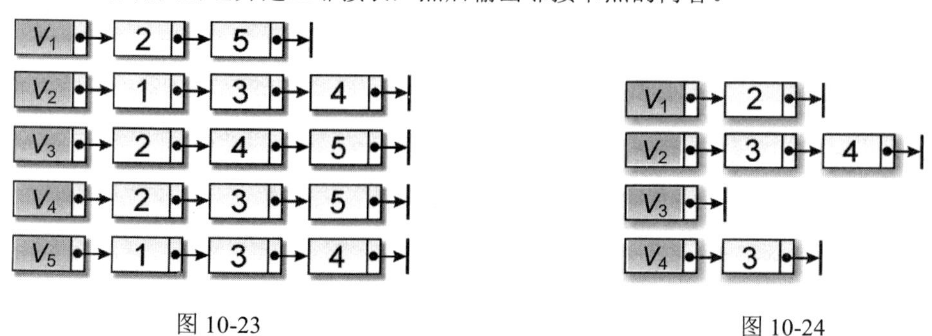

图 10-23

图 10-24

【范例程序：ch10_03.py】

```
01  class list_node:
02      def __init__(self):
03          self.val=0
04          self.next=None
05
06  head=[list_node()]*6    # 声明一个节点类型的链表
07
08  newnode=list_node()
09
10
11  # 图的数组声明
12  data=[[1,2],[2,1],[2,5],[5,2], \
13        [2,3],[3,2],[2,4],[4,2], \
14        [3,4],[4,3],[3,5],[5,3], \
15        [4,5],[5,4]]
16
17  print('图的邻接表内容：')
18  print('----------------------------------')
19  for i in range(1,6):
20      head[i].val=i    # 链表头head
21      head[i].next=None
22      print('顶点 %d =>' %i,end='')          # 把顶点值打印出来
23      ptr=head[i]
24      for j in range(14):                    # 遍历图的数组
25          if data[j][0]==i:                  # 如果节点值等于i，就将节点加入链表头
26              newnode.val=data[j][1]         # 声明新节点，值为终点值
27              newnode.next=None
28              while ptr!=None:               # 判断是否为链表的末尾
29                  ptr=ptr.next
30              ptr=newnode                    # 加入新节点
31              print('[%d] ' %newnode.val,end='')  # 打印相邻顶点
32      print()
```

【执行结果】　参考图 10-25。

```
图的邻接表内容：
----------------------------------
顶点 1 =>[2]
顶点 2 =>[1] [5] [3] [4]
顶点 3 =>[2] [4] [5]
顶点 4 =>[2] [3] [5]
顶点 5 =>[2] [3] [4]
```

图 10-25

10.2.3　邻接复合链表法

前面介绍的两个图的表示法都是从图的顶点出发，如果要处理的是“边”就必须使用邻接复

合链表（或称为邻接多叉链表）。邻接复合链表是处理无向图的另一种方法。邻接复合链表的节点用于存储边的数据，其结构如下：

M	V_1	V_2	LINK1	LINK2
记录单元	边起点	边终点	起点指针	终点指针

其中，相关特性说明如下：

- **M:** 记录该边是否被找过的字段，此字段为 1 比特。
- **V_1和 V_2:** 所记录的边的起点与终点。
- **LINK1:** 在尚有其他顶点与 V_1 相连的情况下，此字段会指向下一个与 V_1 相连的边节点，如果已经没有任何顶点与 V_1 相连，则指向 None。
- **LINK2:** 在尚有其他顶点与 V_2 相连的情况下，此字段会指向下一个与 V_2 相连的边节点，如果已经没有任何顶点与 V_2 相连，则指向 None。

例如，有 3 条边(1, 2)(1, 3)(2, 4)，用邻接复合链表法表示边(1, 2)的表示法如图 10-26 所示。下面以邻接复合链表来表示图 10-27 所示的无向图。

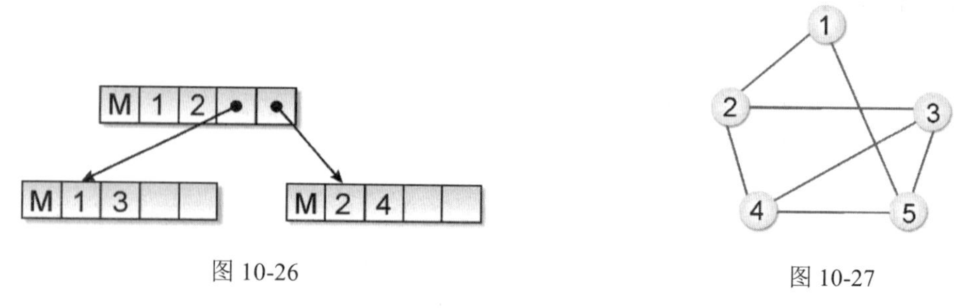

图 10-26　　图 10-27

分别把顶点和边的节点找出来，生成的邻接复合链表如图 10-28 所示。

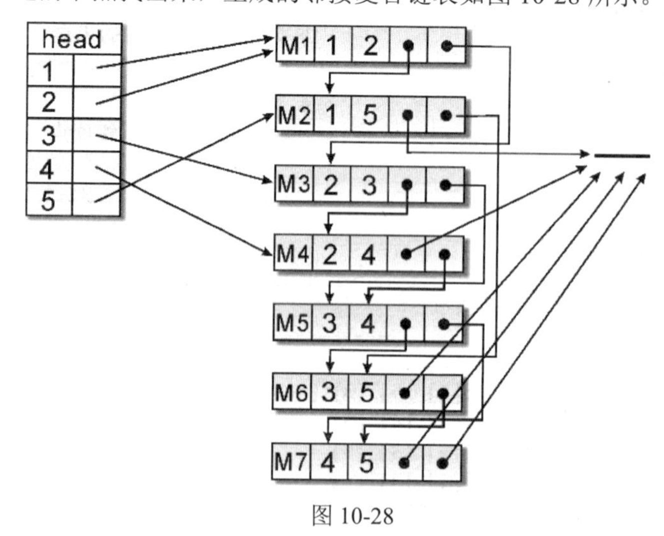

图 10-28

10.2.4 索引表格法

索引表格法用一维数组来按序存储与各顶点相邻的所有顶点，并建立索引表格来记录各顶点在此一维数组中第一个与该顶点相邻的位置。我们将以图 10-29 为例来介绍索引表格法，其对应的索引表格法的表示形式如图 10-30 所示。

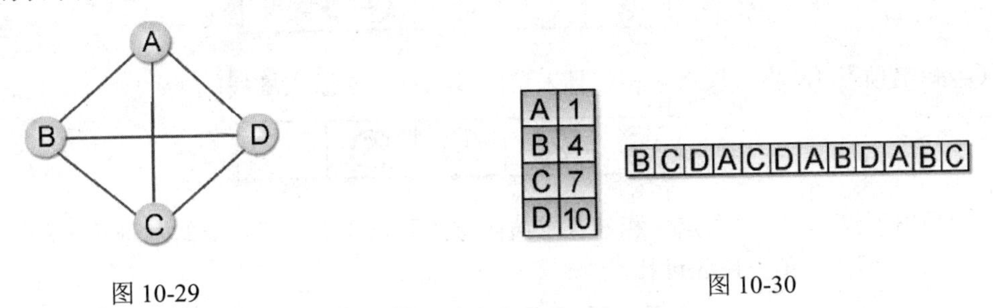

图 10-29　　　　图 10-30

10.3 图的遍历

树的遍历目的是访问树的每个节点一次，可用的方法有中序法、前序法和后序法。图的遍历可以定义如下：

一个图 $G = (V, E)$，存在某一顶点 v，我们希望从 v 开始，通过此节点相邻的节点去访问图 G 中的其他节点。也就是从某一个顶点 V_1 开始，遍历可以经过 V_1 到达的顶点，接着遍历下一个顶点直到全部的顶点遍历完毕。

在遍历的过程中可能会重复经过某些顶点和边。通过图的遍历可以判断该图是否连通，并找出连通分支和路径。图遍历的方法有两种："深度优先遍历"和"广度优先遍历"（也称为"深度优先搜索"和"广度优先搜索"）。

10.3.1 深度优先遍历法

深度优先遍历（Depth First Search，DFS）法的方式有点类似于前序遍历，从图的某一个顶点开始遍历，被访问过的顶点做上已访问的记号，接着遍历此顶点所有相邻且未访问过的顶点中的任意一个顶点，并做上已访问的记号，再以该点为新的起点继续进行深度优先的搜索。

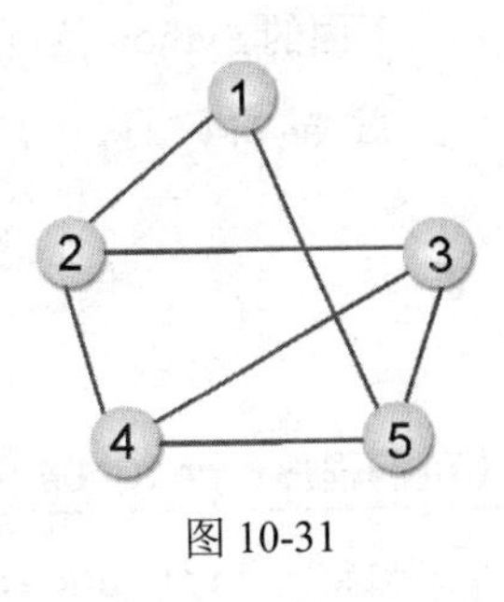

图 10-31

这种图的遍历方法结合了递归和堆栈两种数据结构的技巧，由于此方法会造成无限循环，因此必须加入一个变量，判断该点是否已经遍历完毕。下面我们以图 10-31 所示的无向图为例来看看深度优先遍历法的遍历过程。

① 以顶点 1 为起点，将相邻的顶点 5 和顶点 2 压入堆栈。注意，下面堆栈示意图的左边是堆栈底部，右边是堆栈顶部，数据只能从栈顶出栈（先进后出）。

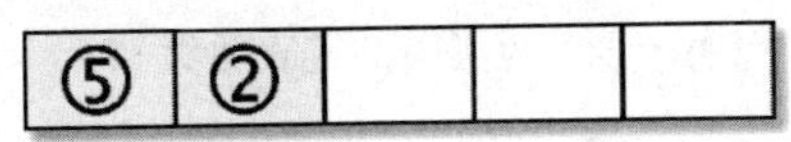

② 弹出顶点 2，将与顶点 2 相邻且未访问过的顶点 4 和顶点 3 压入堆栈。

③ 弹出顶点 3，将与顶点 3 相邻且未访问过的顶点 5 和顶点 4 压入堆栈。

⑤	④	⑤	④	

④ 弹出顶点 4，将与顶点 4 相邻且未访问过的顶点 5 压入堆栈。

⑤ 弹出顶点 5，将与顶点 5 相邻且未访问过的顶点压入堆栈。此时与顶点 5 相邻的顶点全部被访问过了，所以无须再压入堆栈。

⑥ 将堆栈内的值弹出并判断是否已经遍历过了，直到堆栈内无节点可遍历为止。

深度优先的遍历顺序为顶点 1、顶点 2、顶点 3、顶点 4、顶点 5。

用 Python 语言描述的深度优先遍历算法如下：

```
def dfs(current): # 深度优先遍历
    run[current]=1
    print('[%d] ' %current, end='')
    ptr=head[current].next
    while ptr!=None:
        if run[ptr.val]==0:  # 如果顶点尚未遍历，
            dfs(ptr.val)      # 就进行 dfs 的递归调用
        ptr=ptr.next
```

下面的 Python 范例程序实现了上述的深度优先遍历法，其中描述图的数组如下：

```
data=[[1,2],[2,1],[1,3],[3,1], \
      [2,4],[4,2],[2,5],[5,2], \
      [3,6],[6,3],[3,7],[7,3], \
      [4,8],[8,4],[5,8],[8,5], \
      [6,8],[8,6],[8,7],[7,8]]
```

【范例程序：ch10_04.py】

```
01  class list_node:
02      def __init__(self):
03          self.val=0
04          self.next=None
05
06  head=[list_node()]*9 # 声明一个节点类型的链表数组
07
08  run=[0]*9
09
10  def dfs(current): # 深度优先函数
11      run[current]=1
```

```
12      print('[%d] ' %current, end='')
13      ptr=head[current].next
14      while ptr!=None:
15          if run[ptr.val]==0:        # 如果顶点尚未遍历，
16              dfs(ptr.val)           # 就进行dfs的递归调用
17          ptr=ptr.next
18
19  # 声明图的边线数组
20  data=[[1,2],[2,1],[1,3],[3,1], \
21        [2,4],[4,2],[2,5],[5,2], \
22        [3,6],[6,3],[3,7],[7,3], \
23        [4,8],[8,4],[5,8],[8,5], \
24        [6,8],[8,6],[8,7],[7,8]]
25  for i in range(1,9):  # 共有八个顶点
26      run[i]=0            # 把所有顶点设置成尚未遍历过
27      head[i]=list_node()
28      head[i].val=i       # 设置各个链表头的初值
29      head[i].next=None
30      ptr=head[i]              # 设置指针指向链表头
31      for j in range(20):  # 二十条边线
32          if data[j][0]==i: # 如果起点和链表头相等，就把顶点加入链表
33              newnode=list_node()
34              newnode.val=data[j][1]
35              newnode.next=None
36              while True:
37                  ptr.next=newnode    # 加入新节点
38                  ptr=ptr.next
39                  if ptr.next==None:
40                      break
41
42
43  print('图的邻接表内容：')    # 打印图的邻接表内容
44  for i in range(1,9):
45      ptr=head[i]
46      print('顶点 %d=> ' %i,end='')
47      ptr =ptr.next
48      while ptr!=None:
49          print('[%d] ' %ptr.val,end='')
50          ptr=ptr.next
51      print()
52  print('深度优先遍历的顶点：') # 打印深度优先遍历的顶点
53  dfs(1)
54  print()
```

【执行结果】　参考图 10-32。

```
图的邻接表内容：
顶点 1=> [2] [3]
顶点 2=> [1] [4] [5]
顶点 3=> [1] [6] [7]
顶点 4=> [2] [8]
顶点 5=> [2] [8]
顶点 6=> [3] [8]
顶点 7=> [3] [8]
顶点 8=> [4] [5] [6] [7]
深度优先遍历的顶点：
[1] [2] [4] [8] [5] [6] [3] [7]
```

图 10-32

10.3.2 广度优先遍历法

之前所谈到的深度优先遍历法是利用堆栈和递归的技巧来遍历图，广度优先遍历法（Breadth First Search，BFS）则是使用队列和递归技巧来遍历图，也是从图的某一顶点开始遍历，被访问过的顶点做上已访问的记号，接着遍历此顶点所有相邻且未访问过的顶点中的任意一个顶点，并做上已访问的记号，再以该点为新的起点继续进行广度优先遍历。下面以图 10-33 为例来看看广度优先的遍历过程。

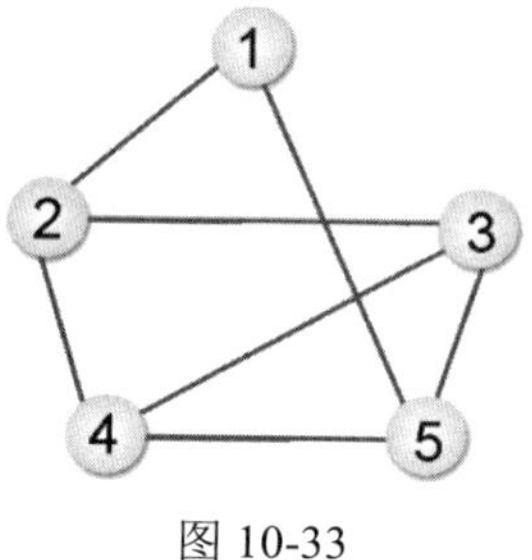

图 10-33

① 以顶点 1 为起点，将与顶点 1 相邻且未访问过的顶点 2 和顶点 5 加入队列。注意，下面队列示意图的左边是队首，右边是队尾，数据只能从队首出队尾进（先进先出）。

②	⑤			

② 取出顶点 2，将与顶点 2 相邻且未访问过的顶点 3 和顶点 4 加入队列。

⑤	③	④		

③ 取出顶点 5，将与顶点 5 相邻且未访问过的顶点 3 和顶点 4 加入队列。

③	④	③	④	

④ 取出顶点 3，将与顶点 3 相邻且未访问过的顶点 4 加入队列。

④	③	④	④	

⑤ 取出顶点 4，将与顶点 4 相邻且未访问过的顶点加入队列中。此时与顶点 4 相邻的顶点全部被访问过了，所以无须再加入队列中。

③	④	④		

⑥ 将队列内的值取出并判断是否已经遍历过了，直到队列内无节点可遍历为止。

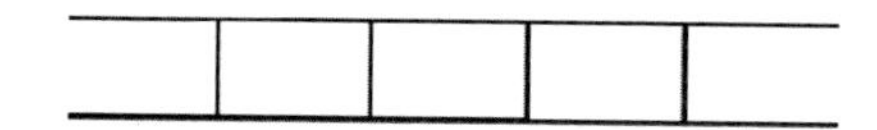

广度优先的遍历顺序为顶点 1、顶点 2、顶点 5、顶点 3、顶点 4。

用 Python 语言描述的广度优先遍历算法如下：

```
#广度优先遍历
def bfs(current):
   global front
   global rear
   global Head
   global run
   enqueue(current)  # 将第一个顶点存入队列
   run[current]=1    # 将遍历过的顶点设置为 1
   print('[%d]' %current, end='') # 打印出遍历过的顶点
   while front!=rear:    # 判断当前的队列是否为空
      current=dequeue() # 将顶点从队列中取出
      tempnode=Head[current].first # 先记录当前顶点的位置
      while tempnode!=None:
         if run[tempnode.x]==0:
            enqueue(tempnode.x)
            run[tempnode.x]=1 # 记录已遍历过
            print('[%d]' %tempnode.x,end='')
         tempnode=tempnode.next
```

下面的 Python 范例程序实现了上述的广度优先遍历法，其中描述图的数组如下：

```
Data =[[1,2],[2,1],[1,3],[3,1],[2,4], \
       [4,2],[2,5],[5,2],[3,6],[6,3], \
       [3,7],[7,3],[4,5],[5,4],[6,7],[7,6],[5,8],[8,5],[6,8],[8,6]]
```

【范例程序：ch10_05.py】

```
01  MAXSIZE=10  # 定义队列的最大容量
02
03  front=-1 # 指向队列的前端
04  rear=-1  # 指向队列的末尾
05
06  class Node:
07      def __init__(self,x):
08          self.x=x          # 顶点数据
09          self.next=None  # 指向下一个顶点的指针
10
11  class GraphLink:
12      def __init__(self):
13          self.first=None
14          self.last=None
15
16      def my_print(self):
17          current=self.first
18          while current!=None:
19              print('[%d]' %current.x,end='')
20              current=current.next
21          print()
```

```
22
23      def insert(self,x):
24          newNode=Node(x)
25          if self.first==None:
26              self.first=newNode
27              self.last=newNode
28          else:
29              self.last.next=newNode
30              self.last=newNode
31
32  # 队列数据的存入
33  def enqueue(value):
34      global MAXSIZE
35      global rear
36      global queue
37      if rear>=MAXSIZE:
38          return
39      rear+=1
40      queue[rear]=value
41
42
43  # 队列数据的取出
44  def dequeue():
45      global front
46      global queue
47      if front==rear:
48          return -1
49      front+=1
50      return queue[front]
51
52  # 广度优先遍历
53  def bfs(current):
54      global front
55      global rear
56      global Head
57      global run
58      enqueue(current) # 将第一个顶点存入队列
59      run[current]=1     # 将遍历过的顶点设置为1
60      print('[%d]' %current, end='')       # 打印出该遍历过的顶点
61      while front!=rear:                   # 判断当前的队伍是否为空
62          current=dequeue()                # 将顶点从队列中取出
63          tempnode=Head[current].first     # 记录当前顶点的位置
64          while tempnode!=None:
65              if run[tempnode.x]==0:
66                  enqueue(tempnode.x)
67                  run[tempnode.x]=1    # 记录已遍历过
68                  print('[%d]' %tempnode.x,end='')
69              tempnode=tempnode.next
70
```

```
71  # 声明图的边线数组
72  Data=[[0]*2 for row in range(20)]
73
74  Data =[[1,2],[2,1],[1,3],[3,1],[2,4], \
75        [4,2],[2,5],[5,2],[3,6],[6,3], \
76        [3,7],[7,3],[4,5],[5,4],[6,7],[7,6],[5,8],[8,5],[6,8],[8,6]]
77
78  run=[0]*9 #用来记录各顶点是否遍历过
79  queue=[0]*MAXSIZE
80  Head=[GraphLink]*9
81
82  print('图的邻接表内容：')       # 打印图的邻接表内容
83  for i in range(1,9):          # 共有8个顶点
84      run[i]=0                  # 把所有顶点设置成尚未遍历过
85      print('顶点%d=>' %i,end='')
86      Head[i]=GraphLink()
87      for j in range(20):
88          if Data[j][0]==i:     # 如果起点和链表头相等，就把顶点加入链表
89              DataNum = Data[j][1]
90              Head[i].insert(DataNum)
91      Head[i].my_print()        # 打印图的邻接表内容
92
93  print('广度优先遍历的顶点：')   # 打印广度优先遍历的顶点
94  bfs(1)
95  print()
```

【执行结果】 参考图10-34。

```
图的邻接表内容：
顶点1=>[2][3]
顶点2=>[1][4][5]
顶点3=>[1][6][7]
顶点4=>[2][5]
顶点5=>[2][4][8]
顶点6=>[3][7][8]
顶点7=>[3][6]
顶点8=>[5][6]
广度优先遍历的顶点：
[1][2][3][4][5][6][7][8]
```

图 10-34

10.4 生 成 树

生成树（Spanning Tree）又称“花费树”“成本树”或“价值树”。一个图的生成树就是以最少的边来连通图中所有的顶点，且不造成回路（Cycle）的树结构。在树的边上加一个权重（Weight）值，这种图就称为“加权图”（Weighted Graph）。如果这个权重值代表两个顶点间的距离（Distance）或成本（Cost），那么这类图就称为“网络”（Network），如图10-35所示。

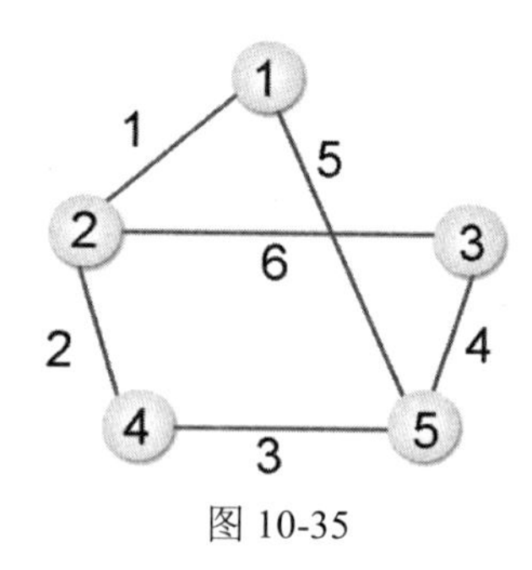

图 10-35

从顶点 1 到顶点 5 有（1+2+3）、（1+6+4）和 5 三条路径成本，最小成本生成树（Minimum Cost Spanning Tree）则是路径成本为 5 的生成树，如图 10-36 所示。

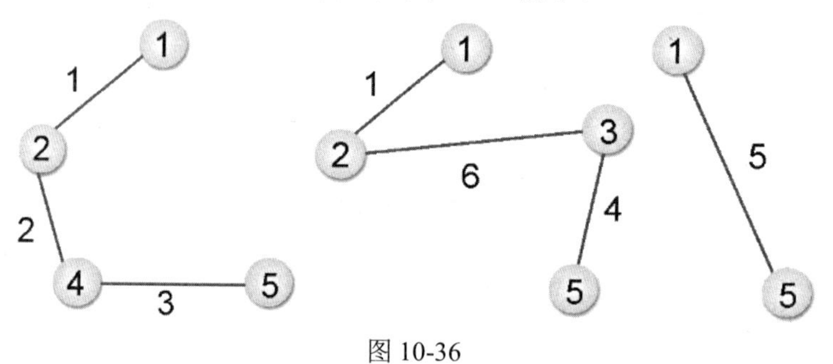

图 10-36

在一个加权图形中找到最小成本生成树是相当重要的，因为许多工作都可以用图来表示，例如从北京到上海的距离或花费等。接着将介绍以“贪婪法则”（Greedy Rule）为基础求出一个无向连通图的最小生成树的常见方法——Prim 算法和 Kruskal 算法。

10.4.1 Prim 算法

Prim 算法又称 P 氏法，具体计算方法是：对于一个加权图 $G=(V, E)$，设 $V=\{1,2,\cdots,n\}$、$U=\{1\}$，也就是说 U 和 V 是两个顶点的集合；然后从 $U–V$ 差集所产生的集合中找出一个顶点 x，该顶点 x 能与 U 集合中的某点形成最小成本的边，且不会造成回路；接着将顶点 x 加入 U 集合中，反复执行同样的步骤，一直到 U 集合等于 V 集合（$U=V$）为止。

接下来，我们将实际使用 P 氏法求出图 10-37 的最小成本生成树。

① 从图 10-37 可知 $V=\{1, 2, 3, 4, 5, 6\}$，$U=\{1\}$。
从 $V-U=\{2, 3, 4, 5, 6\}$ 中找一个顶点与 U 顶点形成最小成本的边，得到图 10-38。
此时 $V-U=\{2, 3, 4, 6\}$，$U=\{1, 5\}$。

② 从 $V-U$ 中找到一个顶点与 U 顶点形成最小成本的边，得到图 10-39。
此时 $U=\{1, 5, 6\}$，$V-U=\{2, 3, 4\}$。

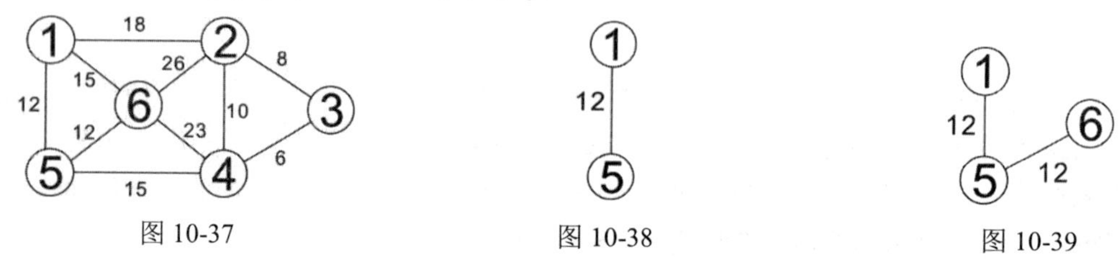

图 10-37　图 10-38　图 10-39

③ 同理，找到顶点 4。

$U = \{1, 5, 6, 4\}$，$V - U = \{2, 3\}$，得到图 10-40。

④ 同理，找到顶点 3，得到图 10-41。

⑤ 同理，找到顶点 2，得到图 10-42。

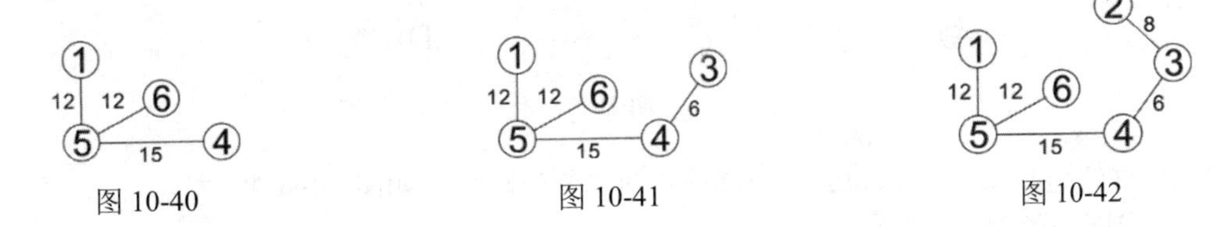

图 10-40　　图 10-41　　图 10-42

10.4.2 Kruskal 算法

Kruskal 算法又称为 K 氏法，将各边按权值大小从小到大排列，接着从权值最低的边开始建立最小成本生成树，若加入的边会造成回路则舍弃不用，直到加入 n–1 个边为止。

这种方法看起来似乎不太难，下面我们看看如何以 K 氏法得到图 10-43 的最小成本生成树。

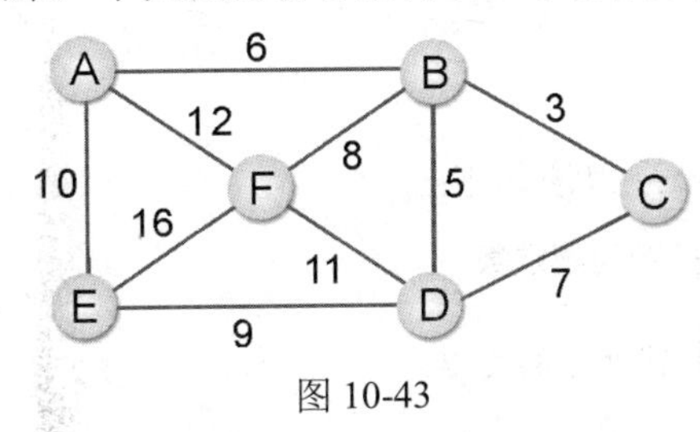

图 10-43

① 把所有边的成本列出，并从小到大排序，如表 10-1 所示。

表 10-1　所有边的成本

起始顶点	终止顶点	成　本
B	C	3
B	D	5
A	B	6
C	D	7
B	F	8
D	E	9
A	E	10
D	F	11
A	F	12
E	F	16

② 选择成本最低的一条边作为建立最小成本生成树的起点，如图 10-44 所示。

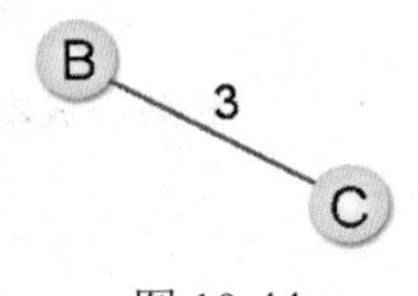

图 10-44

③ 依照表 10-1 按序加入边，如图 10-45 所示。

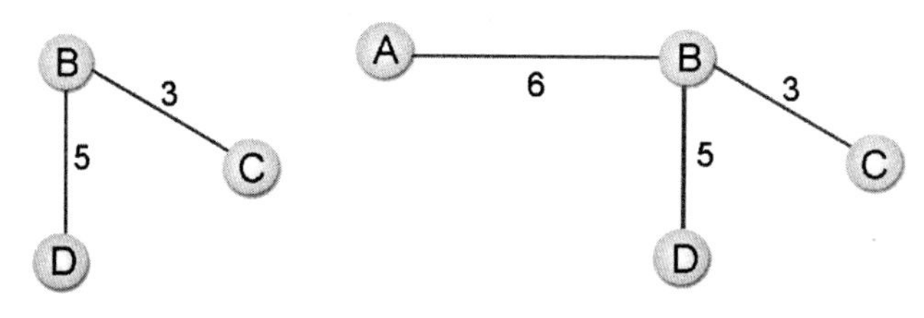

图 10-45

④ 因为 C 和 D 之间加入边会形成回路，所以直接跳过，如图 10-46 所示。
⑤ 完成图如图 10-47 所示。

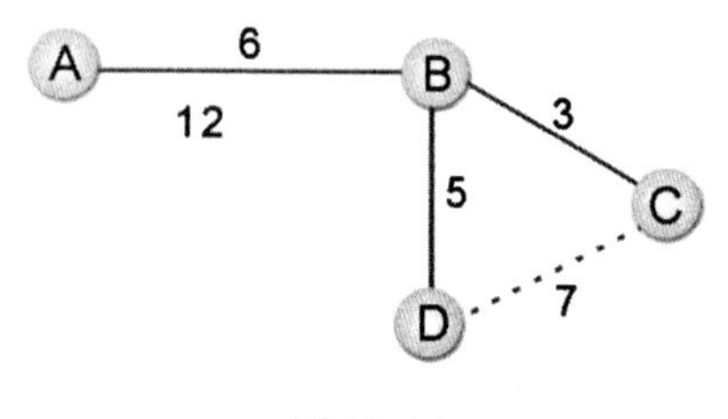

图 10-46

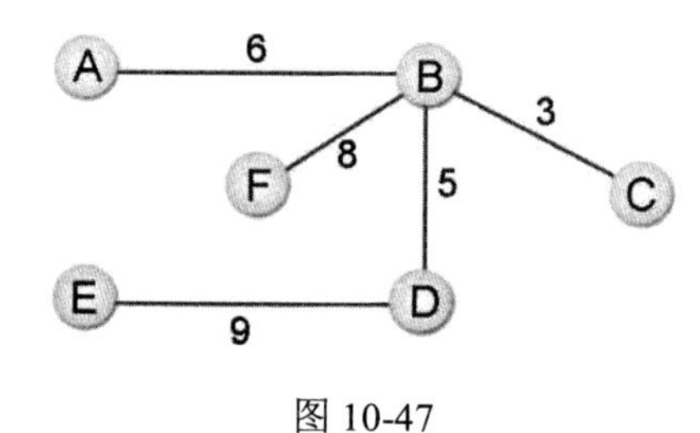

图 10-47

用 Python 语言编写的 Kruskal 算法如下：

```
VERTS=6                 # 图的顶点数

class edge:             # 声明边的类
    def __init__(self):
        self.start=0
        self.to=0
        self.find=0
        self.val=0
        self.next=None

v=[0]*(VERTS+1)


def findmincost(head):  # 搜索成本最小的边
    minval=100
    ptr=head
    while ptr!=None:
        if ptr.val<minval and ptr.find==0: # 假如 ptr.val 的值小于 minval
            minval=ptr.val                 # 就把 ptr.val 设为最小值
            retptr=ptr                     # 并且把 ptr 记录下来
        ptr=ptr.next
    retptr.find=1  # 将 retptr 设为已找到的边
    return retptr  # 返回 retptr

def mintree(head):                       # 最小成本生成树函数
    global VERTS
    result=0
    ptr=head
```

```
    for i in range(VERTS):
        v[i]=0
    while ptr!=None:
        mceptr=findmincost(head)
        v[mceptr.start]=v[mceptr.start]+1
        v[mceptr.to]=v[mceptr.to]+1
        if v[mceptr.start]>1 and v[mceptr.to]>1:
            v[mceptr.start]=v[mceptr.start]-1
            v[mceptr.to]=v[mceptr.to]-1
            result=1
        else:
            result=0
        if result==0:
            print('起始顶点 [%d] -> 终止顶点 [%d] -> 路径长度 [%d]' \
                  %(mceptr.start, mceptr.to, mceptr.val))
        ptr=ptr.next
```

下面的 Python 范例程序使用一个二维数组存储树并对 K 氏法的成本表进行排序，求取最小成本生成树。其中，二维数组如下：

```
data=[[1,2,6],[1,6,12],[1,5,10],[2,3,3], \
      [2,4,5],[2,6,8],[3,4,7],[4,6,11], \
      [4,5,9],[5,6,16]]
```

【范例程序：ch10_06.py】

```
01  VERTS=6                    # 图的顶点数
02
03  class edge:                # 声明边的类
04      def __init__(self):
05          self.start=0
06          self.to=0
07          self.find=0
08          self.val=0
09          self.next=None
10
11  v=[0]*(VERTS+1)
12
13
14  def findmincost(head):  # 搜索成本最小的边
15      minval=100
16      ptr=head
17      while ptr!=None:
18          if ptr.val<minval and ptr.find==0: # 假如ptr.val的值小于minval
19              minval=ptr.val                 # 就把ptr.val设为最小值
20              retptr=ptr                     # 并且把ptr记录下来
21          ptr=ptr.next
22      retptr.find=1  # 将retptr设为已找到的边
23      return retptr  # 返回retptr
24
25
```

```
26  def mintree(head):        # 最小成本生成树函数
27      global VERTS
28      result=0
29      ptr=head
30      for i in range(VERTS):
31          v[i]=0
32      while ptr!=None:
33          mceptr=findmincost(head)
34          v[mceptr.start]=v[mceptr.start]+1
35          v[mceptr.to]=v[mceptr.to]+1
36          if v[mceptr.start]>1 and v[mceptr.to]>1:
37              v[mceptr.start]=v[mceptr.start]-1
38              v[mceptr.to]=v[mceptr.to]-1
39              result=1
40          else:
41              result=0
42          if result==0:
43              print('起始顶点 [%d] -> 终止顶点 [%d] -> 路径长度 [%d]' \
44                    %(mceptr.start,mceptr.to,mceptr.val))
45          ptr=ptr.next
46
47  # 成本表数组
48  data=[[1,2,6],[1,6,12],[1,5,10],[2,3,3], \
49        [2,4,5],[2,6,8],[3,4,7],[4,6,11], \
50        [4,5,9],[5,6,16]]
51  head=None
52  # 建立图的链表
53  for i in range(10):
54      for j in range(1,VERTS+1):
55          if data[i][0]==j:
56              newnode=edge()
57              newnode.start=data[i][0]
58              newnode.to=data[i][1]
59              newnode.val=data[i][2]
60              newnode.find=0
61              newnode.next=None
62              if head==None:
63                  head=newnode
64                  head.next=None
65                  ptr=head
66              else:
67                  ptr.next=newnode
68                  ptr=ptr.next
69
70  print('------------------------------------------------')
71  print('建立最小成本生成树：')
72  print('------------------------------------------------')
73  mintree(head)                    # 建立最小成本生成树
```

【执行结果】　参考图 10-48。

```
---------------------------------------------------
建立最小成本生成树：
---------------------------------------------------
起始顶点 [2] -> 终止顶点 [3] -> 路径长度 [3]
起始顶点 [2] -> 终止顶点 [4] -> 路径长度 [5]
起始顶点 [1] -> 终止顶点 [2] -> 路径长度 [6]
起始顶点 [2] -> 终止顶点 [6] -> 路径长度 [8]
起始顶点 [4] -> 终止顶点 [5] -> 路径长度 [9]
```

图 10-48

10.5　图的最短路径法

在一个有向图 $G = (V, E)$中，它的每一条边都有一个权重 W（Weight，也就是成本或花费）与之对应，如果想求图 G 中某一个顶点 V_0 到其他顶点最小的 W 总和，那么这类问题就称为最短路径问题（Shortest Path Problem）。现在交通运输工具和通信工具非常便利，两地之间发生货物运送（见图 10-49）或进行信息传递时最短路径的问题随时都可能会因需求而产生。简单来说，就是找出两个端点之间可通行的快捷方式。

在 10.4 节中介绍的最小成本生成树就是计算连通网络中每一个顶点所需的最少成本，但连通树中任意两个顶点的路径不一定就是一条成本最少的路径，这也是本节研究最短路径问题的主要理由。下面开始讨论最短路径常见的算法。

图 10-49

10.5.1　Dijkstra 算法与 A*算法

1. Dijkstra 算法

一个顶点到多个顶点的最短路径通常使用 Dijkstra 算法求得。Dijkstra 的算法如下：

假设 $S = \{V_i \mid V_i \in V\}$，且 V_i 在已发现的最短路径中，其中 $V_0 \in S$ 是起点。

假设 $w \notin S$，定义 DIST(w)是从 V_0 到 w 的最短路径，这条路径除了 w 外必属于 S，并且具有以下几点特性。

① 如果 u 是当前所找到最短路径的下一个节点，那么 u 必属于 $V - S$ 集合中最小成本的边。

② 若 u 被选中，将 u 加入 S 集合中，则会产生当前从 V_0 到 u 的最短路径。对于 $w \notin S$，DIST(w)被改变成 $\text{DIST}(w) \leftarrow \min\{\text{DIST}(w), \text{DIST}(u) + \text{COST}(u, w)\}$。

从上述的算法中，我们可以推演出如下步骤：

① 首先进行定义：

```
G = (V, E)
D[k] = A[F, k]，其中 k 从 1 到 N
S={F}
```

```
V={1,2,...,N}
```

- D 为一个 N 维数组，用来存放某一顶点到其他顶点的最短距离。
- F 表示起始顶点。
- $A[F, I]$ 为顶点 F 到 I 的距离。
- V 是网络中所有顶点的集合。
- E 是网络中所有边的组合。
- S 也是顶点的集合，其初始值是 $S = \{F\}$。

② 从 V-S 集合中找到一个顶点 x，使 $D(x)$的值为最小值，并把 x 放入 S 集合中。

③ 按下列公式计算：

$$D[I] = \min(D[I], D[x] + A[x, I])$$

其中，$(x, I) \in E$，用来调整 D 数组的值；I 是指 x 相邻的各个顶点。

④ 重复执行步骤 2，一直到 V-S 是空集合为止。

下面看一个例子：在图 10-50 中找出顶点 5 到各顶点之间的最短路径。

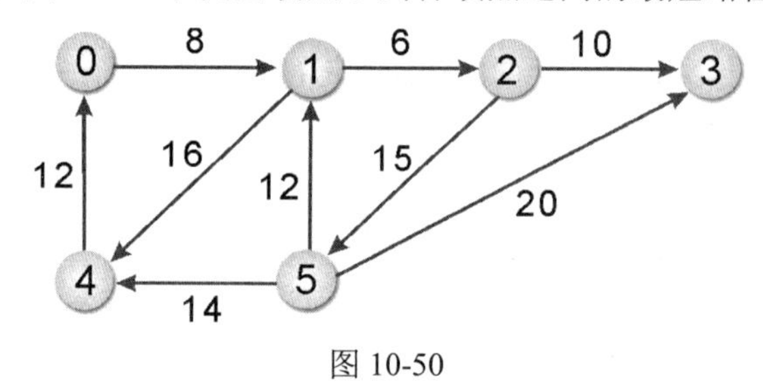

图 10-50

首先从顶点 5 开始，找出顶点 5 到各顶点之间最小的距离，到达不了的用 ∞ 表示，步骤如下：

① $D[0] = \infty$，$D[1]=12$，$D[2] = \infty$，$D[3] = 20$，$D[4] = 14$。在其中找出值最小的顶点并加入 S 集合中：$D[1]$。

② $D[0] = \infty$，$D[1] = 12$，$D[2] = 18$，$D[3] = 20$，$D[4] = 14$。$D[4]$最小，加入 S 集合中。

③ $D[0] = 26$，$D[1] = 12$，$D[2] = 18$，$D[3] = 20$，$D[4] = 14$。$D[2]$最小，加入 S 集合中。

④ $D[0] = 26$，$D[1]=12$，$D[2] = 18$，$D[3] = 20$，$D[4] = 14$。$D[3]$最小，加入 S 集合中。

⑤ 加入最后一个顶点即可得到表 10-2。

表 10-2 找最短路径的数据展示

步　骤	S	0	1	2	3	4	5	选　　择
1	5	∞	12	∞	20	14	0	1
2	5, 1	∞	12	18	20	14	0	4
3	5, 1, 4	26	12	18	20	14	0	2
4	5, 1, 4, 2	26	12	18	20	14	0	3
5	5, 1, 4, 2, 3	26	12	18	20	14	0	0

从顶点 5 到其他各顶点的最短距离为：

- 顶点 5 到顶点 0：26。
- 顶点 5 到顶点 1：12。
- 顶点 5 到顶点 2：18。
- 顶点 5 到顶点 3：20。
- 顶点 5 到顶点 4：14。

下面的 Python 范例程序以 Dijkstra 算法来求如下成本数组中顶点 1 对全部图的顶点间的最短路径：

```
Path_Cost = [ [1, 2, 29], [2, 3, 30],[2, 4, 35], \
              [3, 5, 28],[3, 6, 87],[4, 5, 42], \
              [4, 6, 75],[5, 6, 97]]
```

【范例程序：ch10_07.py】

```
01  SIZE=7
02  NUMBER=6
03  INFINITE=99999 # 无穷大
04
05  Graph_Matrix=[[0]*SIZE for row in range(SIZE)] # 图的数组
06  distance=[0]*SIZE  # 路径长度数组
07
08  def BuildGraph_Matrix(Path_Cost):
09      for i in range(1,SIZE):
10          for j in range(1,SIZE):
11              if i == j :
12                  Graph_Matrix[i][j] = 0 # 对角线设为0
13              else:
14                  Graph_Matrix[i][j] = INFINITE
15      # 存入图的边
16      i=0
17      while i<SIZE:
18          Start_Point = Path_Cost[i][0]
19          End_Point = Path_Cost[i][1]
20          Graph_Matrix[Start_Point][End_Point]=Path_Cost[i][2]
21          i+=1
22
23
24  # 单点对全部顶点的最短距离
25  def shortestPath(vertex1, vertex_total):
26      shortest_vertex = 1   # 记录最短距离的顶点
27      goal=[0]*SIZE         # 用来记录该顶点是否被选取
28      for i in range(1,vertex_total+1):
29          goal[i] = 0
30          distance[i] = Graph_Matrix[vertex1][i]
31      goal[vertex1] = 1
32      distance[vertex1] = 0
```

```
33      print()
34
35      for i in range(1,vertex_total):
36          shortest_distance = INFINITE
37          for j in range(1,vertex_total+1):
38              if goal[j]==0 and shortest_distance>distance[j]:
39                  shortest_distance=distance[j]
40                  shortest_vertex=j
41
42          goal[shortest_vertex] = 1
43          # 计算开始顶点到各顶点的最短距离
44          for j in range(vertex_total+1):
45              if goal[j] == 0 and \
46                 distance[shortest_vertex]+Graph_Matrix[shortest_vertex][j] \
47                 <distance[j]:
48                  distance[j]=distance[shortest_vertex] \
49                  +Graph_Matrix[shortest_vertex][j]
50
51  # 主程序
52  global Path_Cost
53  Path_Cost = [ [1, 2, 29], [2, 3, 30],[2, 4, 35], \
54                [3, 5, 28],[3, 6, 87],[4, 5, 42], \
55                [4, 6, 75],[5, 6, 97]]
56
57  BuildGraph_Matrix(Path_Cost)
58  shortestPath(1,NUMBER) # 搜索最短路径
59  print('-----------------------------------')
60  print('顶点1到各顶点最短距离的最终结果')
61  print('-----------------------------------')
62  for j in range(1,SIZE):
63      print('顶点 1到顶点%2d的最短距离=%3d' %(j,distance[j]))
64  print('-----------------------------------')
65  print()
```

【执行结果】 参考图 10-51。

```
-----------------------------------
顶点1到各顶点最短距离的最终结果
-----------------------------------
顶点 1到顶点 1的最短距离=  0
顶点 1到顶点 2的最短距离= 29
顶点 1到顶点 3的最短距离= 59
顶点 1到顶点 4的最短距离= 64
顶点 1到顶点 5的最短距离= 87
顶点 1到顶点 6的最短距离=139
-----------------------------------
```

图 10-51

2. A*算法

前面介绍的 Dijkstra 算法在寻找最短路径的过程中是一个效率不高的算法，因为这个算法在寻找起点到各个顶点距离的过程中无论哪一个顶点都要实际计算起点与各个顶点之间的距离，以获得最后的一个判断：到底哪一个顶点距离与起点最近。

也就是说，Dijkstra 算法在带有权重值或成本值的有向图间，使用的最短路径寻找方式只是简单地使用广度优先进行查找，完全忽略了许多有用的信息。这种查找算法会消耗许多系统资源，包括 CPU 的时间与内存空间。如果能有更好的方式帮助我们预估从各个顶点到终点的距离，善加利用这些信息，就可以预先判断图上有哪些顶点离终点的距离较远，以便直接略过这些顶点的查找。这种更有效率的查找算法有助于程序以更快的方式找到最短路径。

在这种需求的考虑下，A*算法可以说是一种 Dijkstra 算法的改进版，结合了在路径查找过程中从起点到各个顶点的“实际权重”及各个顶点预估到达终点的“推测权重”（Heuristic Cost）两个因素，可以有效地减少不必要的查找操作，从而提高查找最短路径的效率，如图 10-52 所示。

A*算法也是一种最短路径算法。与 Dijkstra 算法不同的是，A*算法会预先设置一个“推测权重”，并在查找最短路径的过程中将“推测权重”一并纳入决定最短路径的考虑因素中。所谓“推测权重”，就是根据事先知道的信息来给定一个预估值。结合这个预估值，A*算法可以更有效地查找最短路径。

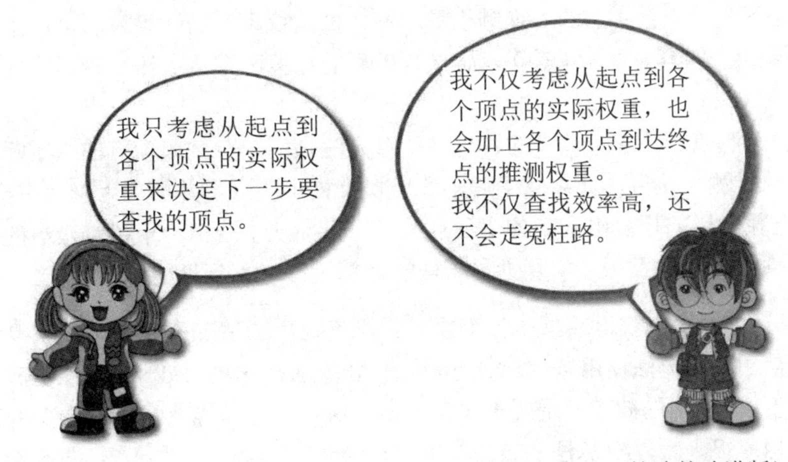

图 10-52

例如，在寻找一个已知“起点位置”与“终点位置”的迷宫最短路径问题中，因为事先知道迷宫的终点位置，所以可以采用顶点和终点的欧氏几何平面直线距离（Euclidean Distance，数学定义中的平面两点间的距离）作为该顶点的推测权重。

> **提　示**
>
> 在 A*算法中，用来计算推测权重的距离评估函数除了上面所提到的欧氏几何平面直线距离外，还有许多距离评估函数可供选择，如曼哈顿距离（Manhattan Distance）和切比雪夫距离（Chebyshev Distance）等。对于二维平面上的两个点(x_1, y_1)和(x_2, y_2)，这 3 种距离的计算方式如下:

提　示（续）

（1）曼哈顿距离：

$D=|x_1-x_2|+|y_1-y_2|$

（2）切比雪夫距离：

$D=\max(|x_1-x_2|,|y_1-y_2|)$

（3）欧氏几何平面直线距离：

$D=\sqrt{(x_1-x_2)^2+(y_1-y_2)^2}$

A*算法并不像 Dijkstra 算法那样只单一考虑从起点到这个顶点的实际权重（实际距离）来决定下一步要尝试的顶点。不同的做法是，A*算法在计算从起点到各个顶点的权重时会同步考虑从起点到这个顶点的实际权重，以及该顶点到终点的推测权重，以估算出该顶点从起点到终点的权重，再从中选出一个权重最小的顶点，并将该顶点标记为已查找完毕。接着计算从查找完毕的顶点出发到各个顶点的权重，并从中选出一个权重最小的顶点，遵循前面同样的做法，将该顶点标记为已查找完毕的顶点。以此类推，反复进行同样的步骤，直到抵达终点才结束查找工作，最终即可得到最短路径的解答。

下面做一个简单的总结，实现 A*算法的主要步骤是：

① 首先确定各个顶点到终点的“推测权重”。“推测权重”的计算方法可以采用各个顶点和终点之间的直线距离（四舍五入后的值），而直线距离的计算函数从上述 3 种距离的计算方式中选择其一即可。

② 分别计算从起点抵达各个顶点的权重，计算方法是由起点到该顶点的“实际权重”加上该顶点抵达终点的“推测权重”。计算完毕后，选出权重最小的点，并标记为查找完毕的点。

③ 计算从查找完毕的顶点出发到各个顶点的权重，并从中选出一个权重最小的顶点，将其标记为查找完毕的顶点。以此类推，反复进行同样的计算过程，直到抵达终点。

A*算法适用于可以事先获得或预估各个顶点到终点距离的情况，如果无法获得各个顶点到目的地终点的距离信息，就无法使用 A*算法。虽然说 A*算法是一种 Dijkstra 算法的改进版，但是并不是指任何情况下 A*算法的效率一定优于 Dijkstra 算法。例如，当“推测权重”的距离与实际两个顶点间的距离相差很大时，A*算法的查找效率可能会比 Dijkstra 算法更差，甚至会误导方向，无法得到最短路径的最终答案。

如果推测权重所设置的距离与实际两个顶点间的真实距离误差不大，那么 A*算法的查找效率会远大于 Dijkstra 算法。因此，A*算法常被应用于游戏软件中玩家与怪物两种角色间的追逐行为，或者是引导玩家以最有效率的路径及最便捷的方式快速突破游戏关卡，如图 10-53 所示。

图 10-53

10.5.2 Floyd 算法

Dijkstra 的方法只能求出某一点到其他顶点的最短距离，如果想求出图中任意两点甚至所有顶点间最短的距离，就必须使用 Floyd 算法。

Floyd 算法定义：

① $A^k[i][j] = \min\{A^{k-1}[i][j], A^{k-1}[i][k]+A^{k-1}[k][j]\}$。其中，$k \geq 1$，$k$ 表示经过的顶点，$A^k[i][j]$ 为从顶点 i 到 j 的经由 k 顶点的最短路径。

② $A^0[i][j] = COST[i][j]$（A^0 等于 COST）。其中，A^0 为顶点 i 到 j 间的直通距离。

③ $A^n[i,j]$代表顶点 i 到 j 的最短距离，即 A^n 是我们所要求出的最短路径成本矩阵。

这样看起来 Floyd 算法似乎相当复杂，下面直接以实例来说明它的算法。例如，以 Floyd 算法求得图 10-54 所示的各顶点间的最短路径。

① 找到 $A^0[i][j] = COST[i][j]$，其中 A^0 为不经过任何顶点的成本矩阵，若没有路径则以∞（无穷大）来表示，如图 10-55 所示。

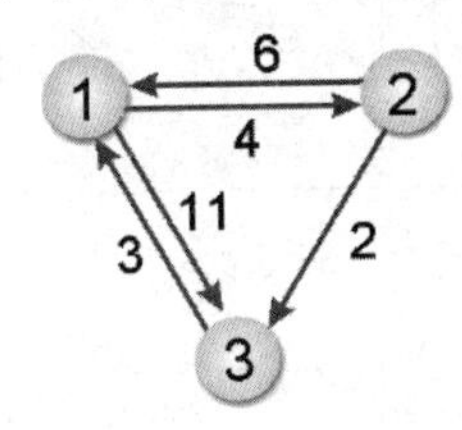

图 10-54

A^0	1	2	3
1	0	4	11
2	6	0	2
3	3	∞	0

图 10-55

② 找出 $A^1[i][j]$（从 i 到 j），经由顶点①的最短距离。

$$A^1[1][2] = \min\{A^0[1][2], A^0[1][1] + A^0[1][2]\} = \min\{4, 0+4\} = 4$$
$$A^1[1][3]= \min\{A^0[1][3], A^0[1][1] + A^0[1][3]\} = \min\{11, 0+11\} = 11$$
$$A^1[2][1] = \min\{A^0[2][1], A^0[2][1] + A^0[1][1]\} = \min\{6, 6+0\} = 6$$
$$A^1[2][3] = \min\{A^0[2][3], A^0[2][1] + A^0[1][3]\} = \min\{2, 6+11\} = 2$$
$$A^1[3][1] = \min\{A^0[3][1], A^0[3][1] + A^0[1][1]\} = \min\{3, 3+0\} = 3$$
$$A^1[3][2] = \min\{A^0[3][2], A^0[3][1] + A^0[1][2]\} = \min\{\infty, 3+4\} = 7$$

按序求出各顶点的值后可以得到 A^1，如图 10-56 所示。

③ 求出 $A^2[i][j]$经由顶点②的最短距离。

$$A^2[1][2] = \min\{A^1[1][2], A^1[1][2] + A^1[2][2]\} = \min\{4, 4+0\} = 4$$
$$A^2[1][3] = \min\{A^1[1][3], A^1[1][2] + A^1[2][3]\} = \min\{11, 4+2\} = 6$$

按序求其他各顶点的值可得到 A^2，如图 10-57 所示。

④ 求出 $A^3[i][j]$经由顶点③的最短距离。

$$A^3[1][2] = \min\{A^2[1][2], A^2[1][3] + A^2[3][2]\} = \min\{4, 6+7\} = 4$$
$$A^3[1][3] = \min\{A^2[1][3], A^2[1][3]+A^2[3][3]\} = \min\{6, 6+0\} = 6$$

按序求其他各顶点的值可得到 A^3，即得到所有顶点间的最短路径，如图 10-58 所示。

A^1	1	2	3
1	0	4	11
2	6	0	2
3	3	7	0

图 10-56

A^2	1	2	3
1	0	4	6
2	6	0	2
3	3	7	0

图 10-57

A^3	1	2	3
1	0	4	6
2	5	0	2
3	3	7	0

图 10-58

从上例可知，一个加权图若有 n 个顶点，则此方法必须执行 n 次循环，逐一产生 $A^1, A^2, A^3, \cdots, A^n$。Floyd 算法较为复杂，读者也可以采用 Dijkstra 算法，按序以各顶点为起始顶点，得到同样的结果。

下面的 Python 范例程序以 Floyd 算法来求出图结构中所有顶点两两之间的最短路径，其中图的邻接矩阵数组如下：

```
Path_Cost = [[1, 2,20],[2, 3, 30],[2, 4, 25], \
             [3, 5, 28],[4, 5, 32],[4, 6, 95],[5, 6, 67]]
```

【范例程序：ch10_08.py】

```
01  SIZE=7
02  NUMBER=6
03  INFINITE=99999 # 无穷大
04
05  Graph_Matrix=[[0]*SIZE for row in range(SIZE)] # 图的数组
06  distance=[[0]*SIZE for row in range(SIZE)]     # 路径长度数组
07
08  # 建立图
09  def BuildGraph_Matrix(Path_Cost):
10      for i in range(1,SIZE):
11          for j in range(1,SIZE):
12              if i == j :
13                  Graph_Matrix[i][j] = 0 # 对角线设为0
14              else:
15                  Graph_Matrix[i][j] = INFINITE
16      # 存入图的边
17      i=0
18      while i<SIZE:
19          Start_Point = Path_Cost[i][0]
20          End_Point = Path_Cost[i][1]
21          Graph_Matrix[Start_Point][End_Point]=Path_Cost[i][2]
22          i+=1
23
24  # 打印出图
25
26  def shortestPath(vertex_total):
27      # 初始化图的长度数组
28      for i in range(1,vertex_total+1):
```

```
29          for j in range(i,vertex_total+1):
30              distance[i][j]=Graph_Matrix[i][j]
31              distance[j][i]=Graph_Matrix[i][j]
32
33      # 使用Floyd算法找出所有顶点两两之间的最短距离
34      for k in range(1,vertex_total+1):
35          for i in range(1,vertex_total+1):
36              for j in range(1,vertex_total+1):
37                  if distance[i][k]+distance[k][j]<distance[i][j]:
38                      distance[i][j] = distance[i][k] + distance[k][j]
39
40
41  Path_Cost = [[1, 2,20],[2, 3, 30],[2, 4, 25], \
42               [3, 5, 28],[4, 5, 32],[4, 6, 95],[5, 6, 67]]
43  BuildGraph_Matrix(Path_Cost)
44  print('=================================================')
45  print('       所有顶点两两之间的最短距离: ')
46  print('=================================================')
47  shortestPath(NUMBER) # 计算所有顶点间的最短路径
48  # 求得两两顶点间的最短路径长度数组后，将其打印出来
49  print('       顶点1  顶点2  顶点3  顶点4  顶点5  顶点6')
50  for i in range(1,NUMBER+1):
51      print('顶点%d' %i, end='')
52      for j in range(1,NUMBER+1):
53          print('%6d ' %distance[i][j],end='')
54      print()
55  print('=================================================')
56  print()
```

【执行结果】 参考图 10-59。

```
=================================================
       所有顶点两两之间的最短距离:
=================================================
       顶点1  顶点2  顶点3  顶点4  顶点5  顶点6
顶点1     0     20     50     45     77    140
顶点2    20      0     30     25     57    120
顶点3    50     30      0     55     28     95
顶点4    45     25     55      0     32     95
顶点5    77     57     28     32      0     67
顶点6   140    120     95     95     67      0
=================================================
```

图 10-59

10.6 课后习题

1. 求出图中的 DFS 与 BFS 结果。

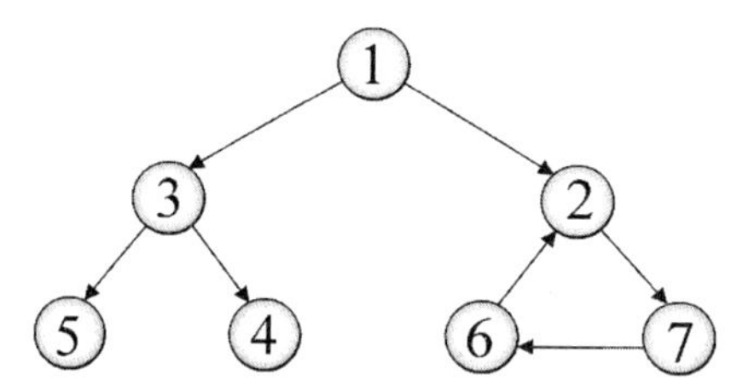

2. 以 K 氏法求取图中的最小成本生成树。

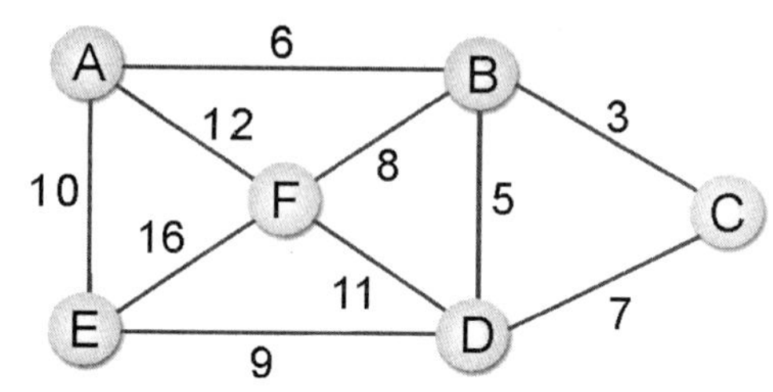

3. 使用下面的遍历法求出生成树：

① 深度优先。

② 广度优先。

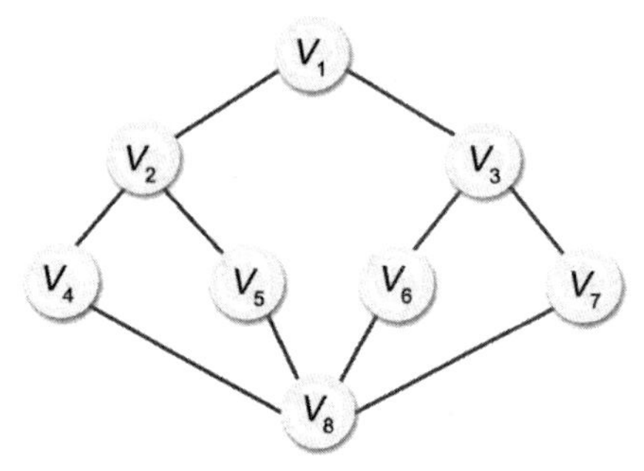

4. 下面所列的各棵树都是关于图 G 的查找树。假设所有的查找都始于节点 1，试判定每棵树是深度优先查找树还是广度优先查找树，或者二者都不是。

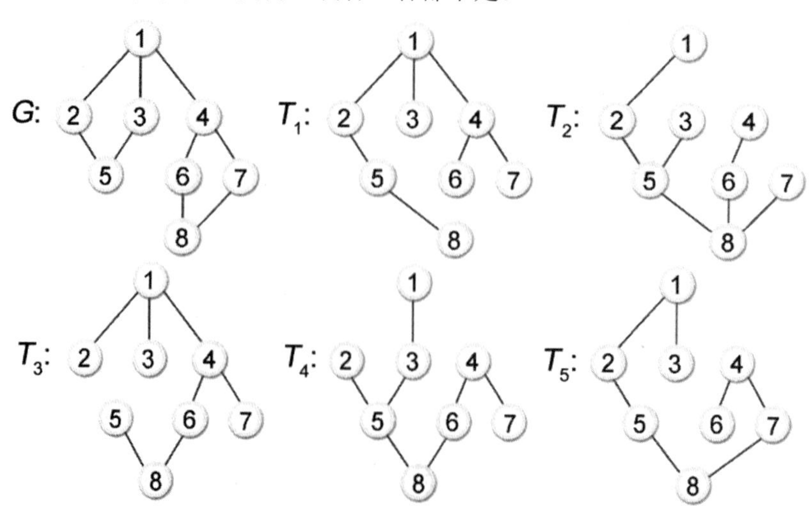

5. 求顶点1、顶点2、顶点3中任意两个顶点的最短距离，并描述其过程。

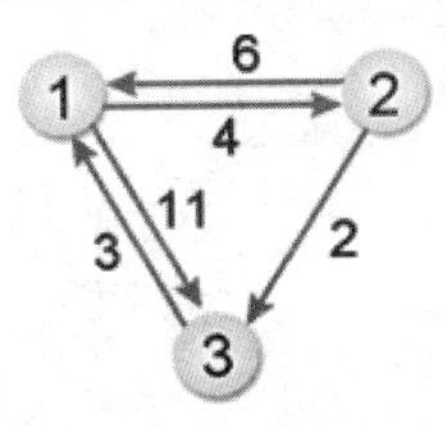

6. 有一个注有各地距离的图（单行道），求各地之间的最短距离。

（1）使用矩阵，将下面的数据存储起来并写出结果。

（2）写出求各地之间最短距离的算法。

（3）写出最后所得的矩阵，并说明其可表示各地之间的最短距离。

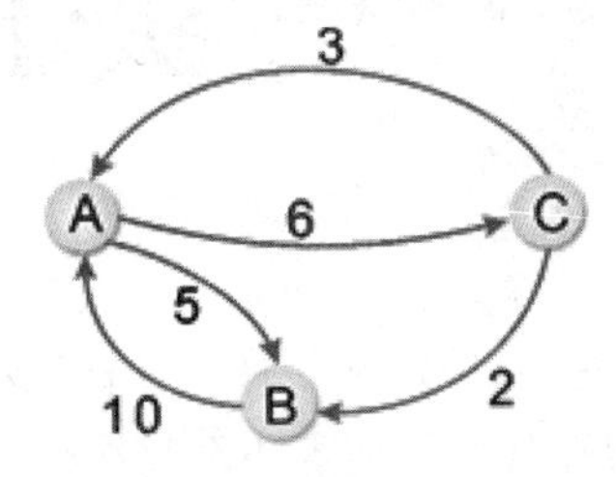

7. 什么是生成树？生成树包含哪些特点？
8. 在求解一个无向连通图的最小生成树时，Prim 算法的主要方法是什么？试简述之。
9. 在求解一个无向连通图的最小生成树时，Kruskal 算法的主要方法是什么？试简述之。

第 11 章

人工智能基础算法

人工智能（Artificial Intelligence）简单地说就是任何让计算机能够表现出“类似人类智能行为”的科技，只不过当前能实现与人类智能同等的技术还不存在，世界上绝大多数的人工智能还只能解决某个特定问题。人工智能从 1956 年被正式提出以来，一共经过了三个重要发展阶段，并且这股热潮仍在延续发展，随着各项科技的提升和推广不断登上新的高峰。

艾伦·图灵（Alan Turing）为机器开始设立了是否具有智慧的判断标准（见图 11-1）。

图 11-1

提　示

英国著名数学家艾伦·图灵算是认真探讨人工智能标准的第一人。他于 1950 年（可以算是人工智能启蒙期的起点）首先提出“图灵测试”（Turing Test）法。图灵测试法的核心是，如果一台机器能够与人类展开对话，而不被人类看出是机器，就算通过测试，便能宣称该机器拥有智能。

人工智能主要是要让机器能够具备人类的思考逻辑与行为模式，近十年应用领域越来越广泛。计算机硬件技术高速发展，特别是图形处理器（Graphics Processing Unit，GPU）等关键技术愈趋成熟与普及，计算能力也从传统的以 CPU 为主导到以 GPU 为主导（GPU 是以向量和矩阵运算为基础的，大量的矩阵运算可以分配给为数众多的核心同步处理，使得并行计算的速度更快、成本更低），这给人工智能带来了巨大变革，使得人工智能领域正式进入实用阶段。每个人都因人工智能应用的普及而享用到许多个性化的服务，生活也变得更为便利。其中，Nvidia 公司的 GPU（见图 11-2）在人工智能计算领域占有重要的地位。

图 11-2

提　示

并行处理（Parallel Processing）技术是指同时使用多个处理器来执行单个程序，借以缩短运算时间。其过程会将数据以各种方式交给每一个处理器。为了实现在多核处理器上程序执行性能的提升，还必须将应用程序分成多个线程来执行。

11.1　机器学习简介

机器学习（Machine Learning，ML）是人工智能发展中重要的一环，顾名思义，就是让机器（计算机）具备自己学习、分析并最终做出决策的能力，主要的方式就是针对所要分析的数据进行分类（Classification），有了这些分类才可以进一步分析与判断数据的特性，最终目的就是希望机器（计算机）像人类一样具有学习的能力。人脸识别系统就是机器学习的常见应用（见图 11-3）。

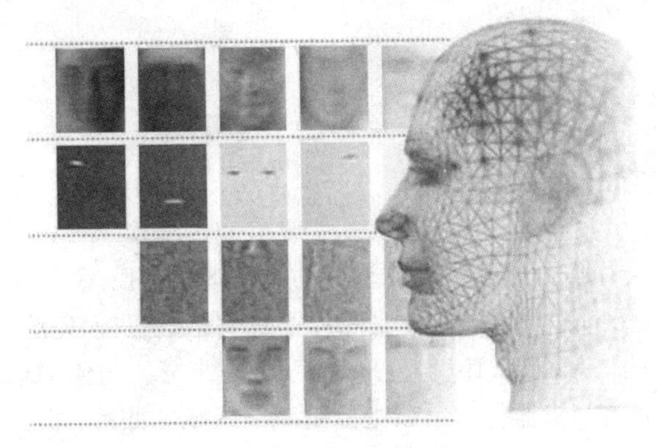

图 11-3

机器学习的算法主要分为 4 种（见图 11-4）：监督式学习（Supervised Learning）、半监督式学习（Semi-supervised Learning）、无监督式学习（Un-supervised Learning）及强化学习（Reinforcement Learning）。

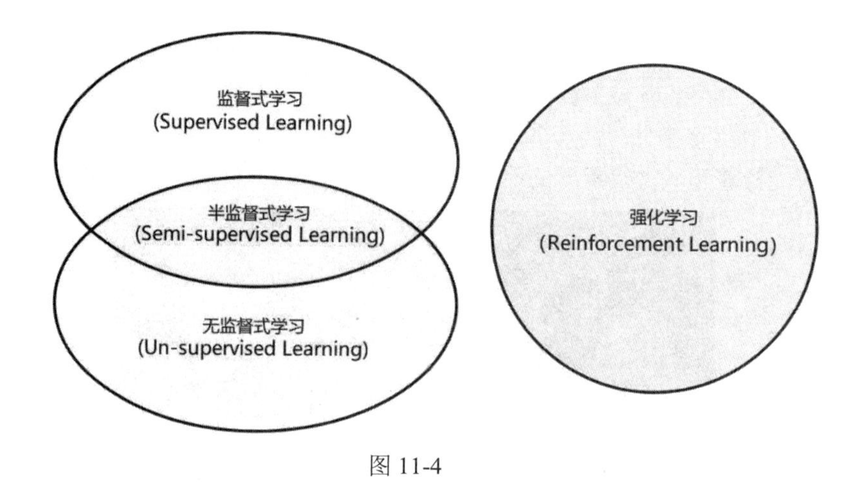

图 11-4

11.1.1 监督式学习

监督式学习是利用机器从标注（Labeled）的数据中分析模式后做出预测的学习方式，这种学习方式必须事前通过人工操作将所有可能的特征标注出来。因为在训练的过程中，所有的数据都是有“标注”的数据，在学习的过程中必须输入样本以及输出样本信息，再从训练数据中提取出数据的“特征”（Feature）。假设用于机器学习的图片如图 11-5 所示。

图 11-5

如果我们要让机器学会如何分辨一张图片上的动物是鸡还是鸭，那么首先必须准备许多鸡和鸭的照片，并标注出哪一张照片上是鸡以及哪一张照片上是鸭。如果我们先选出 1000 张的鸡鸭图片，并且每一张都有明确标注的信息，那么让机器可以借助标注来分类与侦测鸡和鸭的特征（见图 11-6），经过足够的训练，日后只要询问机器任何一张上面是鸡或者鸭的照片，机器依照特征就能识别出鸡或鸭来（即所谓的预测）。由于标注是需要人工来完成的，因此需要较大量具有标记信息的数据库用于训练才能发挥出作用，标注过的数据就好比标准答案，机器判断的准确性自然会比较高，不过在实际应用中，将大量的数据进行标注是极为耗费人力成本的工作，这也是使用监督式学习方式必须要考虑到的重要因素。

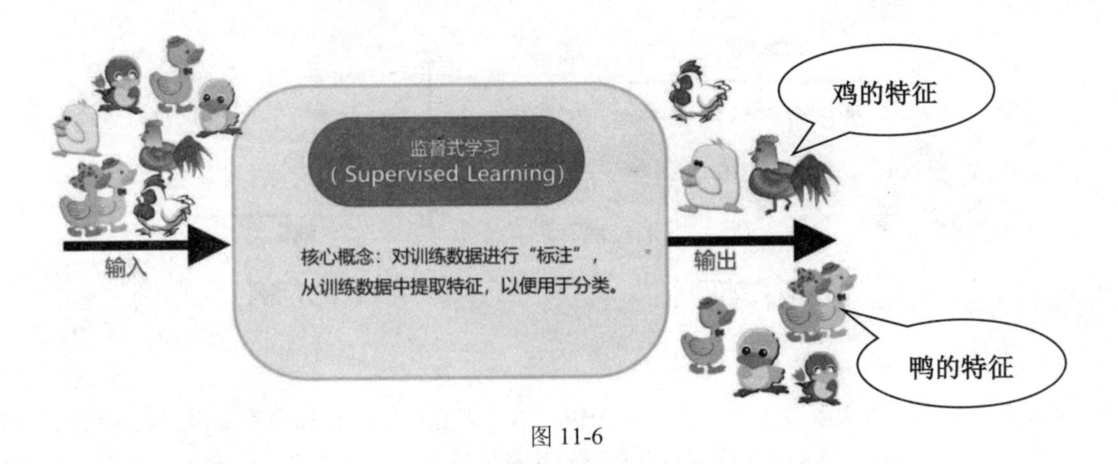

图 11-6

11.1.2　半监督式学习

半监督式学习只会针对所有数据中的少部分数据进行“标注”，机器会先针对这些已经被“标注”的数据去发觉其中的特征，然后机器通过找出的特征对其他数据进行分类。举例来说，有 2000 张不同种族人士的照片，我们可以对其中的 50 张照片进行“标注”，并将这些照片进行分类，机器再通过已学习到的 50 张照片的特征去比对剩下的 1950 张照片，并进行识别及分类，就能找出哪些是爸爸或妈妈的照片。由于这种半监督式机器学习的方式已有照片特征作为识别的依据，因此预测出来的结果通常会比无监督式学习预测出的结果好，这是一种较常见的机器学习方式(见图 11-7)。

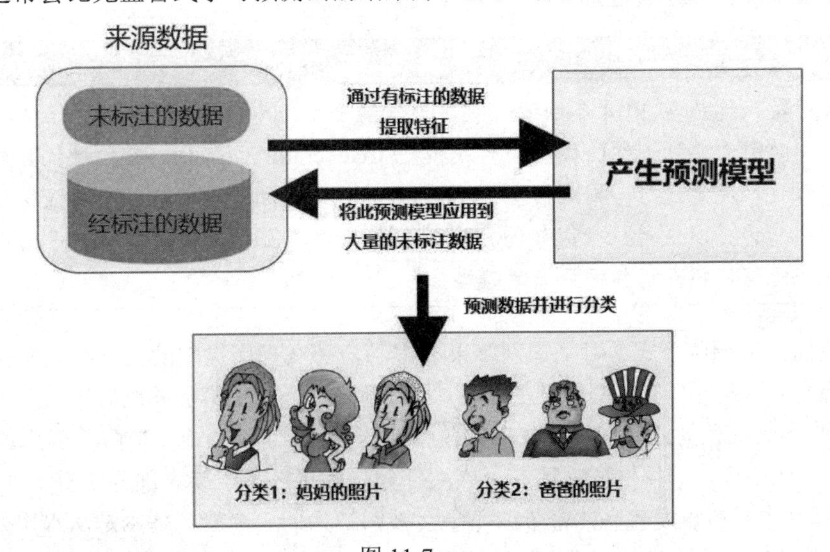

图 11-7

11.1.3　无监督式学习与 K 均值聚类

无监督式学习中的所有数据都没有标注，机器需要自行寻找数据的特征，再进行分类，完全不用依靠人类，因此不需要事先以人力来对训练数据进行标注，相当于直接让机器自行摸索与寻找数据的特征，然后进行分类（Classification）与分群（Clustering，或称为聚类），如图 11-8 所示。所谓分类，就是把未分类的数据归纳为分类的数据，例如把数据分到指定的几个类别中，猫与狗属于哺乳类，蛇和鳄鱼属于爬虫类。分群则是数据中没有明确的分类而必须通过特征值来进行划分。

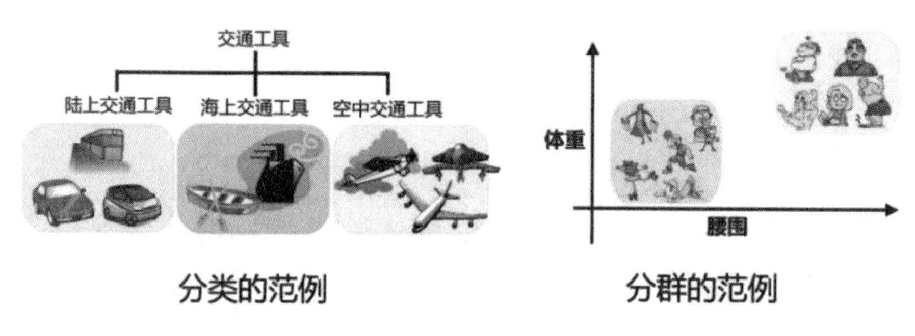

图 11-8

无监督式学习可以大幅减少烦琐的人力工作，由于训练数据没有标准答案，因此训练时让机器自行摸索出数据的潜在规则，再根据这些被提取出的特征及其关系将对象分类，并通过这些数据去训练模型，这种方法不用人工进行分类，对人类来说最简单，但对机器来说最“辛苦”，误差也会比较大。

在无监督式学习中让机器从训练数据中找出规则，大致会有两种形式：分群（Clustering）以及生成（Generation）。分群能够把数据根据距离或相似度分开，主要运用包括聚类分析（Cluster Analysis）等。聚类分析是基于统计学习的一种数据分析技术，就是将许多相似的对象通过一些分类的标准来分成不同的类或族，是一种“物以类聚”的概念，只要被分在同一组别的对象成员，就肯定会有相似的一些属性。生成则是通过随机数据生成我们想要的图片或数据，主要运用有生成式对抗网络（Generative Adversarial Network，GAN）等。

提　示

生成式对抗网络是在 2014 年由蒙特利尔大学博士生 Ian Goodfellow 提出的。在 GAN 架构下，有两个需要被训练的模型：生成模型（Generator Model），互相对抗且激励越来越强的训练过程反复进行；判别模型（Discriminator Model）会不断学习增强自己对真实数据的识别能力，以便对抗生成模型产生的欺骗数据，而且会收敛到一个平衡点，最后训练出一个能够模拟真正数据分布的模型。

如果我们使用无监督式学习来识别苹果和橙子，那么当所提供的训练数据足够大时，机器便会自行判断提供的图片里有哪些特征的是苹果、有哪些特征的是橙子并同时进行分类，例如从质地、颜色（没有橙子是红色的）、大小等，找出比较相似的数据聚集在一起，形成分群后的族（Cluster）。假设把照片分成两族，分得够好的话，一族大部分是苹果，另一族大部分是橙子（见图 11-9）。

在图 11-9 中相似程度较高的橙子或苹果会被归纳为同一个族，基本是从水果外观或颜色来区分。相似性的依据是“距离”，相对距离越近，那么相似程度就越高，就会被归类到同一族中。在图 11-9 中也有一些边界点（在橙子区域的边界有些较类似苹果的图片），这种情况下就要采用特定的标准来决定所属的族。因为无监督式学习中没有可用的标注（Label）来确认分类的结果，而只是根据特征（Feature）来分成不同的族，机器在学习时并不知道其分类结果是否正确，因而需要人工再进行调整，不然很可能会得出莫名其妙的结果。无监督式学习会根据元素的相似程度来分类（见图 11-10）。

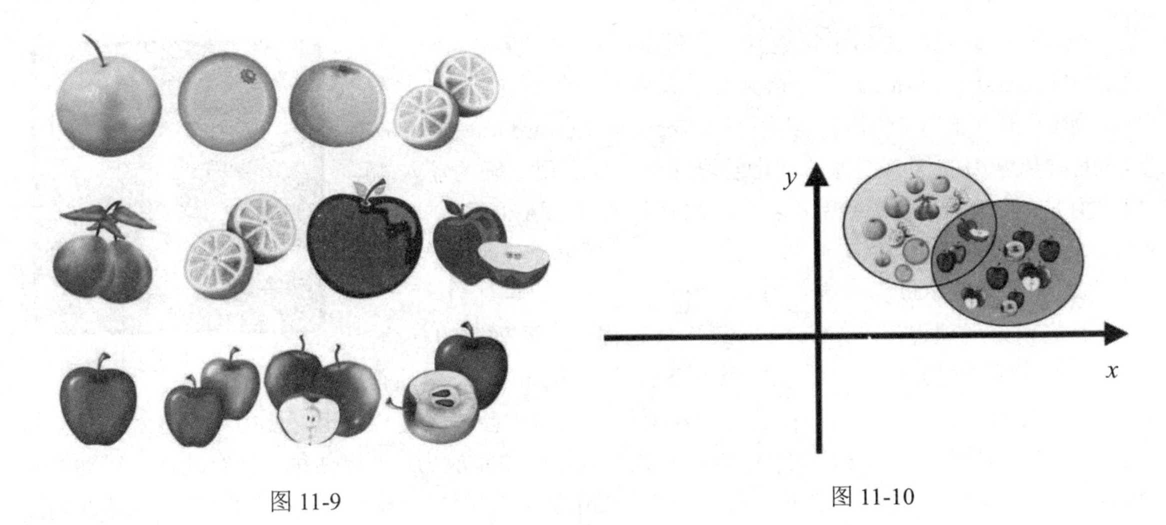

图 11-9　　　　图 11-10

聚类分析中有一个经典的算法：K 均值聚类算法（K-means Clustering）。这是一种无监督式学习算法，是源于信号处理中的一种向量量化方法。k 设定为分群的族数，目的就是把 n 个观察样本数据点划分到 k 个聚类中，然后随机将每个数据点设为距离其他数据点最近的中心，使得每个数据点都属于离这个中心最近的均值所对应的聚类，接着重新计算每族的中心点。这个距离可以使用勾股定理来计算，不需复杂的计算公式。接着拿这个标准作为是否为同一聚类的判断原则，随后用每个样本的坐标来计算每族样本的新中心点，最后将这些样本划分到距离它们最近的中心点。例如，在图 11-11 所示的海洋生物识别中，左图是未经聚类分析的原始数据，右图则是经聚类分析划分的不同族，从分类结果可知找到了 4 种类型的海洋生物。

图 11-11

11.1.4　强化学习

强化学习是机器学习中一个相当具有潜力的算法，其核心思想就是通过不断试错，从试错中得到奖励值后修正，再进入另一个状态，也就是如何在环境给予的奖惩刺激下一步步形成对于这些刺激的预期，强调的是通过环境变化而行动，并随时根据输入的数据逐步修正，取得奖励值后重新评估先前的决策并进行调整，期望得到最佳的学习成果或超越人类的智慧。电子游戏之所以能让人乐此不疲（见图 11-12），就是因为它具备了某些回馈机制。

在打电子游戏时，新手每达到一个进度或目标，就得到一个正奖励值（Positive Reward），即得到奖励或往下一个关卡迈进；如果被怪物击败而死亡了就得到负奖励值（Negative Reward），即惩罚，这正是强化学习的核心精神。强化学习并不需要出现正确的输入/输出，而是通过每一次的试错来学习，由代理程序（Agent）、行动（Action）、状态（State）、奖励值（Reward）、环境（Environment）所组成，并通过试错过程中得到的奖励值来不断学习（见图 11-13）。

图 11-12

首先创建代理程序（Agent），每次代理程序所要采取的行动，会根据目前环境的状态（State）执行相应的动作（Action），然后得到环境的奖励值（Reward），接着下一步要执行的动作会被改变与修正，使得环境进入一个新的状态，通过与环境的互动来学习，借以提升代理程序的决策能力，并评估每一次行动之后得到的奖励值是正的还是负的，以决定下一次的行动。强化学习的试错（try & error）训练流程示意图如图 11-14 所示。

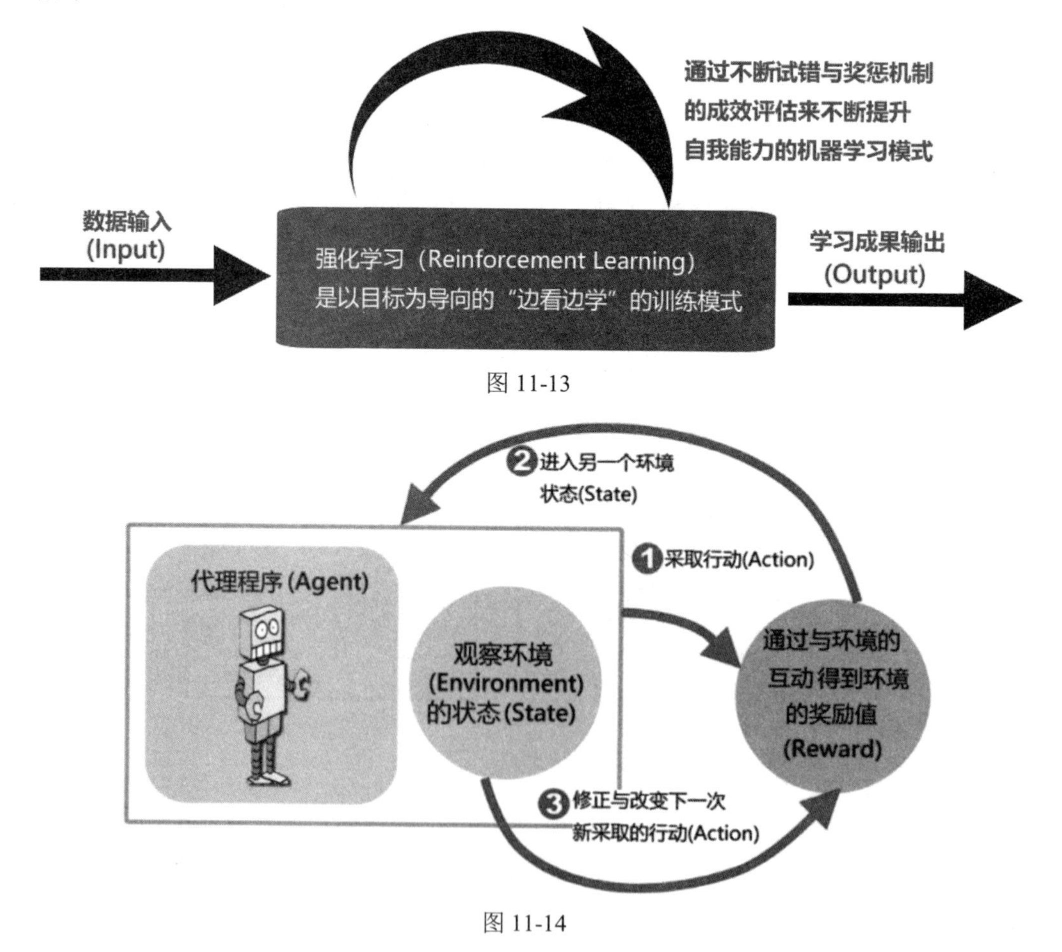

图 11-13

图 11-14

强化学习强调如何基于环境而行动，基于环境的奖励值（或称为报酬、得分，有正有负），让机器自行逐步修正，以极大化预期“收益”，达到分析和优化代理程序（Agent）行为的目的，最终得到正确的结果。

11.2　认识深度学习

计算机越来越强大的计算能力推动了深度学习（Deep Learning）的研究。近几年，深度学习更是热门话题，让计算机开始学会自行思考，听起来似乎是好莱坞科幻电影中常见的剧情设置，不过许多科学家开始模拟人类复杂神经系统的结构来实现过去难以想象的目标，希望计算机具备与人类相同的听觉、视觉、理解与思考的能力（见图 11-15）。毋庸置疑，人工智能、机器学习以及深度学习已成为 21 世纪最热门的科技之一，其中深度学习属于机器学习的一种（见图 11-16）。

图 11-15

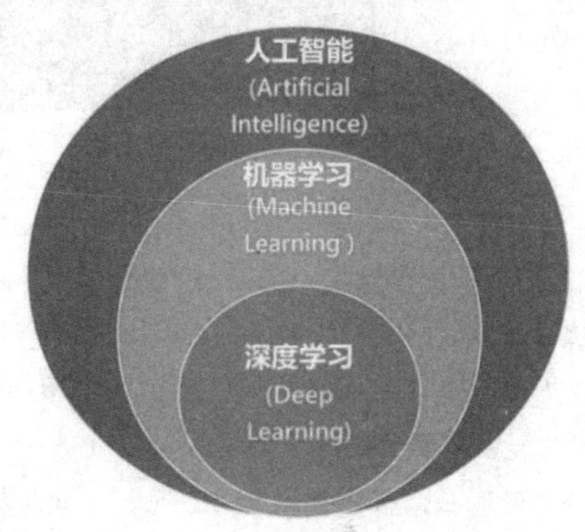

图 11-16

最为人津津乐道的深度学习应用当属 Google DeepMind 开发的人工智能围棋程序 AlphaGo（见图 11-17），这款围棋程序接连打败世界各国的围棋高手。围棋是相当抽象的博弈游戏，其复杂度远超国际象棋、中国象棋，之前大部分人士都认为计算机至少还需要十年以上的时间才有可能精通围棋。

图 11-17

AlphaGo 就是通过深度学习学会围棋对弈的，设计上是先输入大量的棋谱数据，棋谱内有对应的棋局问题与下法答案，用以学习基本落子、规则、棋谱、策略。计算机会以类似人类脑神经元的深度学习模型引入大量的棋局问题与正确下法来自我学习，让 AlphaGo 学习下围棋的策略和方法，根据实际对弈数据自我训练，接着判断棋盘上的各种棋局，不断反复跟自己比赛来持续提高“棋艺”，后来创下了连胜 60 局的佳绩，让人们惊奇深度学习的强大威力。

11.2.1 人工神经网络

深度学习可以说是具有多层次的机器学习法，通过一层一层的处理工作可以将原先所输入的大量数据渐渐转化为有用的信息（见图 11-18）。

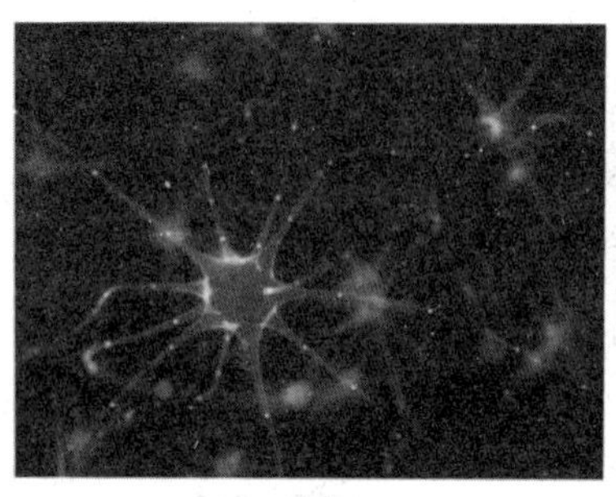

人脑的神经网络　　电脑的神经网络

图 11-18

通常人们提到深度学习，指的就是深度神经网络（Deep Neural Network）算法。人工神经网络架构就是模拟人类大脑神经网络架构，各个神经元以节点的方式彼此连接，用于产生想要计算的结果。这个架构蕴含 3 个基本层次（每一层都由为数不同的神经元所组成），包含输入层（Input Layer）、隐藏层（Hidden Layer）、输出层（Output Layer），各层说明如下：

- 输入层：接受刺激的神经元，也就是接收数据并输入信息的一方，就像人类神经系统的树突（接收器）一样，不同输入会激活不同的神经元，但不对输入信号（值）执行任何运算。
- 隐藏层：不参与输入或输出，隐藏于内部，负责运算的神经元。隐藏层的神经元通过不同方式转换输入数据，主要功能是对所接收到的数据进行处理，再将所得到的数据传递到输出层。隐藏层可以有一层以上（多层隐藏层），只要增加神经网络的复杂性，识别率一般都会随着神经元数目的增加而提高，也就是可以获得更好的学习能力。

提　示

神经网络如果是以隐藏层的多寡来分类，那么大致可以分为“浅层神经网络”与“深度神经网络”两种类型：当隐藏层只有 1 层时通常被称为“浅层神经网络”，当隐藏层有 1 层以上时被称为“深度神经网络”。在具有相同数目的神经元时，深度神经网络的表现总是更好一些。

- 输出层：提供数据输出的一方，接收来自最后一个隐藏层的输入，输出层的神经元数目等于每个输入对应的输出数的总数目，通过它我们可以得到合理范围内的理想数值，挑选出最适当的选项再输出。

接下来我们将以手写数字识别系统为例来简单说明人工神经网络架构。在计算机看来，那些输入的图片只是一组排成二维的矩阵（带有位置编号的像素），计算机其实并不如人类有视觉与能够感知的大脑，它们依靠的主要是两项数据：像素的坐标与颜色值。

当我们在对图像进行处理或进行图像识别时，需要从这些像素中提取图像的特征，除了要考虑每个像素的值之外，还需要考虑像素和像素之间的关联性。

为了更好地理解机器自我学习的流程，我们不妨想象人工神经网络的隐藏层就是一种数学函数，主要就是负责数字识别的一连串处理工作。由于识别手写数字最后的输出结果只有数字 0 到 9 共 10 种可能性，因此若要判断手写数字为 0~9 中的哪一个时，则可设置输出层有 10 个值，只要通过隐藏层中一层又一层函数的处理，就可以逐步计算出最后输出层中 10 个人工神经元的像素灰度值（或称明暗度），其中每个小方格代表一个 8 位像素所显示的灰度值，范围一般从 0 到 255，白色为 255，黑色为 0，共有 256 个不同深浅的灰度变化，然后从其中选择灰度值最接近 1 的数字作为最终识别出的数字来输出。这个过程的原理图如图 11-19 所示。

假设我们将手写数字图片以长 28 像素、宽 28 像素的尺寸来存储，总共有 28×28=784 像素，其中每一像素如同一个模拟的人工神经元。这个人工神经元存储 0~1 的数值，对应一个激活函数（Activation Function）。激活值的数值大小代表该像素的明暗程度，数字越大代表该像素点的亮度越高，数字越小代表该像素点的亮度越低。举例来说，一个手写数字 7 可以用 28×28=784 像素来表示，示意图如图 11-20 所示。

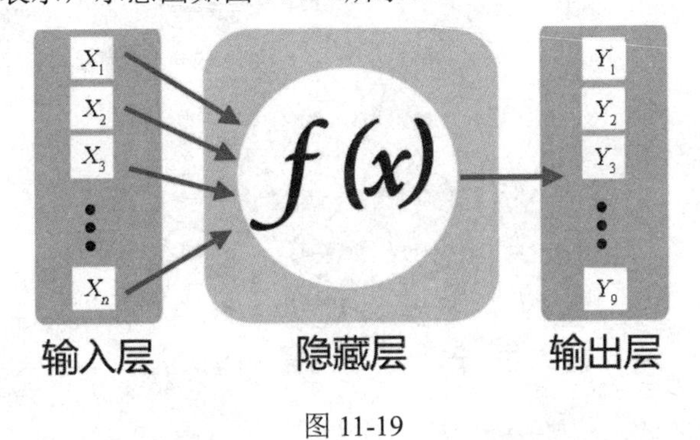

图 11-19

图 11-20

如果将每个像素点所存储的明暗程度分别转换成一维矩阵，就可以分别表示成 X_1、X_2、X_3、…、X_{784}。不考虑中间隐藏层的实际计算过程，我们直接将隐藏层用函数来表示，图 11-21 的输出层中代表数字 7 的神经元的灰度值为 0.98，是所有 10 个输出层神经元所记录的灰度值最高的，最接近数值 1，因此可以识别出这个手写数字最有可能就是数字 7，于是精准地完成手写数字的识别工作。

仍以这个手写数字识别系统为例，这个神经网络包含三层神经元，除了输入层和输出层外，中间有一层隐藏层，主要负责数据的计算、处理与传递工作，不参与输入和输出工作。最简单的人工神经网络模型只有一个隐藏层，故而这种人工神经网络又被称为浅层神经网络，如图 11-22 所示。

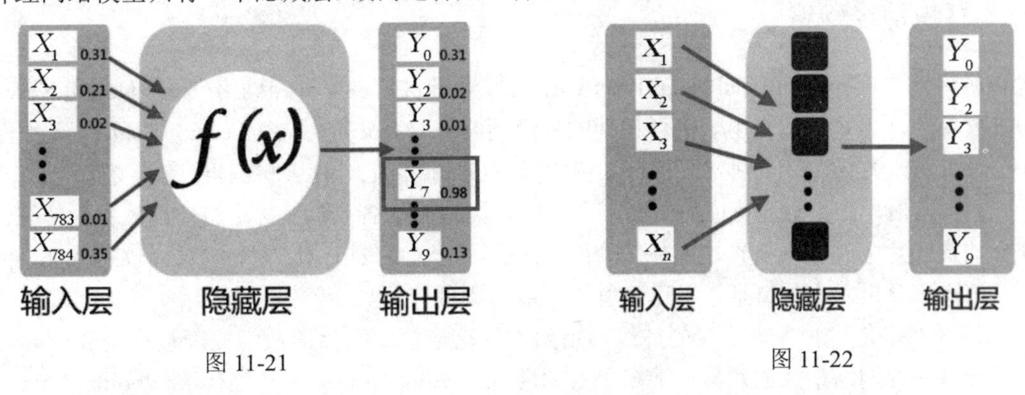

图 11-21

图 11-22

图 11-23 是一个包含有两层隐藏层的深度神经网络的示意图，输入层的数据输入后，会经过第 1 层隐藏层的函数完成计算工作，并求得第 1 层隐藏层各个神经元中所存储的数值。接着以此层神

经元中存储的数据为基础，进行第 2 层隐藏层的函数计算工作，并求得第 2 层隐藏层各个神经元中所存储的数值。最后以第 2 层隐藏层的神经元所存储的数据为基础得到输出层各个神经元的数值。

因为上层节点的输出和下层节点的输入之间具有函数的关系，所以接下来我们会使用到激活值（激活函数或称为活化函数），并把值压缩到一个更小的范围，通过这样的非线性函数让神经网络更逼近结果。下面我们以前面的手写数字 7 为例，中间的隐藏层有 k 层，激活值为 0 代表亮度最低的黑色，激活值为 1 代表亮度最高的白色，因此任何一个手写数字都能通过记录 784 个像素灰度值的方式来表示。有了这些输入层的数据，再结合算法调整各个输入层的人工神经元与下一个隐藏层的人工神经元连接上的权重值，来决定第 1 层隐藏层的人工神经元的灰度值。也就是说，每一层的人工神经元的灰度值必须由上一层的人工神经元的值与神经元各连线之间的权重值来决定，再通过算法的计算来决定下一层各个人工神经元所存储的灰度值。从图 11-24 中我们看到识别为数字 7 的概率最高，为 0.98。

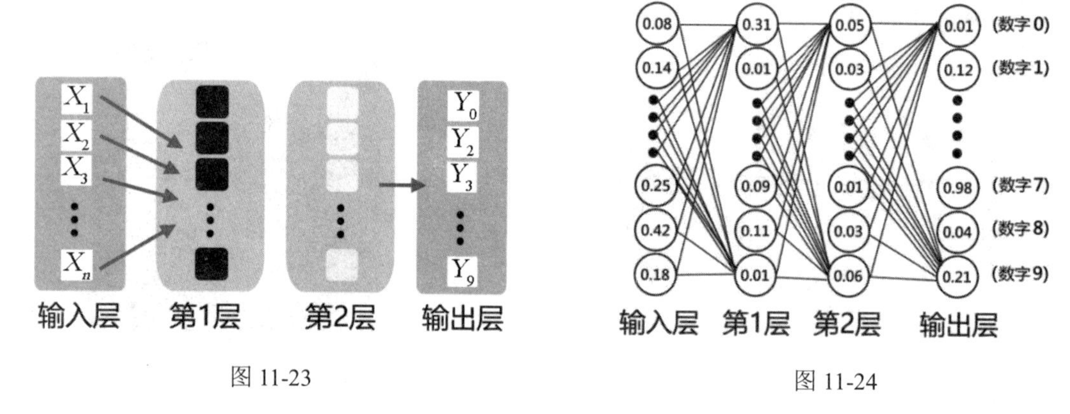

图 11-23　　图 11-24

为了方便描述问题，第 1 层隐藏层的人工神经元的数值和上一层输入层有高度的关联性，我们再利用第 1 层隐藏层的人工神经元存储的灰度值及权重值去决定第 2 层隐藏层中人工神经元所存储的灰度值，也就是说，第 2 层隐藏层的人工神经元的数值和上一层第 1 个隐藏层有高度的关联性。接着我们利用第 2 个隐藏层的人工神经元存储的灰度值及神经元各个连线上的权重来决定输出层中人工神经元所存储的灰度值。从输出层来看，灰度值越高（数值越接近 1），亮度越高，越符合我们所预测的图像。

11.2.2　卷积神经网络

卷积神经网络（Convolutional Neural Network，CNN）是目前深度神经网络（Deep Neural Network）领域的发展主力，也是最适合用于图像识别的神经网络。它是 1989 年由 LeCun Yuan 等人提出来的，在手写识别分类或人脸识别方面都有不错的准确度，擅长把一种素材剖析分解。卷积神经网络分辨一张新图片时，在不知道特征的情况下会先比对图片中的各个局部。这些局部被称为特征，这些特征会捕捉图片中的共同要素，从中获得各种特征量，然后在相似位置上比对大致的特征，再扩大到所有范围来分析所有的特征，以迅速解决图像识别的问题。

卷积神经网络是一种非全连接的神经网络架构（这套机制背后的数学原理被称为卷积），与传统的多层次神经网络最大的差异在于多了卷积层（Convolution Layer）与池化层（Pooling Layer）。这两层让卷积神经网络比传统的多层神经网络具备图像或语音数据的更多细节，而不像其他神经网络那样只是单纯地提取数据来进行计算。

在解说卷积层（Convolution Layer）和池化层（Pooling Layer）的作用之前，我们先以图 11-25 所示的图说明卷积神经网络的工作原理。

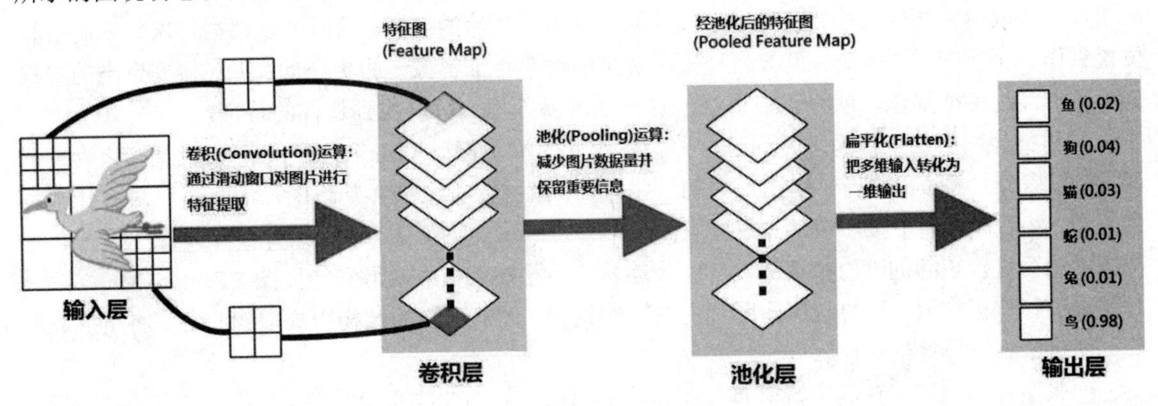

图 11-25

图 11-25 是单层卷积层神经网络的示意图，凭借输出层中的一维数组数值足以做出这次图像识别结果的判断。简单来说，卷积神经网络会比较两张图片相似位置局部范围的大致特征，以作为分辨两张图片是否相同的依据，这样会比直接比较两张完整的图片容易判断并且要快许多。

卷积神经网络系统在训练的过程中会根据输入的图片自动帮忙找出图片中包含的不同特征。以识别鸟类为例，卷积层的每一个平面都提取了前一层某一方面的特征，只要再往下加几层卷积层，我们就可以陆续找出图片中的各种特征，包括鸟的脚、嘴巴、鼻子、翅膀、羽毛等，直到最后找到图片的整个轮廓，而后就可以精准地判断所识别的图片是否为鸟了，如图 11-26 所示。

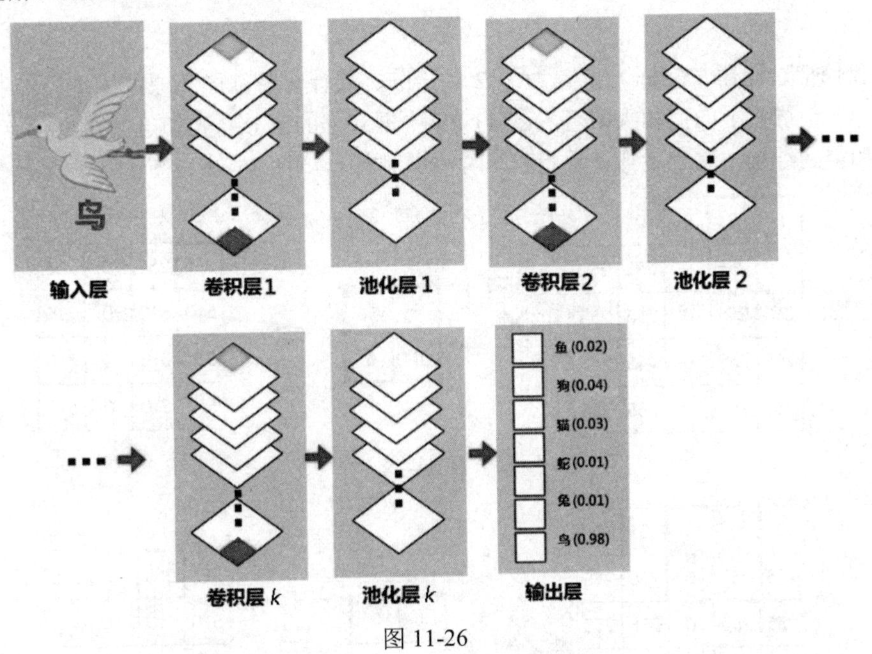

图 11-26

卷积神经网络模型可以说是当前深度神经网络领域的重要模型，在图像识别方面的精准度甚至超过了人类。接下来我们对卷积层及池化层做更深入的说明。

（1）卷积层

卷积神经网络的卷积层（Convolution Layer）用于对图片进行特征提取。不同的卷积操作就是从图片中提取出不同的特征，直到找出最好的特征用于最后的分类。我们可以根据每次卷积的值和位置制作一个新的二维矩阵，也就是一张图片里的每个特征都像一张更小的图片（得到更小的二维矩阵）。经过特征筛选，就可以告诉我们在原图的哪些地方可以找到那样的特征。

卷积神经网络的工作原理是通过一些指定尺寸的滑动窗口（Sliding Window，或直接称为过滤器、卷积核等）帮助我们提取出图片中的一些特征，就像人类大脑在判断图片的某个区块有什么特色一样。然后自上而下按序滑动，并提取图片中各个区块的特征值。卷积运算就是将原始图片与特定的过滤器进行矩阵的“内积运算”，也就是与过滤器各点相乘后得到特征图（Feature Map）——对图片进行特征提取，目的是保留图片中的空间结构，并从这样的结构中提取出特征，将所提取的特征图传给下一层的池化层。

一张图片的卷积运算其实很简单。假设我们有张图是英文字母“T”，尺寸为 5×5 的像素图，并已转换成对应的 RGB 值，其中数值 0 代表黑色，数值 255 代表白色，数字越小亮度就越小。图 11-27 分别为字母“T”的位图及其对应的 RGB 值组成的矩阵图。

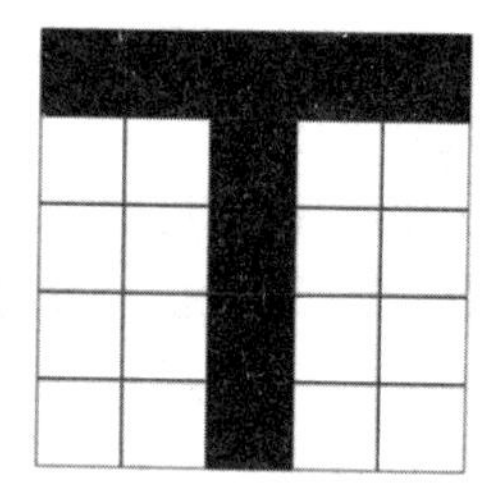

0	0	0	0	0
255	255	0	255	255
255	255	0	255	255
255	255	0	255	255
255	255	0	255	255

图 11-27

此处我们把过滤器（Filter）设置为 2×2 的矩阵。要计算特征图和原图图片局部的相符程度，只要将两者各个像素上的值相乘即可。图 11-28 中框起来的部分会先和过滤器进行点与点的相乘，再全部相加得到结果，这个步骤就是卷积运算，具体操作如图 11-28～图 11-34 所示。

0 x1	0 x0	0	0	0
255 x1	255 x0	0	255	255
255	255	0	255	255
255	255	0	255	255
255	255	0	255	255

X

1	0
1	0

=

255	255	0	255
510	510	0	510
510	510	0	510
510	510	0	510

图 11-28

0	0 x1	0 x0	0	0
255	255 x1	0 x0	255	255
255	255	0	255	255
255	255	0	255	255
255	255	0	255	255

X

1	0
1	0

=

255	255	0	255
510	510	0	510
510	510	0	510
510	510	0	510

图 11-29

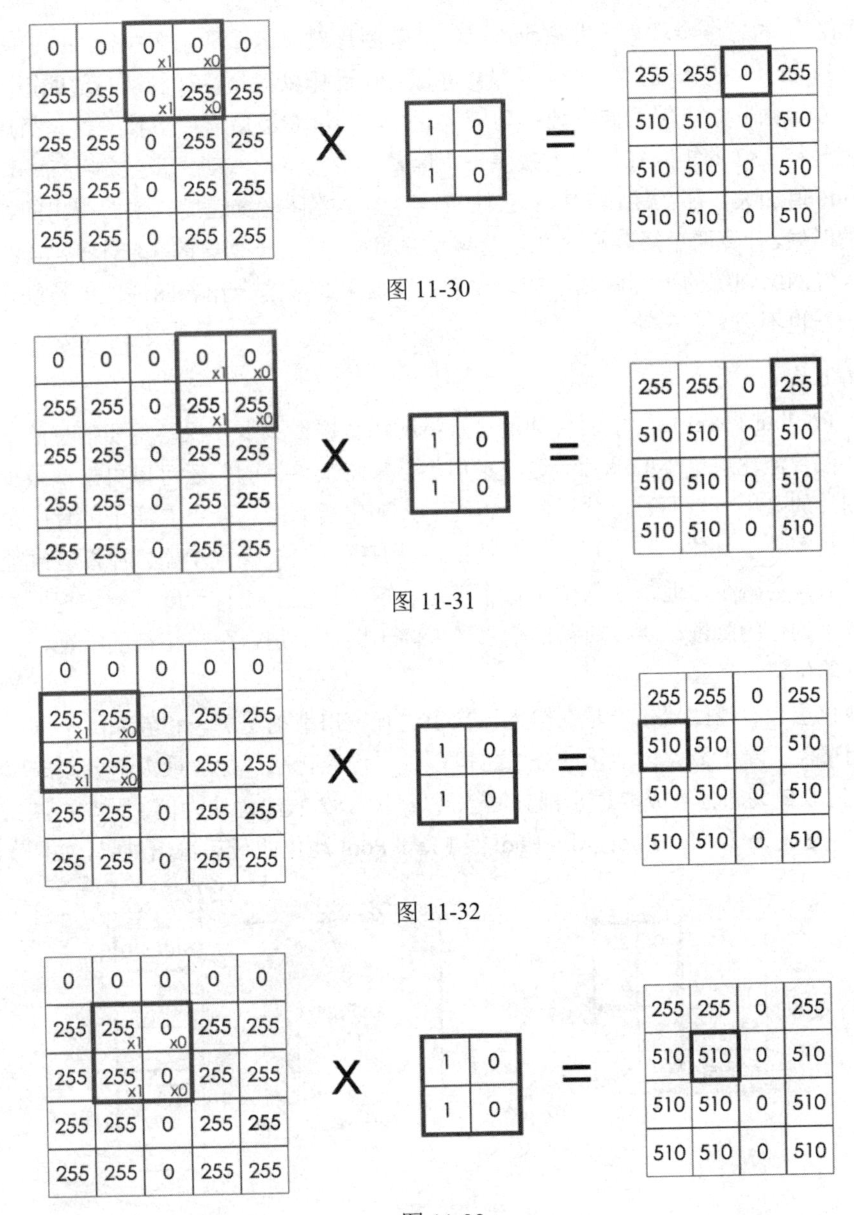

图 11-30

图 11-31

图 11-32

图 11-33

其他各个步骤采用类似的方法，可以分别得到经卷积运算后所得到的结果。图 11-34 则为最右下角（最后一个步骤）进行卷积运算求值的示意图。

图 11-34

看完上面图示的各个步骤后，大家应该已经了解图片卷积运算是怎么执行的：中间 2×2 的矩阵就是过滤器（Filter），整张图的每个位置都会进行卷积运算以得到特征图（右边的矩阵），运算方式一般都是从左上角开始，然后向右边移动依次运算，到最右边后再往下移一格，而后继续向右边移动运算，就是将 2×2 的矩阵在图片上按照每个像素一步一步地移动（步数称为 Stride 步数）。如果我们把 Stride 值加大，那么涵盖的特征会比较少，但是整体运算速度较快、得出的特征图较小。在每个位置的时候，计算两个矩阵相对元素的乘积并相加，输出一个值放在一个矩阵（右边的矩阵）。注意，卷积神经网络训练的过程就是不断地改变过滤器来凸显这个输入图像上的特征，而且每一层卷积层的过滤器也不会只有一个。

（2）池化层

池化层（Pooling Layer）的主要目的是尽量将图片数据量减少并保留重要信息的方法，功能是将一张或一些图片池化成更小的图片，这样不但不会影响最终目的，还可以再一次减少神经网络的参数运算。图片的大小可以通过池化过程变得很小，池化后的信息会更专注于图片中是否存在相符的特征，而不是图片中具体在哪里存在这些特征，具有很好的抗噪声功能。原图经过池化以后，其所包含的像素数量会减少，但是还保留了每个范围和各个特征的相符程度，例如把原本的数据做一个最大化或者平均化的降维计算，所得的信息更专注于图片中是否存在相符的特征，而不必分心于这些特征所在的位置。

此外，池化层也有过滤器，也是在输入图像上进行窗口滑动运算，和卷积层不同的地方是滑动窗口不会互相覆盖，除了最大化池化法外，也可以做平均池化法（把取最大部分改成取平均）、最小化池化法（把取最大部分改成取最小部分）等。以一个 2×2 的池化法为例，原本 4×4 的图片取 2×2 的池化，所以会变成 2×2，Max Pool、Min Pool 及 Mean Pool 池化的最后输出结果，如图 11-35 所示。

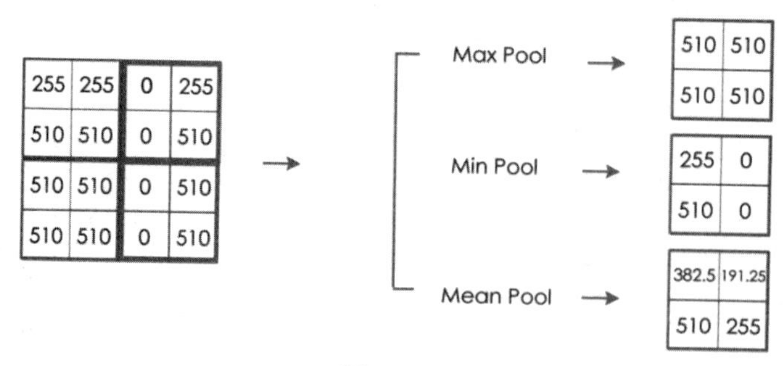

图 11-35

如果是以像素呈现的位图，那么其外观示意图如图 11-36 所示。

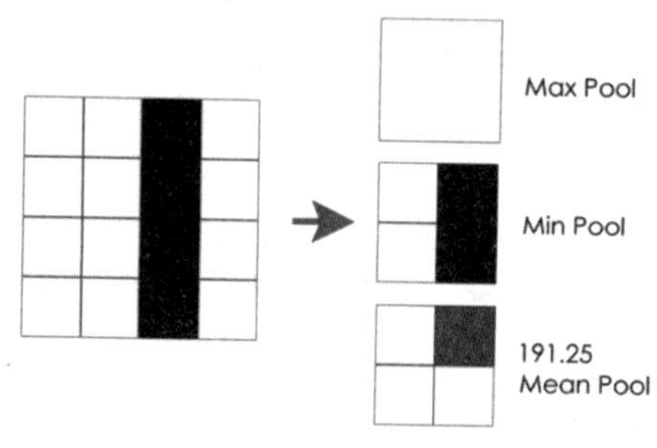

图 11-36

11.2.3　循环神经网络

循环神经网络（Recurrent Neural Network，RNN）是一种有“记忆”的神经网络，会将每一次输入所产生的状态暂时存储在内存空间中，这些暂存的结果被称为隐藏状态（Hidden State）。循环神经网络将这些状态在自身网络中循环传递，允许先前的输出结果影响后续的输入，一般有前后关系且较重视时间序列的数据。进行人工神经网络分析时，一般都会使用循环神经网络，例如动态影像、文章分析、自然语言、聊天机器人等具备时间序列的数据就非常适合用循环神经网络来进行分析。

举例来说，我们要搭乘从北京到上海的高铁（见图 11-37），各站到达时间的先后顺序为北京南（起点站）、德州东、济南西、枣庄、徐州东、南京南、镇江南、苏州北、上海虹桥。要想推断下一站会停靠在哪一站，只要记得上一站停靠的站名，就可以轻易判断出下一站的站名。同样地，也能清楚地判断出下下站的停靠站名，这就是一种有时间序列前后关联性的例子。

图 11-37

事实上，循环神经网络与其他神经网络相比的最大差别在于记忆功能与前后时间序列的关联性，在每一个时间点取得输入的数据时，除了考虑当前时间序列要输入的数据外，也会同时考虑前一个时间序列所暂存的隐藏信息。如果以生活实例来模拟循环神经网络，那么记忆是人脑对过去经验的综合反应，这些反应会在大脑中留下痕迹，并在一定条件下呈现出来，不断地将过往信息往下传递，是在时间结构上存在的共享特性，所以我们可以用过往的记忆（数据）来预测或了解现在的现象。

从人类语言学习的角度来看，当我们在理解一件事情时，绝对不会凭空想象或从无到有重新学习，就如同我们在阅读文章时必须通过上下文来理解文章一样，这种具备背景知识的记忆与前后顺序的时间序列循环概念就是循环神经网络模型与其他神经网络模型较不一样的地方。

下面我们用一个生活中的例子来简单说明循环神经网络，许多家长希望孩子多才多艺，除了课内的学业，还希望孩子有更多其他兴趣爱好或技能。假如小明的家长希望小明周一到周五下课之后晚上再去一些兴趣班（每天 40 分钟为宜，一个课时），课程安排如下：

- 周一乐器课
- 周二围棋课
- 周三书法课
- 周四绘画课
- 周五武术课

也就是每周从周一到周五不断地循环。如果昨天上乐器课，今天就是上围棋课；如果昨天上绘画课，今天就上武术课，非常有规律（见图 11-38）。

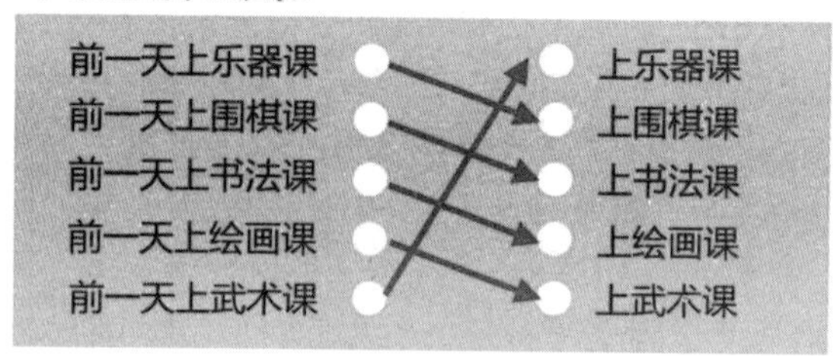

图 11-38

假如前一天小明生病而请假，那是不是就没有办法推测今天晚上会上什么课呢？事实上，还是可以的，因为我们可以从前两天上的课预测昨晚上的什么课。因此，我们不只可以利用昨晚（前一天）上什么课来预测今晚准备上的课，还可以利用昨晚预测的课来预测今晚要上的课。另外，如果我们把“乐器课、围棋课、书法课、绘画课、武术课”改为用向量的方式来表示，比如将“今晚会上什么课？”的预测改为用数学向量的方式来表示。假设我们预测今晚会上书法课，就将书法课记为 1，其他 4 门课程内容都记为 0（见图 11-39）。

此外，我们也希望将“预测今天要上的课”回收，用来预测明天会上什么课。图 11-40 中的弧线就表示了今天上什么课的预测结果将会在明天被重新利用。

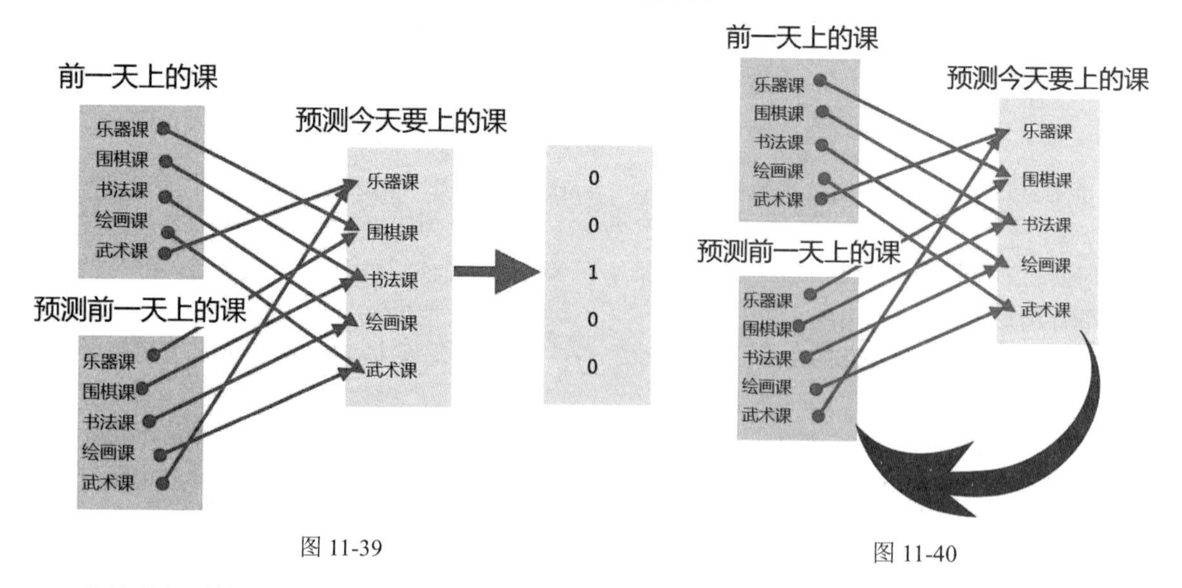

图 11-39

图 11-40

将这种规则性不断往前延伸，即使连续 10 天请假没有上课，通过观察更早日期的上课规律，还是可以准确地预测今晚要上什么课。此时的循环神经网络示意图如图 11-41 所示。

有关循环神经网络的工作方式可以从图 11-42 所示的示意图看出，第 1 次时间序列（Time Series）来自输入层的输入 x_1，产生输出结果 y_1；第 2 次时间序列来自输入层的输入 x_2，要产生输出结果 y_2 时，必须考虑到前一次输入所暂存的隐藏状态 h_1，再与这一次输入 x_2 一并考虑成为新的输入，而这次产生的新的隐藏状态 h_2 也会被暂时存储到内存空间中，然后输出 y_2 的结果；接着继续进行下一个时间序列 x_3 的输入，以此类推。

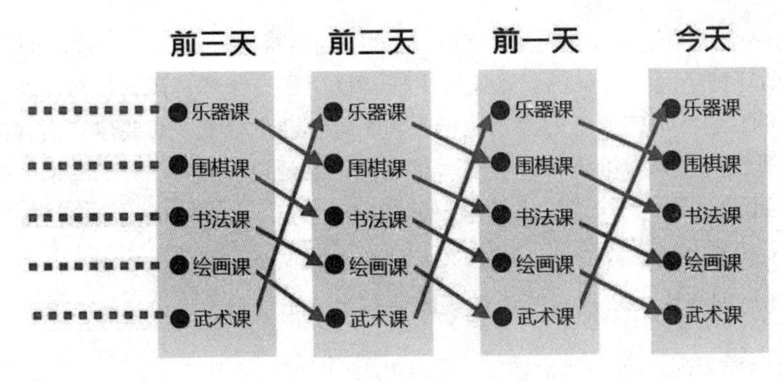

图 11-41

如果以通式来说明循环神经网络的工作方式，就是第 t 次时间序列来自输入层的输入为 x_t，要产生输出结果 y_t，则必须考虑到前一次输入所产生的隐藏状态 h_{t-1}，并与这一次输入 x_t 一起作为新的输入，而该次也会产生新的隐藏状态 h_t 并暂时存储到内存空间中，然后输出 y_t 的结果，接着继续进行下一个时间序 x_{t+1} 的输入，以此类推。综合归纳循环神经网络的主要重点，循环神经网络的记忆方式是在新的一次输入时将上一次输出记录的隐藏状态连同新的一次输入共同作为这一次的输入，也就是说每一次新的输入都会将前面发生过的事一并纳入考虑范围之内。

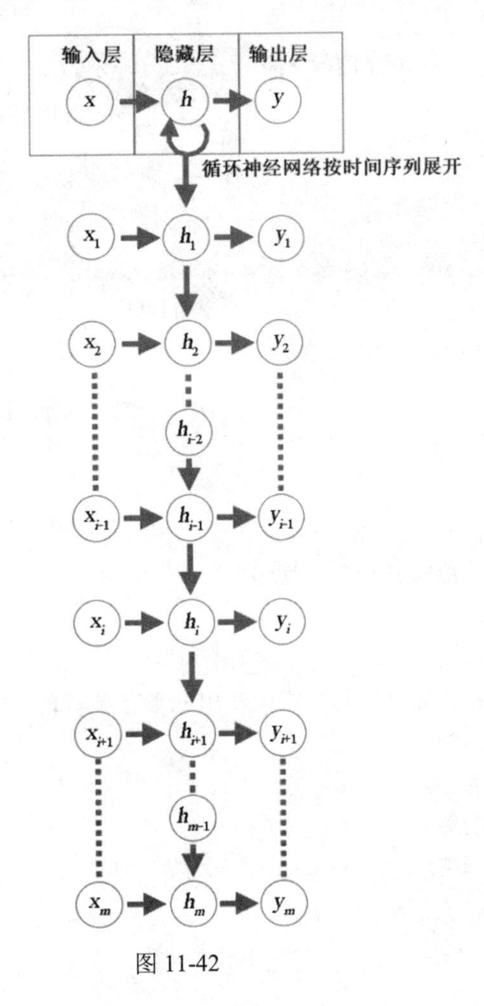

图 11-42

循环神经网络强大的地方在于它允许输入与输出的数据不只是单组向量，而是多组向量组成的序列。另外，循环神经网络还具备训练速度更快和使用更少计算资源的优势。以应用在自然语言中的文章分析为例，通常语言要考虑前言后语，为了避免断章取义，需要建立语言的相关模型，如果能额外考虑上下文的关系，准确率就会显著提高。也就是说，当前“输出结果”不只受上一层输入的影响，也受到同一层前一次“输出结果”的影响（前文）。例如，下面这两个句子：

- 我不在意时间成本，所以我选择搭乘直达车次从北京到上海的交通工具。
- 我很在意时间成本，所以我选择搭乘高铁车次从北京到上海的交通工具。

在分析“我选择搭乘”的下一个词时，若不考虑上下文，则“直达”“高铁”的概率是相等的，如果考虑“我很在意时间成本”，那么选择“高铁”的概率应该会大于选“直达”的概率。反之，如果考虑“我不在意时间成本”，那么选择“直达”的概率应该会大于选择“高铁”的概率。建立语言的相关模型以考虑“前言后语”（见图 11-43）。

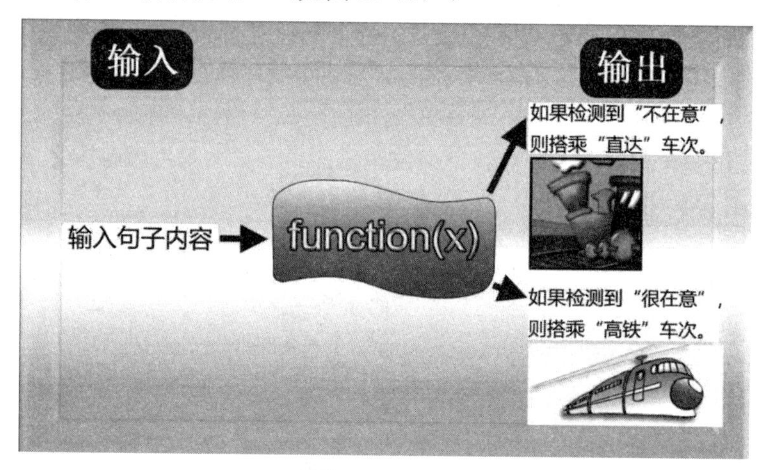

图 11-43

11.3 课后习题

1. 简述机器学习。
2. 机器学习主要分成哪几种学习方式？
3. 简述监督式学习。
4. 简述半监督式学习。
5. 无监督式学习让机器从训练数据中找出规则有哪两种形式？
6. 人工神经网络架构有哪几层？
7. 卷积神经网络的特点是什么？
8. 简述卷积层的功能。
9. 简述循环神经网络。

附录

课后习题与解答

第 1 章课后习题参考答案

1. 以下 Python 程序片段是否相当严谨地表现出算法的意义？

```
count=0
while count!=3:
   print(count)
```

解答▶ 不够严谨，因为会造成无限循环（死循环），与算法有限性的特性相抵触。

2. 以下程序的 Big-Oh 是什么？

```
total=0
for i in range(1,n+1):
   total=total+i*i
```

解答▶ 因为循环执行 n 次，所以是 $O(n)$。

3. 算法必须符合哪 5 个条件？

解答▶

算法的特性	内容与说明
输入	0 或多个输入数据，这些输入必须有清楚的描述或定义
输出	至少会有一个输出结果，不能没有输出结果
明确性	每一个指令或步骤必须是简洁明确的
有限性	在有限步骤后一定会结束，不会产生无限循环
有效性	步骤清晰明了且可行，能让用户用纸笔计算而求出答案

4. 在下列程序片段中，循环部分实际执行的次数与时间复杂度是什么？

```
for i=1 to n:
   for j=i to n:
      for k =j to n:
         { end of k Loop }
```

```
        { end of j Loop }
    { end of i Loop }
```

解答▶

我们可使用数学算式来计算，公式如下：

$$
\begin{aligned}
&\sum_{i=1}^{n}\sum_{j=1}^{n}\sum_{k=1}^{n}1=\sum_{i=1}^{n}\sum_{j=1}^{n}(n-j+1)\\
&=\sum_{i=1}^{n}\left(\sum_{j=1}^{n}n-\sum_{j=1}^{n}j+\sum_{j=1}^{n}1\right)\\
&=\sum_{i=1}^{n}\left(\frac{2n(n-i+1)}{2}-\frac{(n+i)(n-i+1)}{2}\right)+(n-i+1)\\
&=\sum_{i=1}^{n}\left(\frac{n-i+1}{2}\right)(n-i+2)\\
&=\frac{1}{2}\sum_{i=1}^{n}\left(n^2+3n+2+i^2-2ni-3i\right)\\
&=\frac{1}{2}\left(n^3+3n^2+2n+\frac{n(n+1)(2n+1)}{6}-n^3-n^2-\frac{3n^2+3n}{2}\right)\\
&=\frac{1}{2}\left(\frac{n(n+1)(2n+1)}{6}+\frac{n(n+1)}{2}\right)\\
&=\frac{n(n+1)(n+2)}{6}
\end{aligned}
$$

$\frac{n(n+1)(n+2)}{6}$ 就是实际循环执行的次数，且必定存在 c，使得 $\frac{n(n+1)(n+2)}{6}n_0 \leqslant cn^3$，因此当 $n \geqslant n_0$ 时，时间复杂度为 $O(n^3)$。

第 2 章课后习题参考答案

1. 试简述分治法的核心思想。

解答▶ 分治法的核心思想在于将一个难以直接解决的大问题按照不同的分类分割成两个或更多个子问题，以便各个击破，分而治之。

2. 递归至少要定义哪两个条件？

解答▶ 递归至少要定义两个条件：①可以反复执行的递归过程；②跳出递归执行过程的出口。

3. 试简述贪心法的主要核心概念。

解答▶ 贪心法又称为贪婪算法，从某一起点开始，在每一个解决问题步骤中使用贪心原则，即采取在当前状态下最有利或最优化的选择，不断地改进该解答，持续在每一步骤中选择最佳的方法，并且逐步逼近给定的目标，当到达某一步骤不能再继续前进时算法停止，以尽可能快地求得更好的解。

4. 简述动态规划法与分治法的差异。

解答▶ 动态规划法与分治法最大的不同是可以让每一个子问题的答案被存储起来，以供下次求解时直接取用。这样的做法不但能减少再次计算的时间，还可以将这些解组合成大问题的解答，以解决重复计算的问题。

5. 什么是迭代法？试简述之。

解答▶ 迭代法无法使用公式一次求解，需要使用重复结构重复执行一段程序代码来得到答案。

6. 枚举法的核心概念是什么？试简述之。

解答▶ 枚举法的核心思想是列举所有的可能，根据问题要求逐一列举问题的解答。

7. 回溯法的核心概念是什么？试简述之。

解答▶ 回溯法也是枚举法中的一种。对于某些问题而言，回溯法是一种可以找出所有（或一部分）解的一般性算法，同时避免枚举不正确的数值。一旦发现不正确的数值，回溯法就不再递归到下一层，而是回溯到上一层，以节省时间，是一种走不通就退回再走的方式。

第 3 章课后习题参考答案

1. 解释抽象数据类型。

解答▶ 抽象数据类型是一种自定义数据类型，可简化一个数据类型的呈现方式及操作运算，并提供给用户以预定的方式来使用。也就是说，用户无须考虑到 ADT 的制作细节，只要知道如何使用即可，例如堆栈或队列就是很典型的抽象数据类型。

2. 简述数据与信息的差异。

解答▶ 数据指的是一种未经处理的原始文字、数字、符号或图形等。信息是利用大量的数据经过系统地整理、分析、筛选处理而提炼出来的，并且具有参考价格及提供决策依据的文字、数字、符号或图表。

3. 数据结构主要表示数据在计算机内存中所存储的位置和模式，通常可以分为哪 3 种类型？

解答▶ 基本数据类型、结构数据类型和抽象数据类型。

4. 试简述一个单向链表节点字段的组成。

解答▶ 一个单向链表节点由数据字段和指针字段组成，指针会指向下一个链表元素所存放的内存位置。

5. 简要说明堆栈与队列的主要特性。

解答▶ 堆栈是一组相同数据类型的组合，具有“后进先出”的特性，所有的操作均在堆栈结构的顶端进行。队列和堆栈都是一种有序线性表，属于抽象型数据类型，是一种“先进先出”的数据结构，所有的加入操作都发生在队列的末尾，所有的删除操作都发生在队列的前端。

6. 什么是欧拉链理论？试绘图说明。

解答▶ 如果“欧拉七桥问题”的条件改成从某顶点出发，经过每边一次，不一定要回到起点，即只允许其中两个顶点的度数是奇数，其余必须为偶数，那么符合这种结果的就被称为欧拉链。

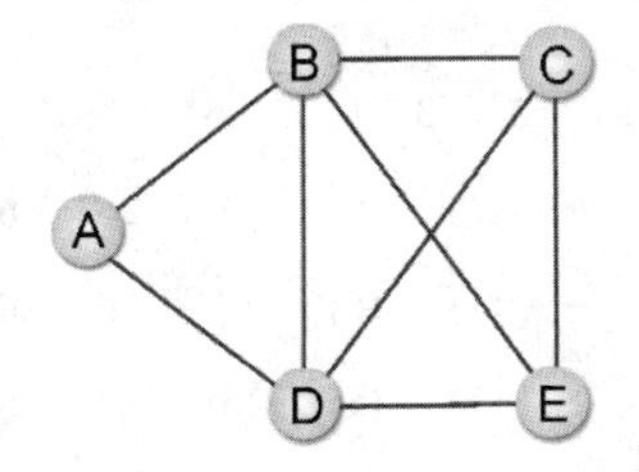

7. 解释下列哈希函数的相关名词。

（1）桶
（2）同义词
（3）完美哈希
（4）碰撞

解答▶

（1）桶：哈希表中存储数据的位置，每一个位置对应唯一的一个地址，就好比一条记录。

（2）同义词：两个标识符 I_1 和 I_2 经哈希函数运算后所得的数值相同，即 $f(I_1) = f(I_2)$，就称 I_1 与 I_2 对于 f 这个哈希函数是同义词。

（3）完美哈希：既没有碰撞又没有溢出的哈希函数。

（4）碰撞：两项不同的数据经过哈希函数运算后对应到相同的地址。

8. 一般树结构在计算机内存中的存储方式是以链表为主的，对于 n 叉树来说，我们必须取 n 为链接个数的最大固定长度，试说明为了改进存储空间浪费的缺点为何经常使用二叉树结构来取代树结构。

解答▶ 假设此 n 叉树有 m 个节点，那么此树共用了 $n×m$ 个链接字段。因为除了树根外，每一个非空链接都指向一个节点，所以空链接个数为 $n×m-(m-1) = m×(n-1)+1$，而 n 叉树的链接浪费率为 $\frac{m\times(n-1)+1}{m\times n}$。因此我们可以得到以下结论：

n=2 时，二叉树的链接浪费率约为 1/2；
n=3 时，三叉树的链接浪费率约为 2/3；
n=4 时，四叉树的链接浪费率约为 3/4；
……
当 n=2 时，它的链接浪费率最低。

第 4 章课后习题参考答案

1. 排序的数据是以数组数据结构来存储的。在下列排序法中，哪一个的数据搬移量最大？

（A）冒泡排序法　　（B）选择排序法　　（C）插入排序法

解答▶ （C）

2. 待排序的键值为 26、5、37、1、61，试使用选择排序法列出每个回合排序的结果。

解答▶

```
26   5   37   1   61
  →  (1)   5    37    26    61
  →  (1)  (5)   37    26    61
  →  (1)  (5)  (26)   37    61
  →  (1)  (5)  (26)  (37)   61
```

3. 在排序过程中，数据移动可分为哪两种方式？试说明两者之间的优劣。

解答▶ 在排序过程中，数据的移动方式可分为“直接移动”和“逻辑移动”：“直接移动”是直接交换存储数据的位置；“逻辑移动”并不会移动数据存储的位置，仅改变指向这些数据的辅助指针的值。两者之间的优劣在于直接移动会浪费许多时间，而逻辑移动只需改变辅助指针指向的位置就能轻易达到排序的目的。

4. 简述基数排序法的主要特点。

解答▶ 基数排序法并不需要进行元素之间的直接比较操作，属于一种分配模式排序方式。基数排序法按比较的方向可分为最高位优先和最低位优先两种。最高位优先法从最左边的位数开始比较，最低位优先法从最右边的位数开始比较。

5. 下列叙述正确与否？试说明原因。

无论输入数据是什么，插入排序的元素比较总次数都会比冒泡排序的元素比较总次数少。

解答▶

错。对于 n 个已排好序的输入数据，两种方法的比较次数是相同的。

6. 排序按照执行时所使用的内存可分为哪两种方式？

解答▶

排序可以按照执行时所使用的内存分为以下两种方式：

（1）内部排序：排序的数据量小，可以完全在内存内进行排序。

（2）外部排序：排序的数据量大，无法一次性地全部在内存内进行排序，必须使用辅助存储器（如硬盘）。

第 5 章课后习题参考答案

1. 有 n 项数据已排序完成，用二分查找法查找其中某一项数据的查找时间约为多少？

（A）$O(\log_2 n)$　　（B）$O(n)$　　（C）$O(n^2)$　　（D）$O(\log_2 n)$

解答▶（D）

2. 使用二分查找法的前提条件是什么？

解答▶ 必须存放在可以直接存取且已排好序的文件中。

3. 有关二分查找法的叙述，下列哪一个是正确的？

（A）文件必须事先排序

（B）当排序数据非常小时，其时间会比顺序查找法慢

（C）排序的复杂度比顺序查找法要高

（D）以上都正确

解答▶（D）

4. 在查找的过程中，斐波那契查找法的算术运算比二分查找法简单，这种说法是否正确？

解答▶ 正确。因为它只会用到加减运算，而不像二分查找法那样有除法运算。

5. 假设 $A[i]=2i$，$1\leqslant i\leqslant n$，欲查找键值为 $2k-1$，那么以插值查找法进行查找，需要比较几次才能确定此为一次失败的查找？

解答▶ 2 次。

6. 试写出在数据(1, 2, 3, 6, 9, 11, 17, 28, 29, 30, 41, 47, 53, 55, 67, 78)中以插值查找法找到 9 的过程。

解答▶ 先找到 $m=2$，键值为 2；再找到 $m=4$，键值为 6；最后找到 $m=5$，键值为 9。

第 6 章课后习题参考答案

1. 数组结构类型通常包含哪几个属性？

解答▶ 数组结构类型通常包含 5 个属性：起始地址、维数、索引上下限、数组元素个数、数组类型。

2. 试使用 Python 语言写出添加一个节点 I 的算法。

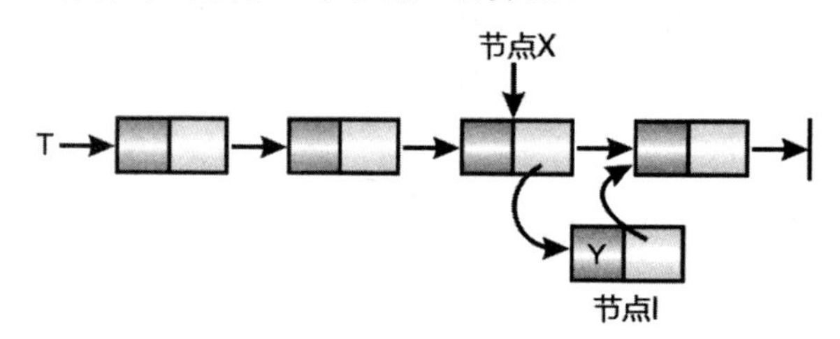

解答▶

```
class node:
    def __init__(self):
        self.value=0
        self.next=None

def Insert(T,X,Y):
    I=Node()
    I.value=Y
    if T==None:
        T=I
        I.next=None
    else:
        I.next=X.next
        X.next=I
```

3. 在有 n 项数据的链表中查找一项数据，若以平均花费的时间考虑，则其时间复杂度是多少？

解答▶ $O(n)$。

4. 试使用图形来说明环形链表的反转算法。

解答▶ 以下为环形链表反转的示意图：

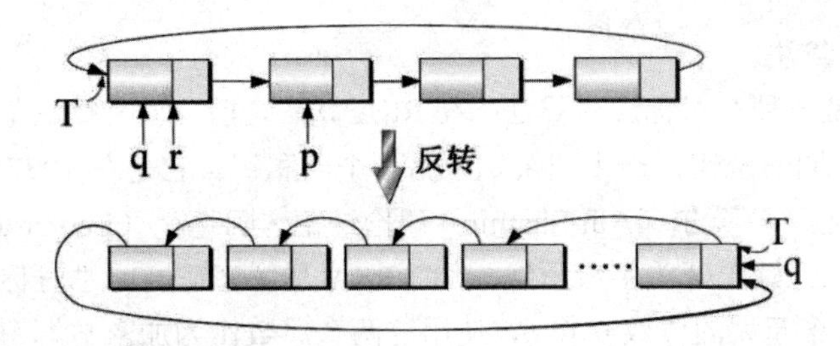

5. 什么是转置矩阵？试简单举例说明。

解答▶ “转置矩阵”（A^t）就是把原矩阵的行坐标元素与列坐标元素相互调换。假设 A^t 为 A 的转置矩阵，则有 $A^t[j,i]=A[i,j]$。例如：

$$A=\begin{bmatrix}1 & 2 & 3\\4 & 5 & 6\\7 & 8 & 9\end{bmatrix}_{3\times3} \qquad A^t=\begin{bmatrix}1 & 4 & 7\\2 & 5 & 8\\3 & 6 & 9\end{bmatrix}_{3\times3}$$

6. 在单向链表类型的数据结构中，根据所删除节点的位置会有哪几种不同的情形？

解答▶ 根据所删除节点的位置会有以下 3 种不同的情形：

① 删除链表的第一个节点：只要把链表指针头部指向第二个节点即可。

② 删除链表的最后一个节点：只要将指向最后一个节点 ptr 的指针直接指向 None 即可。

③ 删除链表内的中间节点：只要将要删除节点的前一个节点的指针指向要删除节点的下一个节点即可。

第 7 章课后习题参考答案

1. 信息安全必须具备哪 4 种特性？试简要说明。

解答▶

- 保密性：交易相关信息或数据必须保密，当信息或数据传输时，除了被授权的人外，要确保信息或数据在网络上不会遭到拦截、偷窥而泄露信息或数据的内容，损害其保密性。
- 完整性：当信息或数据送达时，必须保证该信息或数据没有被篡改，如果遭篡改，那么这条信息或数据就会无效。
- 认证性：当传送方送出信息或数据时，支付系统必须能确认传送者的身份是否为冒名。
- 不可否认性：保证用户无法否认他所实施过的信息或数据传送行为的一种机制，必须不易被复制及修改，即无法否认其传送或接收信息或数据的行为。

2. 简述“加密”与“解密”。

解答▶ “加密”就是将数据通过特殊算法把源文件中的内容转换为无法读取的密文。当加密后的数据传送到目的地后，将密文还原成明文的过程就称为“解密”。

3. 说明“对称密钥加密”与“非对称密钥加密”的差异。

解答▶ “对称密钥加密”的工作方式是：发送端与接收端用于加密和解密的密钥是同一个。“非对称密钥加密”的工作方式是：使用两个不同的密钥（一个“公钥”和一个“私钥”）进行加密和解密。

4. 简要介绍 RSA 算法。

解答▶ RSA 算法是一种非对称加密算法。在 RSA 算法之前，加密算法基本都是对称的。非对称加密算法使用两个不同的密钥，一个叫公钥，另一个叫私钥。它是在 1977 年由罗纳德 • 李维斯特（Ron Rivest）、阿迪 • 萨莫尔（Adi Shamir）和伦纳德 • 阿德曼（Leonard Adleman）一起提出的，RSA 就是由他们三人姓氏开头字母所组成的。RSA 加解密速度比“对称密钥加解密”速度要慢，方法是随机选出两个超大的质数 p 和 q，使用这两个质数作为加密与解密的一对密钥，密钥的长度一般为 40 比特到 1024 比特之间。当然，为了提高加密的强度，现在有的系统使用的 RSA 密钥的长度高达 4096 比特，甚至更高。在这对密钥中，公钥用来加密，私钥用来解密，而且只有私钥可以用来解密。要破解以 RSA 加密的数据，在一定时间内几乎是不可能的，因此这是一种十分安全的加解密算法，特别是在电子商务交易市场被广泛使用。

5. 简要说明数字签名。

解答▶ “数字签名”的工作方式是以公钥和哈希函数互相搭配使用的，用户 A 先将明文的 M 以哈希函数计算出哈希值 H，再用自己的私钥对哈希值 H 加密，加密后的内容即为“数字签名”。

6. 用哈希法将 101、186、16、315、202、572、463 存放在 0, 1, …, 6 这 7 个位置。若要存入 1000 开始的 11 个位置，则应该如何存放？

解答▶

$f(X) = X \bmod 7$

$f(101) = 3$

$f(186) = 4$

$f(16) = 2$

$f(315) = 0$

$f(202) = 6$

$f(572) = 5$

$f(463) = 1$

位置	0	1	2	3	4	5	6
数字	315	463	16	101	186	572	202

同理取：

$f(X) = (X \bmod 11) + 1000$

$f(101) = 1002$

$f(186) = 1010$

$f(16) = 1005$

$f(315) = 1007$

$f(202) = 1004$

$f(572) = 1000$

$f(463) = 1001$

位置	1000	1001	1002	1003	1004	1005	1006	1007	1008	1009	1010
数字	572	463	101		202	16		315			186

7. 什么是哈希函数？试以除留余数法和折叠法并以 7 位电话号码作为数据进行说明。

解答▶

以下列 6 组电话号码为例：

（1）9847585

（2）9315776

（3）3635251

（4）2860322

（5）2621780

（6）8921644

- 除留余数法

利用 $f_D(X) = X \bmod M$，假设 $M = 10$。

$f_D(9847585) = 9847585 \bmod 10 = 5$

$f_D(9315776) = 9315776 \bmod 10 = 6$

$f_D(3635251) = 3635251 \bmod 10 = 1$

$f_D(2860322) = 2830322 \bmod 10 = 2$

$f_D(2621780) = 2621780 \bmod 10 = 0$

$f_D(8921644) = 8921644 \bmod 10 = 4$

- 折叠法

将数据分成几段，除最后一段外，每段长度都相同，再把每段值相加。

$f(9847585) = 984+758+5 = 1747$

$f(9315776) = 931+577+6 = 1514$

$f(3635251) = 363+525+1 = 889$

$f(2860322) = 286+032+2 = 320$

$f(2621780) = 262+178+0 = 440$

$f(8921644) = 892+164+4 = 1060$

8. 试简述哈希查找与一般查找技巧有什么不同。

解答▶ 一般而言，一个查找法的好坏主要由其比较次数和查找时间来决定。一般查找技巧主要是通过各种不同的比较方式来查找所需要的数据项；哈希则是直接通过数学函数来取得对应的地址，因此可以快速找到所要的数据。也就是说，在没有发生任何碰撞的情况下，其比较时间只需 $O(1)$的时间复杂度。除此之外，它不仅可以用来进行查找的工作，还可以很方便地使用哈希函数进行创建、插入、删除与更新等操作。重要的是，通过哈希函数进行查找的文件事先不需要排序，这也是它和一般的查找差异比较大的地方。

9. 什么是完美哈希？在哪种情况下可以使用？

解答▶ 所谓完美哈希，就是指该哈希函数在存入与读取的过程中不会发生碰撞或溢出。一般而言，只有在静态表中才可以使用完美哈希。

10. 采用哪一种哈希函数可以把整数集合{74, 53, 66, 12, 90, 31, 18, 77, 85, 29} 存入数组空间为 10 的哈希表不发生碰撞？

解答▶ 采用数字分析法，并取出键值的个位数作为其存放的地址。

第 8 章课后习题参考答案

1. 至少列举 3 种常见的堆栈应用。

解答▶

① 二叉树及森林的遍历运算，如中序遍历、前序遍历等。

② 计算机中央处理单元的中断处理。

③ 图的深度优先遍历法。

2. 回答下列问题：

（1）解释堆栈的含义。

（2）Top(push(i,s))的结果是什么？

（3）pop(push(i,s))的结果是什么？

解答▶

（1）堆栈是一组相同数据类型的组合，所有的动作均在堆栈顶端进行，具有“后进先出”的特性。堆栈的应用在日常生活中随处可见，如大楼电梯、货架的货品等都是类似堆栈的数据结构原理。

（2）结果是堆栈内增加一个元素，因为该操作是将元素 i 加入堆栈 s 中，返回堆栈顶端的元素。

（3）堆栈内的元素保持不变，因为该操作是将元素 i 加入堆栈 s 中，再将堆栈 s 中顶端的 i 元素删除。

3. 在汉诺塔问题中，移动 n 个圆盘所需的最小移动次数是多少？试说明之。

解答▶ 当有 n 个圆盘时，可将汉诺塔问题归纳成 3 个步骤，其中 a_n 为移动 n 个圆盘所需的最少移动次数，a_{n-1} 为移动 n-1 个圆盘所需的最少移动次数，$a_1 = 1$ 为只剩一个圆盘时的移动次数，因此可得如下式子：

$$
\begin{aligned}
a_n &= a_{n-1} + 1 + a_{n-1} \\
&= 2a_{n-1} + 1 \\
&= 2(2a_{n-2} + 1) \\
&= 4a_{n-2} + 2 + 1 \\
&= 4(2a_{n-3} + 1) + 2 + 1 \\
&= 8a_{n-3} + 4 + 2 + 1 \\
&= 8(2a_{n-4} + 1) + 4 + 2 + 1 \\
&= 16a_{n-4} + 8 + 4 + 2 + 1 \\
&\cdots \\
&= 2^{n-1}a_1 + \sum_{k=0}^{n-2} 2^k
\end{aligned}
$$

即：

$$a_n = 2^{n-1}\times 1+\sum_{k=0}^{n-2}2^k$$
$$= 2^{n-1} + 2^{n-1} - 1$$
$$= 2^n - 1$$

所以，要移动 n 个圆盘所需的最小移动次数为 2^n-1 次。

4. 什么是优先队列？试说明之。

解答▶ 优先队列为一种不必遵守先进先出队列特性的有序表，其中每一个元素都赋予一个优先权，加入元素时可任意，但有最高优先权者将最先输出。例如，在计算机 CPU 的工作调度中，优先权调度就是一种挑选任务的“调度算法”，也会使用到优先队列。

5. 回答以下问题：

（1）下列哪一个不是队列的应用？

（A）操作系统的作业调度　　（B）输入/输出的工作缓冲
（C）汉诺塔的解决方法　　（D）高速公路的收费站收费

（2）下列哪些数据结构是线性表？

（A）堆栈　（B）队列　（C）双向队列　（D）数组　（E）树

解答▶（1）C
（2）A、B、C、D

6. 假设我们利用双向队列按序输入 1、2、3、4、5、6、7，是否能够得到 5174236 的输出序列？

解答▶ 从输出序列和输入序列求得 7 个数字 1、2、3、4、5、6、7 存在队列内合理排列的情况。因为按序输入 1、2、3、4、5、6、7 且得到 5174236 的输出序列，所以 5 为第一个输出，此刻序列应是：

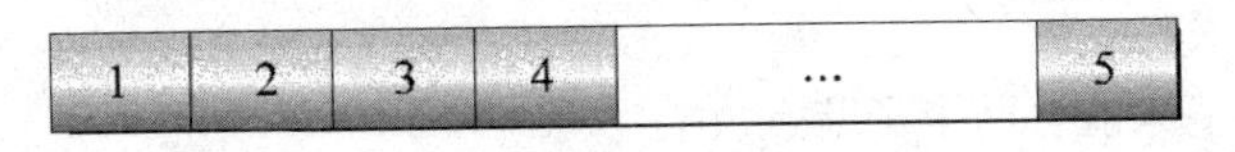

先输出 5，再输出 1，又输出 7，序列又变成：

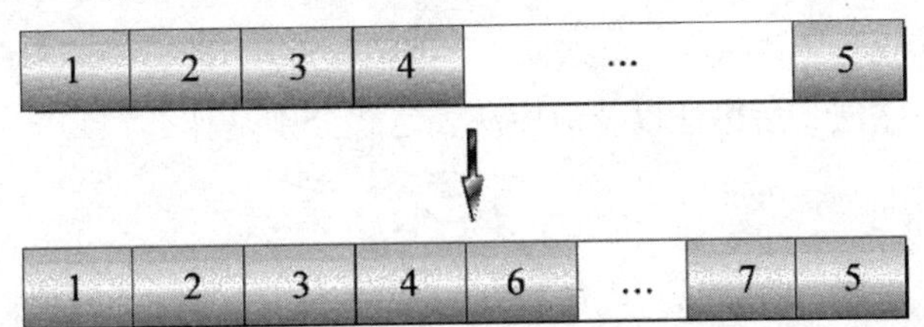

下一项只可能输出 2，若要输出 4 则是不可能的，所以本题答案是不可能。

7. 试说明队列应具备的基本特性。

解答▶ 队列是一种抽象数据类型，具有下列特性：

① 先进先出。

② 拥有两种基本操作，即加入与删除，而且使用 front 与 rear 两个指针来分别指向队列的前端与末尾。

8. 至少列举 3 种常见的队列应用。

解答▶ 图遍历的广度优先搜索法、计算机的模拟、CPU 的工作调度、外围设备联机并发处理系统等。

第 9 章课后习题参考答案

1. 说明二叉查找树的特点。

解答▶

二叉查找树具有以下特点：

① 可以是空集合，若不是空集合则节点上一定要有一个键值。
② 每一个树根的值需大于左子树的值。
③ 每一个树根的值需小于右子树的值。
④ 左右子树也是二叉查找树。
⑤ 树的每个节点值都不相同。

2. 下列哪一种不是树？

（A）一个节点
（B）环形链表
（C）一个没有回路的连通图
（D）一个边数比点数少 1 的连通图

解答▶（B）因为环形链表会造成回路现象，不符合树的定义，因此它不是树。

3. 关于二叉查找树的叙述，哪一个是错误的？

（A）二叉查找树是一棵完全二叉树
（B）可以是斜二叉树
（C）一个节点最多只能有两个子节点
（D）一个节点的左子节点的键值不会大于右子节点的键值

解答▶ （A）

4. 以下二叉树的中序法、后序法以及前序法表达式分别是什么？

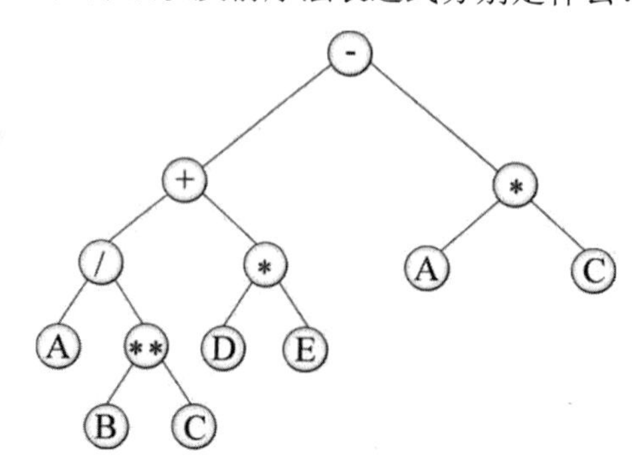

解答▶

中序：A/B**C+D*E–A*C

后序：ABC**/DE*+AC*–

前序：–+/A**BC*DE*AC

5. 试以链表来描述以下树结构的数据结构。

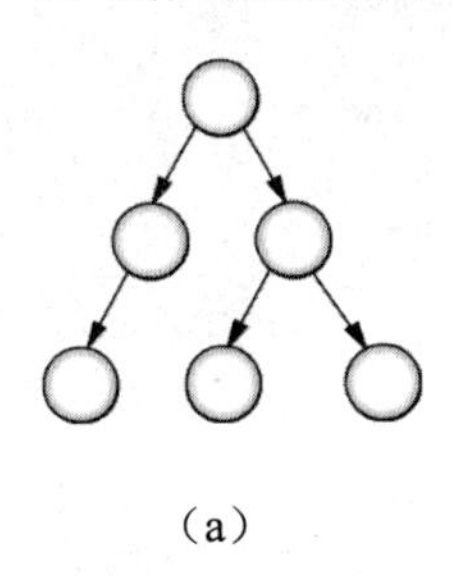

（a）

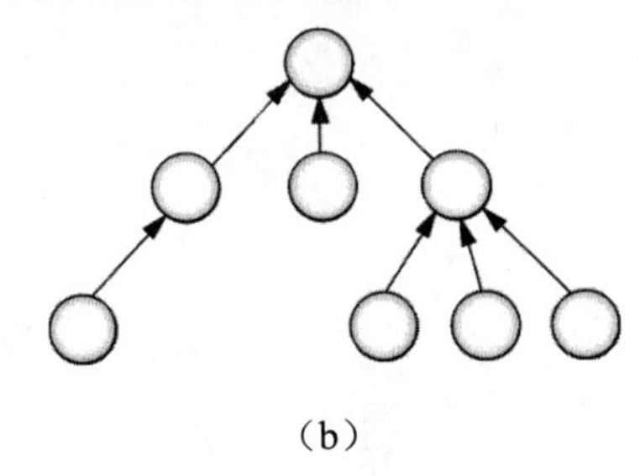

（b）

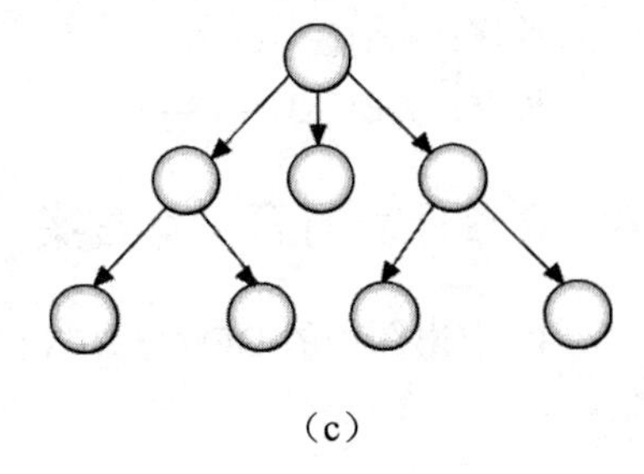

（c）

解答▶

（a）每个节点的数据结构如下：

Llink	Data	Rlink

（b）因为子节点都指向父节点，所以结构可以设计如下：

Data	Link

（c）每个节点的数据结构如下：

<table>
<tr><td colspan="3">Data</td></tr>
<tr><td>Link1</td><td>Link2</td><td>Link3</td></tr>
</table>

6. 以下二叉树的中序法、后序法与前序法表达式分别是什么？

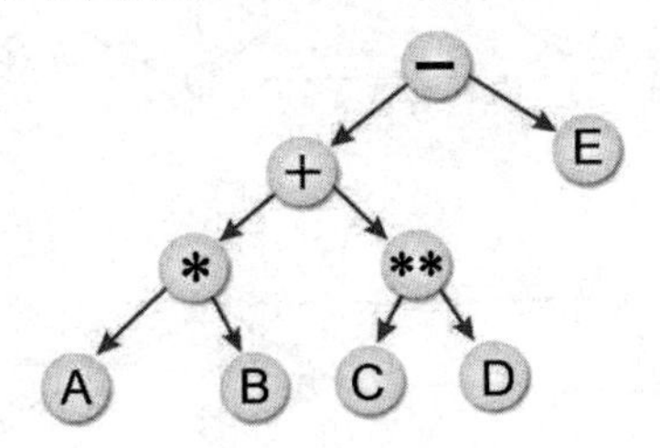

解答▶

中序：A*B+C**D-E

前序：–+*AB**CDE

后序：AB*CD**+E–

7. 尝试将 A–B*(–C+–3.5)表达式转化为二叉运算树，并求出此算术表达式的前序与后序表示法。

解答▶

→ A–B*(–C+–3.5)

→ (A–(B*((–C)+(–3.5))))

→

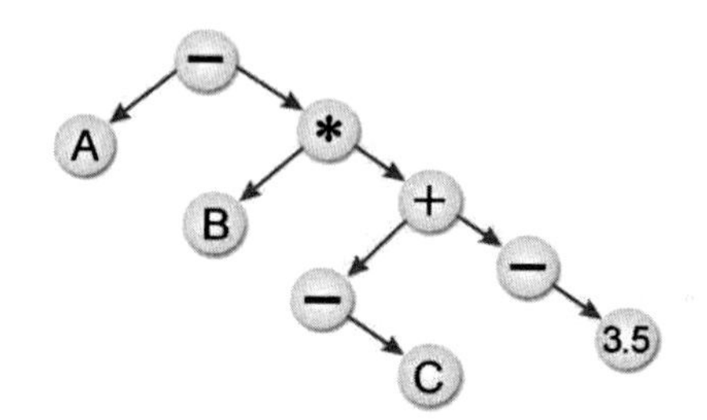

前序：–A*B+–C–3.5

后序：ABC–3.5–+*–

第 10 章课后习题参考答案

1. 求出图中的 DFS 与 BFS 结果。

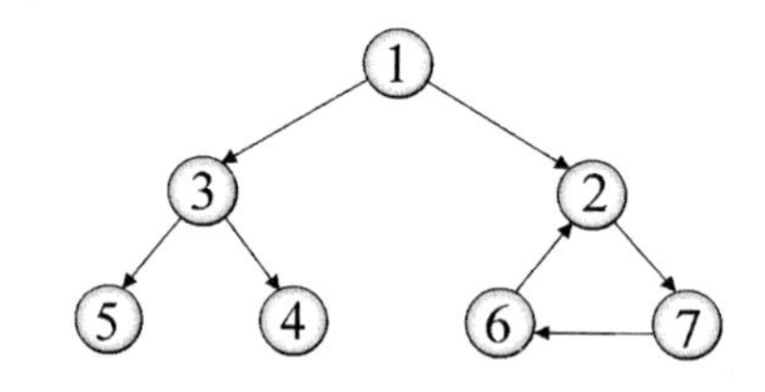

解答▶

DFS：1-2-7-6-3-4-5

BFS：1-2-3-7-4-5-6

2. 以 K 氏法求取图中的最小成本生成树。

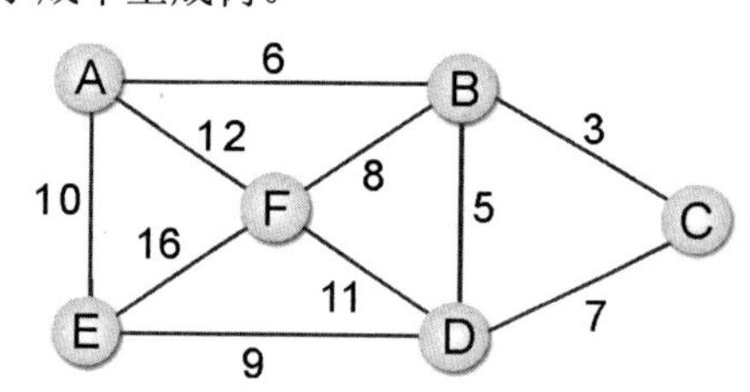

解答▶

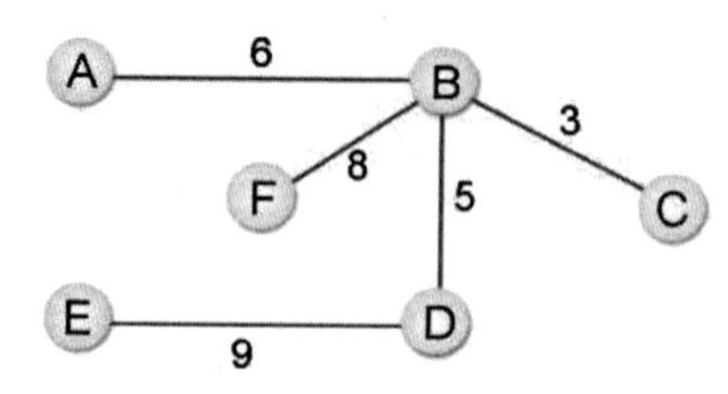

3. 使用下面的遍历法求出生成树：

① 深度优先。

② 广度优先。

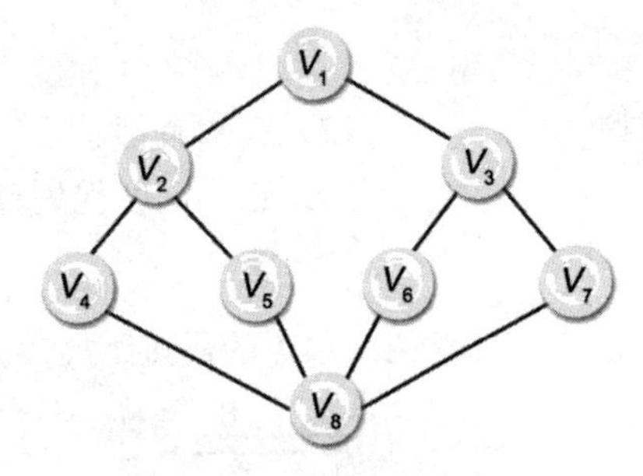

解答▶

① 深度优先：

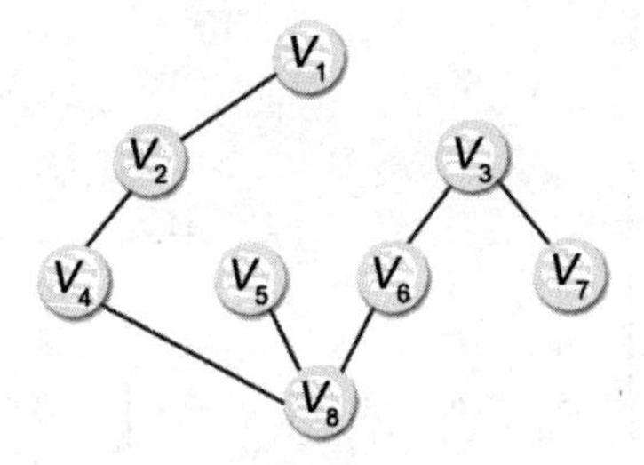

顺序为：$V_1, V_2, V_3, V_4, V_5, V_6, V_7$

② 广度优先：

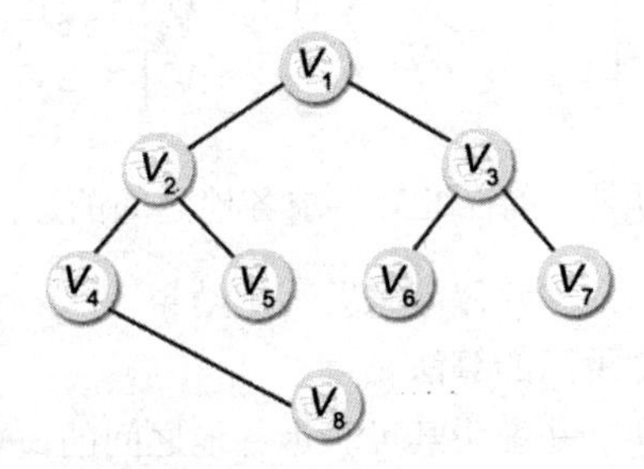

顺序为：$V_1, V_2, V_3, V_4, V_5, V_6, V_7, V_8$

4. 下面所列的各棵树都是关于图 G 的查找树。假设所有的查找都始于节点 1，试判定每棵树是深度优先查找树还是广度优先查找树，或者二者都不是。

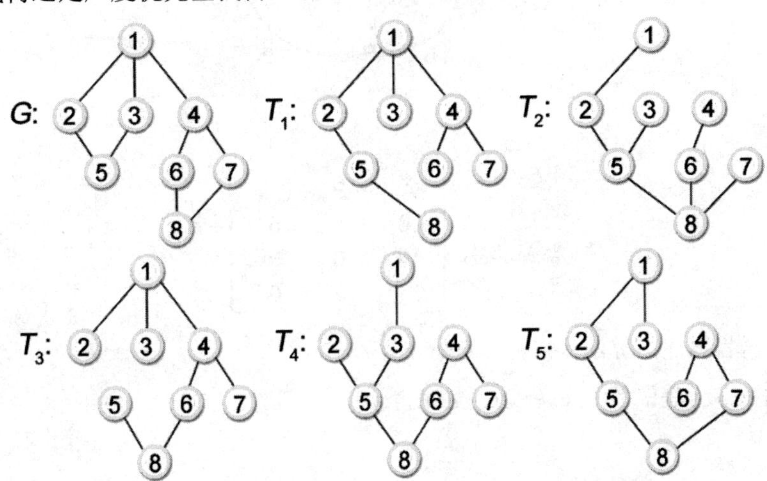

解答▶

（1）T_1 为广度优先查找树　　（2）T_2 二者都不是

（3）T_3 二者都不是　　（4）T_4 为深度优先查找树

（5）T_5 二者都不是

5. 求顶点 1、顶点 2、顶点 3 中任意两个顶点的最短距离，并描述其过程。

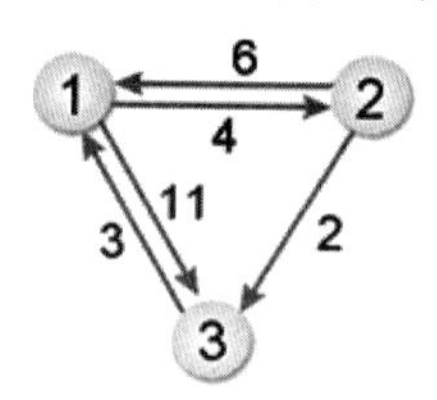

解答▶

$$A^0 = \begin{bmatrix} 0 & 4 & 11 \\ 6 & 0 & 2 \\ 3 & \infty & 0 \end{bmatrix} \qquad A^1 = \begin{bmatrix} 0 & 4 & 11 \\ 6 & 0 & 2 \\ 3 & 7 & 0 \end{bmatrix}$$

$$A^2 = \begin{bmatrix} 0 & 4 & 6 \\ 6 & 0 & 2 \\ 3 & 7 & 0 \end{bmatrix} \qquad A^3 = \begin{array}{c} \\ V_1 \\ V_2 \\ V_3 \end{array} \begin{array}{c} \begin{array}{ccc} V_1 & V_2 & V_3 \end{array} \\ \begin{bmatrix} 0 & 4 & 6 \\ 6 & 0 & 2 \\ 3 & 7 & 0 \end{bmatrix} \end{array}$$

6. 有一个注有各地距离的图（单行道），求各地之间的最短距离。

（1）使用矩阵，将下面的数据存储起来并写出结果。

（2）写出求各地之间最短距离的算法。

（3）写出最后所得的矩阵，并说明其可表示各地之间的最短距离。

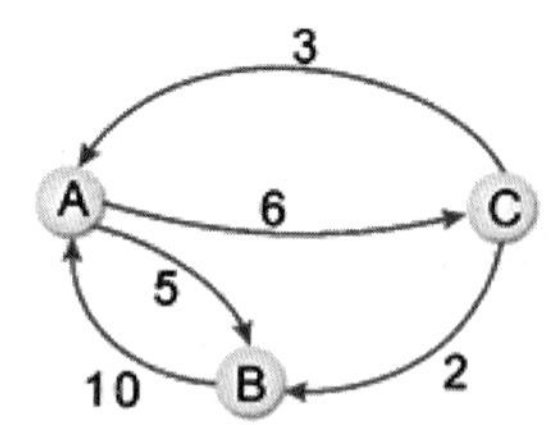

解答▶

①

$$\begin{array}{c} \\ A \\ B \\ C \end{array} \begin{array}{c} \begin{array}{ccc} A & B & C \end{array} \\ \begin{bmatrix} 0 & 5 & 6 \\ 10 & 0 & \infty \\ 3 & 2 & 0 \end{bmatrix} \end{array}$$

② Python 语言描述的算法为：

```
void shortestPath(int vertex_total)
{
   int i,j,k;
```

```
    //图的路径长度数组的初始化
    for (i=1;i<=vertex_total;i++ )
        for (j=i;j<=vertex_total;j++ )
        {
            distance[i][j]=Graph_Matrix[i][j];
            distance[j][i]=Graph_Matrix[i][j];
        }
//利用 Floyd 算法找出所有顶点两两之间的最短距离
    for (k=1;k<=vertex_total;k++ )
        for (i=1;i<=vertex_total;i++ )
            for (j=1;j<=vertex_total;j++ )
                if (distance[i][k]+distance[k][j]<distance[i][j])
                    distance[i][j] = distance[i][k] + distance[k][j];
}
```

③

$$\begin{array}{c} \\ A \\ B \\ C \end{array} \begin{array}{c} \begin{array}{ccc} A & B & C \end{array} \\ \begin{bmatrix} 0 & 5 & 6 \\ 10 & 0 & 16 \\ 3 & 2 & 0 \end{bmatrix} \end{array}$$

7. 什么是生成树？生成树包含哪些特点？

解答▶ 一个图的生成树是以最少的边来连接图中所有的顶点，且不造成回路的树结构。由于生成树是由所有顶点和访问过程经过的边所组成的，因此令 $S=(V, T)$为图 G 中的生成树。该生成树具有下面几个特点：

① $E=T+B$。

② 将集合 B 中的任意一边加入集合 T 中，就会造成回路。

③ V 中任意两个顶点 V_i 和 V_j 在生成树 S 中存在一条唯一的简单路径。

8. 在求解一个无向连通图的最小生成树时，Prim 算法的主要方法是什么？试简述之。

解答▶ Prim 算法又称 P 氏法，对一个加权图 $G=(V, E)$，设 $V=\{1, 2, \cdots, n\}$、$U=\{1\}$，也就是说 U 和 V 是两个顶点的集合，再从 $V-U$ 差集所产生的集合中找出一个顶点 x，该顶点 x 能与 U 集合中的某个顶点形成最小成本的边，且不会造成回路，然后将顶点 x 加入 U 集合中，反复执行同样的步骤，一直到 U 集合等于 V 集合（$U=V$）为止。

9. 在求解一个无向连通图的最小生成树时，Kruskal 算法的主要方法是什么？试简述之。

解答▶ Kruskal 算法是将各边按权值大小从小到大排列，接着从权值最低的边开始建立最小成本生成树。若加入的边会造成回路，则舍弃不用，直到加入 $n-1$ 条边为止。

第 11 章课后习题参考答案

1. 简述机器学习。

解答▶ 机器学习就是让机器具备自己学习、分析并最终做出决策的能力，主要方式是针对所要分析的数据进行分类，并进一步分析与判断数据的特性，最终目的就是希望机器像人类一样具有学习的能力。

2. 机器学习主要分成哪几种学习方式？

解答▶ 机器学习的技术很多，不过都能随着训练数据量的增加而提高能力，主要分成 4 种学习方式：监督式学习、无监督式学习、半监督式学习及强化学习。

3. 简述监督式学习。

解答▶ 监督式学习是利用机器从标注的数据中分析模式后做出预测的学习方式，这种学习方式必须事前通过人工操作将所有可能的特征标注出来。因为在训练的过程中，所有的数据都是有标注的数据，在学习的过程中必须输入样本以及输出样本信息，再从训练数据中提取出数据的特征。

4. 简述半监督式学习。

解答▶ 半监督式学习只会针对所有数据中的少部分数据进行“标注”，机器会先针对这些已经被“标注”的数据去发觉其中的特征，然后通过找出的特征对其他数据进行分类。

5. 无监督式学习让机器从训练数据中找出规则有哪两种形式？

解答▶ 无监督式学习让机器从训练数据中找出规则，大致有两种形式：分群以及生成。

6. 人工神经网络架构有哪几层？

解答▶ 人工神经网络架构蕴含 3 个最基本的层次：

- 输入层：接受刺激的神经元，也就是接收数据并输入信息的一方，不同输入会激活不同的神经元。
- 隐藏层：不参与输入或输出，隐藏于内部，负责运算的神经元。隐藏层可以有一层以上（多层隐藏层），只要增加神经网络的复杂性，识别率一般都会随着神经元数目的增加而提高，即可以获得更好的学习能力。
- 输出层：提供数据输出的一方。

7. 卷积神经网络的特点是什么？

解答▶ 卷积神经网络背后的数学原理是卷积，与传统的多层次神经网络最大的差异在于多了卷积层与池化层。这两层让卷积神经网络比传统的多层神经网络具有了图像或语音数据的更多细节，而不像其他神经网络那样只是单纯地提取数据来进行计算。正因为如此，卷积神经网络非常擅长图像或视频识别方面的工作，除了能够维持形状信息并且避免参数大幅增加外，还能保留图像的空间排列及取得局部图像作为输入特征，提高系统工作效率。

8. 简述卷积层的功能。

解答▶ 卷积神经网络的卷积层用于对图片进行特征提取。不同的卷积操作就是从图片中提取出不同的特征，直到找出最好的特征用于最后的分类。我们可以根据每次卷积的值和位置制作一个新的二维矩阵，也就是一张图片里的每个特征都像一张更小的图片。经过特征筛选，就可以告诉我们在原图的哪些地方可以找到那样的特征。

9. 简述循环神经网络。

解答▶ 循环神经网络是一种有“记忆”的神经网络，它会将每一次输入所产生的状态暂时存储在内存空间中，这些暂存的结果被称为隐藏状态。要进行人工神经网络分析时，一般都会使用循环神经网络，例如动态影像、文章分析、自然语言、聊天机器人等具备时间序列的数据就非常适合用循环神经网络来进行分析。